Systemtheoretische Perspektiven

Organismus und System
Schriftenreihe des Wiener Arbeitskreises für Systemische Theorie des Organismus

Herausgegeben von Karl Edlinger

Band 1

PETER LANG
Frankfurt am Main · Berlin · Bern · Bruxelles · New York · Wien

Karl Edlinger/Walter Feigl/Günther Fleck (Hrsg.)

Systemtheoretische Perspektiven

Der Organismus als Ganzheit in der Sicht von Biologie, Medizin und Psychologie

PETER LANG
Europäischer Verlag der Wissenschaften

Die Deutsche Bibliothek - CIP-Einheitsaufnahme

Systemtheoretische Perspektiven : der Organismus als Ganzheit in der Sicht von Biologie, Medizin und Psychologie / Karl Edlinger ; Walter Feigl ; Günther Fleck (Hrsg.). - Frankfurt am Main ; Berlin ; Bern ; Bruxelles ; New York ; Wien : Lang, 2000
(Organismus und System ; Bd. 1)
ISBN 3-631-33868-6

Gedruckt mit Unterstützung des Bundesministeriums
für Wissenschaft und Verkehr in Wien und
der Magistratsabteilung 18 / Abt. Kultur und Wissenschaft
der Stadt Wien.

ISSN 1438-6909
ISBN 3-631-33868-6

Autoren

Edlinger Karl, Dr. Mag., Naturhistorisches Museum Wien, Institut für Wissenschaftstheorie und Wissenschaftsforschung der Universität Wien

Bonet Elfriede, Mag. rer. nat., Konrad Lorenz-Institut für Evolutions- u. Kognitionsforschung, Altenberg bei Wien

Fleck Günther, Dr. phil. Heerespsychologischer Dienst Wien, Institut für Wissenschaftstheorie und Wissenschaftsforschung der Universität Wien

Gathmann Peter, Univ. Prof. Dr.
Leitender Oberarzt d. Psychosomatischen Station Univ. Klinik Wien

Guttmann Giselher, Univ. Prof. Dr.
Institut für Psychologie der Universität Wien

Hofer Veronika, Dr.
Institut f. Geschichte der Universität Wien, Institut Wiener Kreis

Khittel Stefan, Mag. rer. nat.
Universität Wien

Lötsch Bernd, Univ. Prof. Dr.
Generaldirektor des Naturhistorischen Museums Wien

Spitzy, Karl H., Univ. Prof. i. R. Dr.
Baden bei Wien

Wallner Friedrich G., Univ. Prof. Dr.
Institut für Wissenschaftstheorie und Wissenschaftsforschung d. Universität Wien

Wuketits Franz M., Univ. Prof. Dr.
Institut für Wissenschaftstheorie und Wissenschaftsforschung der Universität Wien, Universität Graz

Zabransky Dieter, Dr. med. Dr. phil.
Allgemeines Öffentliches Krankenhaus Horn, freie Praxis, Maissau und Wien

Inhalt

VORWORT DER HERAUSGEBER

Das systemische Denken tritt heute in den Mittelpunkt vieler Bereiche der Wissenschaft und des Gesellschaftslebens. Mit der Gründung der veranstaltenden Gesellschaft sollte einerseits die systemtheoretische Diskussion neue Impulse erhalten und andererseits die interdisziplinäre Diskussion angeregt und an ein breites Publikum herangetragen werden.

Dementsprechend widmete sich das Symposion, das im Mai 1998 am Naturhistorischen Museum in Wien stattfand und aus dem der vorliegende Band hervorging, den Grundlagen des systemischen Denkens in verschiedenen Disziplinen. Grundlagen, die zu einem großen Teil in Wien erarbeitet wurden. Dies war auch das Interesse unserer Förderer, von denen stellvertretend für alle Herrn BM Dr. Caspar. Einem und Herrn Obersenatsrat Dr. Hubert Christian Ehalt unser besonderer Dank ausgedrückt werden soll. Die systemische Problematik tritt heute in vielen Bereichen der Gesellschaft, in der Wirtschaft und in den Wissenschaften zutage.

Unser Anliegen war es, speziell auf die biologische Systemtheorie einzugehen. Daher stand Ludwig von Bertalanffys Schule im Mittelpunkt.

Selbstverständlich standen biologische Abhandlungen am Beginn. Prof. Lötsch, selbst Biologe und Gastgeber der Veranstaltung, brachte seine Gedanken über die systemischen Aspekte der Ökologie ein und lieferte damit eine ideale Einführung in die Thematik.

Die Wissenschaftstheoretiker Eva Maria Bonet und Franz Manfred Wuketits beleuchteten das Thema aus der Sicht der Riedl'schen Ansatzes zur Systemtheorie. Der Biologe und Evolutionstheoretiker Karl Edlinger sieht die Entstehung von biologischen Systemen bzw. deren allmähliche Durchstrukturierung und Evolution als Konsequenz von Binnendifferenzierung. In seinen Beitrag fließen vor allem auch die Theoreme der Senckenberger Arbeitsgruppe Phylogenetik ein.

Der medizinische Teil wird von dem Psychiater Peter Gathmann eingeleitet. Er weist darauf hin, daß die Systemtheorie in der Medizin noch längst nicht den Platz einnimmt, der ihr eigentlich zustünde.

Die zweite Arbeit von Elfriede Bonet beschäftigt sich mit einer systemtheoretischen Krankheitslehre, die von dem Pathologen Walter Feigl entwickelt wurde.

Die Bedeutung der Individualität bringt der Professor für Chemotherapie und Medizinphilosophie Spitzy in eine konstruktivistische Abhandlung.

Mit dem dritten Teil greift die Systemtheorie auf die Psyche über. Professor Giselher Guttmann gibt eine glänzende Einführung in die „wirklichkeitspsychologischen“ Konzepte.

Der Mediziner und Psychologe Dieter Zabransky ist aktiver Gestalttherapeut. Er stellt den Übergang zu den heute sehr modernen Überlegungen bis hin zu Luhmann dar. Als Abrundung dient die anthropologisch-psychologische Betrachtung durch Günther Fleck.

Den Abschluß bilden eine philosophische und zwei geschichtliche Arbeiten. Der Begründer des Wiener Konstruktiven Realismus, Friedrich Wallner gibt eine Darstellung des Themas unter dem Titel „Natürliche, künstliche und fiktive Welten. Die Wissenschaftstheoretikerin Veronika Hofer beleuchtet das historische Umfeld und die mannigfachen wissenschaftlichen Kontakte Bertalanffys und anderer systemtheoretisch denkender Wissenschaftler, während sich Stephan Khittel auf das systemtheoretische Denken bei Paul Weiss konzentriert.

DIE BEDEUTUNG DES SYSTEMISCHEN DENKENS IN UNSERER ZEIT

Bernd Lötsch

Ich danke der Gesellschaft für organismisch-systemische Forschung und Theorie dafür, daß sie im Gedenken an Ludwig von Bertalanffy das systemische Denken, das überraschende Erwachen von Systemeigenschaften in unser altehrwürdiges Haus der Wissenschaften (das Naturhistorische Museum Wien, d. Hgb.) holte.

Dieses Haus, das als Kathedrale der Evolutionsforschung, als Tempel der Aufklärung und Wissenschaftsgläubigkeit des 19. Jahrhunderts gebaut wurde, ist heute eine der letzten Bastionen feinster Formenkenntnis und systematisch-taxonomischer Analytik, getragen von zwölf wissenschaftlichen Abteilungen, sechzig Akademikern, mit 20 Millionen Sammlungsobjekten in vier Geschossen unter und fünf Geschossen über der Erde. Die Abteilungen arbeiten weitgehend zergliedernd ordnend, und sind doch gerade deshalb unverzichtbar für die heutige Biodiversitätsforschung.

Die Ursachen, die komplexen Wirkungen, die Reaktionen und Funktionen von Biodiversität hingegen fallen bereits in das von Ihnen aufgegriffene Gebiet, wobei die Ökologie, der ich mich besonders verbunden fühle, zur Systemtheorie schlechthin geworden ist.

Ich erinnere mich noch, daß Konrad Lorenz das überraschende Erwachen von Systemeigenschaften angesichts von Komplexität gerne mit einem technischen Gleichnis erklärte, nämlich mit der Induktionsspule und dem Schwingungskreis.

Heute, in der Ökologie, pflegen wir biologisch-medizinische Vergleiche heranzuziehen, wenn wir Wirtschaftswissenschaftler, Techniker oder Juristen von der Besonderheit komplexer Systeme, etwa von den Konsequenzen einer steigenden Fieberkurve auf einem belebten Planeten, überzeugen wollen.

Wer um 3° Celsius Körpertemperatur mehr hat als normal, ist krank, und wer noch um 3° Celsius mehr hat als das, ist nicht, wie uns mancher Computer vorrechnen würde, doppelt so krank, sondern tot.

Das sind Dinge, die so banal nicht sind. Ich gehöre zu den Anregern eines ökologischen Großexperiments. 1980, auf einer Konferenz des „Institute of Ecotechnics" in Südfrankreich, hielt ich einen Vortrag über „Erfolgsprinzipien biosphärischer Evolution", in dem auch historische Modellversuche vorkamen. In der Diskussion mit Thor Heyerdahl und Sir Alexander King (Club of Rome) wurde der Wunsch nach einem modernen großen Modellökosystem geboren, welches die Veranstalter des Meetings tatsächlich in der Wüste von Arizona in Betrieb nahmen - "Biosphere 2". Dabei entstand eine neue Wissenschaft des Komplexen, die Biosphärik, denn hier ist Komplexität und Systemtheorie praktisch vorgeführt.

Man hat damals unweit von Tucson, Arizona ein Riesenglashaus über 1 Hektar Fläche und um Zehnerpotenzen gasdichter als jede Raumfähre oder jedes Atom-U-Boot errichtet, um acht abenteuerlustige, wissenschaftliche geschulte „Bionauten" zwei Jahre lang hermetisch in ein Life-Support-System einzuschließen, in das man kontrolliert 3800 verschiedene Arten eingebracht hatte, und in dem in ökologischen Zyklen sowohl Nahrung, Trinkwasser als auch Atmungssauerstoff regeneriert werden sollten. Selbstverständlich mußte der gesamte Müll schadlos verarbeitet werden.

Und dieses System wurde zur Grundlage der neuen Biosphärik, die uns zeigte, daß Biosphären Systeme sind, die freie Energie akkumulieren.

Übrigens ist es interessant, und die Amerikaner bewunderten das sehr, daß der Begriff "Biosphäre" eigentlich von einem großen Gelehrten dieses Museums aus dem vorigen Jahrhundert stammt, nämlich von Eduard Süß, der die lebenserfüllte Biosphäre als geologische Kraft, als Überorganismus sozusagen, bereits erahnte und diesen Begriff für die belebte Kruste des Planeten in die Welt setzte.

Vernadsky, ein russischer Forscher, verfeinerte dieses Bild dann und baute es aus. Die Spätfolge steht wie eine gläserne Stufenpyramide in der Wüste von Arizona, bei Oracle.

Dieses hoch komplexe System erhob ursprünglich den Anspruch, die Kolonisation extraterrestrischer Weltraumkörper durch den Menschen mit einer Ersatzbiosphäre vorzubereiten. Daher der Name "Biosphere 2". Was kam dabei heraus?

Viele haben vielleicht gehört, daß meine Freunde zunächst nach etwa sechs Monaten in dramatische Sauerstoffnot gerieten. Sie hatten die Sauerstoffkonzentration von 21 % auf 14,2 % heruntergeritten, dann begannen sie schon zu halluzinieren, so daß unbedingt gehandelt werden mußte.

Sie entschlossen sich, das geschlossene Gassystem nicht aufzugeben, sondern lediglich 15 Tonnen flüssigen Sauerstoff zu injizieren, so daß wir nach zwei Jahren dieses Einschlußexperiments immerhin eine sonst unverändert abgeschlossene Atmosphäre vorfanden (mit den darin akkumulierten Spurengasen wie z. B. N_2O, Lachgas aus mikrobiellen Bodenproteinen).

Zweitens zeigte sich, daß die Biodiversität entgegen pessimistischen Annahmen um nicht mehr als etwa 20 bis 30% schwand. Das war eigentlich einkalkuliert. Man hatte bewußt mit einer hohen Artenzahl begonnen und damit eine relativ hohe biotische Stabilität erzielt. Letztlich kamen die Kommentatoren dieses gewaltigen Experiments zu einem übereinstimmenden Schluß: "The most unstable factor in the system was the human".

Das heißt, speziell gegen Ende des Experimentes waren die psychologisch bedingten Probleme größer als die physiologischen und ökologischen.

Allerdings erlegte sich die Crew selbst absolutes Stillschweigen über die sehr persönlichen Vorkommnisse auf, weil sie es zu kompromittierend gefunden hätten, dies vor der Weltöffentlichkeit darzulegen. Sie waren zum Teil durch die Nahrungsknappheit mitverursacht. Die genannten Probleme aber zeigen jedenfalls, wohin die Fehlentwicklungen des Planeten gehen könnten: Gestörtes Atmosphärengleichgewicht und zwischenmenschliche Krisen. Von dem ehrgeizigen Anspruch, mit diesem hoch komplexen System andere Himmelskörper zu erobern, ist man abgerückt und hat gesagt: Eigentlich ist "Biosphere 2" ein Prognosemodell, ein Zeitrafferfilm, in dem wir mögliche Fehlentwicklungen von "Biosphäre 1", vom Planeten Erde, ablesen können.

Denn die Ökozyklen in diesem begrenzten System, so groß Biosphere 2 auch ist, drehten sich Tausende Male schneller als in der wirklichen Atmosphäre, in der wirklichen Biospähre 1.

Auf jeden Fall wurden bereits Korrekturen vorgenommen und das zweite "Enclosure Experiment", das zweite Einschlußexperiment, verlief wesentlich besser, vor allem durch Zusatzbeleuchtung im Glashaus, um die Photosynthese zu steigern. Man hielt sechs Monate ohne Hunger und ohne Sauerstoffnot durch. Dann kam es allerdings zur bedenklichen Anreicherung von Spurengasen wie N2O, Lachgas (Dieses entsteht auch aus natürlichen Böden der Erde, wird aber in der Hochatmosphäre durch ultraviolettes Licht zerlegt. Dieser Prozeß fehlte in der nur 20 Meter hohen Biosphere2).

Beim ersten Experiment wurde zum Beispiel viel zu viel Komposterde eingebracht, vor lauter Bio/Öko-Einstellung, weil man ja giftfrei Nahrung produzieren mußte. Fairerweise muß man anmerken, daß der Himmel über der Arizona-Wüste im ersten Winter stärker bewölkt war als im langjährigen Durchschnitt - wodurch die Photosynthese unter den Erwartungen blieb. Die ungewöhnliche Wolkenhäufigkeit wurde als eines der El Niño-Phämomene gedeutet.

Ich wollte eigentlich zur Einleitung, um die Veranstalter zu ehren, nur einen Aspekt von Komplexität und Systemforschung anklingen lassen, der uns möglicherweise in naher Zukunft, jedenfalls in der Ökologie, noch intensiv beschäftigen wird. Wir werden auch im Naturhistorischen Museum versuchen, Aspekte dieser geschlossenen Ökosystemforschung, nämlich materiell geschlossen, energetisch offen, als Denkmodelle zu präsentieren. Derzeit basteln wir gerade an einem Tier/Pflanzen-System herum.

Ich sehe eine pädagogische Aufgabe darin - selbst gegenüber dem Bildungsbürgertum - diese fundamentale Grunderkenntnis gegenseitiger Abhängigkeit von Tier- und Pflanzenreich erlebbar zu machen. Schon Konrad Lorenz staunte bei seien Begegnungen mit führenden Köpfen aus Politik und Geistesleben, wie wenigen Leuten eigentlich bewußt sei, daß wir nur von dem leben, was die grüne Pflanze durch Photosynthese erzeugt - oder wie Loren Eiseley es 1969 in „The Unexpected Universe" ausdrückte:

„Das menschliche Gehirn, so zerbrechlich, so vegänglich, so voll von unerschöpflichen Träumen und Begierden, brennt mit der Energie des grünen Blattes".

Diesem Naturgesetz kann sich auch der edle Kreis der Vordenker dieses Bandes und des ihm zugrundeliegenden Symposions nicht entziehen.

DIE ORDNUNG DES LEBENDIGEN: SYSTEMTHEORIE DER EVOLUTION.

Elfriede Maria Bonet

Ein Organismuskonzept und seine systemtheoretischen Perspektiven.

„Das Organismuskonzept: systemtheoretische Perspektiven"; so lautete der Titel des Symposions, zu dem wir uns in den wunderschönen Räumen des Naturhistorischen Museums in Wien zusammengefunden haben. Nun sind Titel aber nicht, wie Namen, „Schall und Rauch"; Teilnehmern einer Veranstaltung vorgegeben, haben sie den Charakter von Aufforderungen, denen, nach bestem Wissen und Gewissen, zu entsprechen ist. Und nicht zuletzt sagt ein solcher Titel auch nicht Unwesentliches aus über die Intentionen bzw. das (Hintergrund)Wissen der Veranstalter.

Im vorliegenden Fall handelt es sich um einen Titel, der aus zwei Teilen besteht. Damit ist offenbar gemeint, daß beide Seiten in einem bestimmten Verhältnis stehen bzw. in ein solches zu bringen sind. Auf den ersten Blick ergibt sich eine gewisse Asymmetrie: Auf der einen Seite „das" Organismuskonzept; was impliziert, es gäbe so etwas wie ein feststehendes, d.h. zumindest derzeit allgemein akzeptiertes Konzept, das Struktur und Funktion dessen, was als „Organismus" bezeichnet wird, hinreichend beschreibt und erklärt. Auf der anderen Seite: „systemtheoretische Perspektiven"; die demnach zwar mehrere bzw. vielfältig sein können, ihr Gemeinsames und daher Bestimmtes aber im Terminus „systemtheoretisch" finden - sollten oder könnten. Auf den ersten Blick bestünde die Aufgabe nun (einfach) darin, ein bestimmtes Konzept einer (ebenso) bestimmten Betrachtungsweise zu unterziehen. Dieser Akzent mag unbewußt gesetzt worden sein, ist aber nicht ohne Bedeutung.

Denn so einfach ist die Sache nicht. Organismuskonzepte erweisen sich nicht nur als im Laufe der Zeit wandelbar, sondern verschiedene Disziplinen bieten durchaus auch heute unterschiedliche Konzepte an. Und auch „Systemtheorie" ist mehr oder weniger nur ein Schlagwort, hinter dem sich verschiedenste Auffassungen verbergen können. (Um ein wenig „Licht" in die Sache zu bringen, ist diesem Thema ein eigener Artikel in diesem Band gewidmet.)

Es verhält sich damit gerade so wie mit der „Welt" im Ganzen, die, nach Auffassung auch vieler Erkenntnistheoretiker, eine gewissermaßen feststehende Größe ist, die „erkannt" werden kann und muß. Die „Welt" aber jeweils, die „erkannt" wird, liegt in ihren Strukturen nicht fest, sie wird mit der entsprechenden Theorie *mit*konstruiert, je nach den Bedürfnissen und Interessen des jeweiligen Konstrukteurs bzw. seiner Zeit. Ebenso verhält es sich mit jedwedem Konzept, das sich mit „dem Organismus" beschäftigt: Es ist das jeweils bestimmte Konzept, aufgrund dessen „der Organismus" als solcher erst konstruiert wird.

Das Organismuskonzept.

Das führt zu der Frage - die zunächst zu beantworten ist -, was ein Organismuskonzept leisten soll, d.h. welchem Zweck es dient. Diese Frage ist keineswegs irrelevant oder unwissenschaftlich, denn jedes Organismuskonzept steht in engem Zusammenhang, sei es nun polarisierend oder verbindend, d.h. Einheit stiftend oder trennend, mit einem „Menschenbild". Und dieses hinwiederum steht im universellen Zusammenhang eines Weltbildes; und jede Art von Konzepten des „Lebendigen", sowohl historische als auch aktuelle Positionen, lassen sich letztlich auch von dorther ableiten bzw. bestimmen. Ziel und Zweck solcher Konzeptionen war es, und ist es auch heute, die Entstehung der Welt als Ganzes darzustellen bzw. anzugeben, welche Teilstrukturen sie enthält, welches deren Funktionen sind, und auf welche Art und Weise diese zustandekommen bzw. ablaufen.

Ein solcherart durchkonstruiertes Ganzes führt dann zur Möglichkeit, dieses selbst bzw. seine Teile zu *(be-)werten* und solcherart *Unterscheidungen* zu treffen, insbesondere zwischen „höheren" und „niedrigeren" Organisationsformen - wobei der Mensch selbstredend immer die „höchste" Organisationsform darstellt. (Was aber in dieser Hinsicht gesagt werden kann, ist lediglich, daß er die *komplexeste* Organisationsform ist, die wir kennen. Das impliziert noch nicht, daß er deshalb auch, in einem evolutionstheoretischen Sinn, die „am besten angepaßte" ist!)

Die Grundlagen für eine solche Differenzierung können verschieden sein. Ist eine Genealogie bzw. Kosmogonie vorhanden, ergibt sie sich aus dieser, wie beispiels-weise bei Plato oder der christlichen Schöpfungsgeschichte. Fehlt eine solche, wie etwa bei Aristoteles, müssen alle diesbezüglichen Parameter aus der Struktur der „ewigen" Weltordnung abgeleitet werden.

Innerhalb der so getroffenen - gewissermaßen *vertikalen* - Differenzierung werden dann weitere Unterscheidungen möglich: zwischen „Normalität" und „Abnormalität", Gesundheit und Krankheit, Mann und Frau etc. Daraus ergeben sich dann entsprechende Handlungsanweisungen, wie mit den so (ein)geordneten Kreaturen umzugehen sei. Dies gilt sowohl für den Alltag, als auch für Forschung und Lehre; so, wie ehedem, auch heute.

Beispielsweise ist ein solches Konzept Grundlage dafür, zu beurteilen, was unter „Mensch-Sein" zu verstehen ist, ab wann etwa ein Mensch ein solcher sei - was beispielsweise im Falle der künstlichen Befruchtung und der Abtreibungsproblematik eine erhebliche Rolle spielt -, aber auch, welches die Kriterien für seinen Tod seien, bzw. ob und unter welchen Bedingungen er Entscheidungsgewalt über sein Leben hat oder nicht. Je umfangreicher die Möglichkeiten werden, die vorgegebenen Strukturen zu verändern, desto zahlreicher die Fragen, die zu beantworten sind; bis zur Frage nach dem Status eines „Homo Xerox", der als Ersatzteillager für eigene Zellen gezüchtet wird. Ein solches Konzept hat also auch großen Einfluß auf die kulturelle Dimension des Menschen, bzw. bildet es die

Grundlage für dessen Konstituierung. Davon geben die abgeleiteten Begriffe, wie „Organisation“, für einen planmäßigen Aufbau, eine planmäßige Gliederung oder Ordnung, einen zweckbestimmten Zusammenschluß, Aufschluß. Und auch das daraus abgeleitete Eigenschaftswort „organisiert“ hat diese ganz bestimmte Konnotation des planvoll-zweckmäßigen Tuns. Alle diese Begriffe implizieren eine ganz bestimmte Auffassung dessen, was „Organismus“ bedeutet und beinhaltet.

So weit, so gut - und hier herrscht wohl allgemeiner Konsens. Die Frage, an der sich die Geister scheiden aber ist jene, woher Pläne und Zwecke kommen, welcher Art sie sind, wie weit sie reichen und in welcher Weise sie beeinflußbar sind. Denn wer über Pläne und Zwecke glaubhafte Aussagen machen kann, hat auch die Macht im Staate.

Ein solches Konzept bestimmt aber auch den Umgang mit der Umwelt, mit der lebenden , aber auch mit der nicht lebenden, es legt fest, welchen „Stellenwert“ welche Pflanzen und Tiere haben, inwieweit aber auch in physikalische Abläufe eingegriffen werden kann, darf und soll. Der ganze Umfang der sog. „Umweltproblematik“ spielt hier herein. Daher geht es nicht nur um - tatsächliche oder vermeintliche - Kenntnisse, die einzubringen sind, sondern vor allem um Verantwortung, die aufzubringen ist.

... im Wandel der Zeit.

Ein Blick in die Geschichte mag uns lächeln machen, aber gerade dieses Lächeln sollte uns nachdenklich stimmen: denn das, woran *wir selbst* gerade glauben, nehmen wir, ebenso wie unsere Altvorderen, (unter Umständen tod)ernst. Daher ist es für jene, die für die Erstellung solcher Konzepte verantwortlich sind, nicht nur notwendig, aus den - vermeintlichen oder tatsächlichen - Fehlern der Vergangenheit zu lernen - was so schwierig nicht ist; gibt es doch ein Gefühl der Überlegenheit, etwas besser zu kennen bzw. zu erkennen -, sondern sich vor allem bewußt zu sein, daß auch wir bzw. unsere gegenwärtigen Auffassungen nicht fehlerfrei sind oder sein können. Ein „letztes Wort“ ist daher das Letzte, was gebraucht wird, und ständige Revision und Kontrolle sind erforderlich.

Daß Organismuskonzepte im Laufe der Geschichte einem Wandel unterworfen sind, ist trivial. Daß aber, im Gegensatz zu biologischen Arten, überholte Konzepte nicht aussterben, sondern gewissermaßen als „lebende Fossilien“ weiter existieren, verdient schon eher Beachtung. Sie als solche aber zu identifizieren, ist gar nicht so leicht. Mag auch ihre konzeptuelle Grundlage überholt sein, so feiern sie doch, maskiert als Begriffe, deren Maß an Erbaulichkeit ein ebensolches Maß an Ehrfurcht induziert, „fröhliche Urständ'“; sodaß ein Verzicht auf sie fast unmöglich erscheint. Aus ihrem originären Zusammenhang gerissen, dienen sie aber nicht mehr der Strukturierung der Welt, sondern als Vehikel für Ideologien. Deshalb ist eine Beschäftigung mit ihnen heilsam. Denn auch in vorgeblich „modernen“, „wissenschaftlichen“ Theorien tauchen sie immer wieder auf. Deshalb sollte man über sie Bescheid wissen. Für welche Art von Konzept man sich dann entscheidet, ist eine andere Sache - und hat vor allem mit der eigenen Persönlichkeitsstruktur zu tun.

Denn die jeweilige Konzeption der Welt - und damit auch dessen, was unter „Organismus“ zu verstehen ist - entspricht einer bestimmten Bewußtseinslage bzw. läßt diese sich daraus ableiten. Und das gilt wieder sowohl für den aktuellen Stand der Dinge als auch für die Geschichte. Maßgeblich für die jeweilige Bewußtseinslage aber ist die Grundkategorie, die dem Wechsel der Erscheinungen zugrundegelegt wird. Das betrifft sowohl die Annahmen über die Entstehung der jeweiligen Phänomene als auch, wie deren Funktionieren gedacht wird. Und jedes Weltkonzepte, so auch das unsere, spiegelt letztlich nichts anderes wieder als die Bewußtseinslage jener, die es erstellt haben und in ihm handeln. Es spiegelt deren soziale Situation wieder, und zwar sowohl qualitativ (die *Art* der Komplexität) als auch quantitativ (das *Ausmaß* der Komplexität), und ist verknüpft mit den Institutionen einer Zeit; was die Schwierigkeiten erklärt, etwas zu verändern.

Im Überblick lassen sich drei solcher Grundkategorien identifizieren, die mit bestimmten Epochen der Ideengeschichte verknüft sind:

1. Verwandlung;

die dem sog. „magischen Denken“ entspricht und einen Wechsel „*von* etwas *in* etwas“ beschreibt, nämlich von einer Erscheinungsform in eine andere, etwa von einem Menschen in ein Tier. Das bedeutet, daß die Trennung der verschiedenen organismischen Formen voneinander aufhebbar ist. Art und Ausmaß dieses Wechsels wird durch die jeweiligen Entstehung(sgeschichte) vorgegeben, und ist weder kausal noch durch ein Prinzip erklärbar. Diese Kategorie liegt sowohl dem Mythos als auch allen Arten von Schöpfungsgeschichten zugrunde, die jeweils Ereignisse beschreiben, zwischen denen keine wahrnehmbare oder kategorial angebbare Verbindung besteht. Der Unterschied zwischen dem Mythos und der Schöpfungsgeschichte besteht darin, daß der Mythos sich auf ein einzelnes Ereignis bezieht, während die Schöpfungsgeschichte sich der Welt im Ganzen annimmt. Dabei handelt es sich normalerweise um einen einmaligen Vorgang, eine Wiederholung muß sogar ausgeschlossen sein - sonst handelt es sich eben um keine *Schöpfungs*geschichte. Das hat zur Folge, daß die Schöpfungsgeschichte abgeschlossen ist - im allgemeinen an jenem Punkt, an dem eine bestimmte „Ordnung“ hergestellt ist -, und daher nur mehr symbolisch nachvollzogen werden kann. Der Mythos hingegen ist unabgeschlossen, das ihm zugrundeliegende Ereignis kann sich wiederholen. Er bietet ein Schema an, das bestimmte Ereignisfolgen begründet.

Die Zeit-Dimension ist nicht real, „die Vergangenheit“ kennzeichnet nur die Abfolge der Ereignisse; die allerdings von niemandem beobachtet worden sind, sondern nur als Erzählung überliefert werden.

Da sie in ihrer Grundstruktur identisch sind, können diese beiden Formen auch miteinander verbunden werden. So wird z.B. im Christentum die Genesis, als Schöpfungsgeschichte, durch den Mythos Jesus Christus ergänzt, und die „Wandlung" der Liturgie ist eine solche symbolisch nachvollzogene *Ver*wandlung.

Für einen solchen Wechsel der Erscheinungen und ihrer Formen - sei es nun im Verlauf der Entstehung oder auch aktuell - gibt es keine Erklärung, sondern nur eine Begründung: Ein Wechsel der Erscheinungsform hat seine Ursache immer in einem Wollen oder Handeln, das in bezug auf die gegebene Ordnung bewertet wird. Der Ablauf des Ereignisses ist aktuell nicht zwingend; der betreffende Vorgang *kann* auftreten, *muß* aber nicht. Das einzige, das sich verläßlich wiederholt, ist die „Wiederkehr des ewig Gleichen", die periodische Wiederkehr der Konstellationen am Himmel.

Eine Verwandlung von einer Erscheinungsform in eine andere tritt nur ein, wenn Individuen sich nicht ihrer Erscheinungsform adäquat verhalten: zumeist *unter*schreiten sie diese, dann erfolgt die Verwandlung in eine „schlechtere" Form; die, im Gegenzug, dann wieder *über*schritten werden muß, um den ursprünglichen Zustand wieder herzustellen. Und so ist diese Form des Wechsels im allgemeinen durch Reversibilität gekennzeichnet.

An und für sich ist eine Schöpfungsgeschichte irreversibel, sie kann allerdings durch einen - wodurch auch immer ausgelösten - „Weltuntergang" revidiert werden. Eine Neuschöpfung allerdings müßte, als die beste, in identischer Weise wieder auftreten.

2. *Veränderung;*

die dem „rationalen" Denken zugrundeliegt und „*von* etwas *zu* etwas" geht. Das Ausmaß des Wechsels der Erscheinungen wird eingeschränkt: es gilt nur das, wobei man zuschauen kann. Prototyp hierfür sind die vier aristotelischen Veränderungen: Ortsbewegung, Zu- und Abnahme, Entstehen und Vergehen, Wechsel der Qualität. Diese Art des Wechsels ist ebenfalls reversibel, es gibt keine ausgezeichnete Richtung, weil es keine Entstehungsgeschichte gibt und die Richtung immer von dieser vorgegeben wird. Es gibt lediglich einen Anstoß; der wiederholbar ist. Dieser geht vom „unbewegten Beweger" aus, der Bewegung nur deshalb weitergeben bzw. auslösen kann, weil er selbst „unbeweglich" ist, d.h. an der Entstehung der Entitäten keinen Anteil hat; weder als Auslöser noch als Gestalter. Er ist aber der Garant, daß alles Geschehen bzw. das, was als solches gewertet wird, wiederholbar ist. „Bewegung" ist hier das Synonym für die Wiederholbarkeit, die die Abkoppelung von der Geschichte, d.h. von der Kategorie „Verwandlung" garantiert. Eine neue kognitive Form tritt auf: die Erklärung; weil das Denken nur das sich - immer in selber Weise - Wiederholende unter Kategorien stellen kann. Die Begründung dafür aber entfällt, da diese immer der Entstehung(sgeschichte) entnommen werden muß.

3. Wandel;

der ein „evolutionäres“ Denken begründet und bei dem sich *„aus* etwas *zu* etwas“ entwickelt(hat). Man kann (wiederum) nicht zuschauen, weil sich der entsprechende Vorgang in der - nun real - vergangenen Zeit abgespielt hat. Aufgrund der vorgefundenen Fossilien und der Baupläne der noch lebenden Organismen ist die Abfolge der Ereignisse allerdings rekonstruierbar, als ein Vorgang, der nicht nur einmalig, sondern auch irreversibel ist, sind sich doch alle beteiligten Wissenschaften darüber einig, daß Evolution, tritt sie ein anderes Mal auf, ganz anders verlaufen würde. Die Geschichte ist (wieder) konstitutives Element, und zwar in zweifacher Weise. Nicht nur in dem Sinne, daß sie *einmal* für das Geschehen maßgeblich ist und dann ausgeblendet wird, sondern sie ist gewissermaßen ständig anwesend; aufgrund der Tatsache, daß die Phylogenie, die Stammesgeschichte, sich, wenn auch mit Modifikationen, in der Ontogenie, der Geschichte des Individuums wiederholt. Anders ausgedrückt: Beschreibt die Phylogenie die Summe jener Vorgänge, die einmalig sind, wiederholt die Ontogenie dieses Einmalige in der Entwicklung jedes Lebewesens. Erstmals gibt es ein Weltbild, in dem es sowohl Begründung als auch Erklärung gibt, und zwar mittels ein und derselben Grundkategorie.

Aus dem vorher Gesagten sollte vor allem eines klar werden: daß es immer problematisch ist und auch bleiben wird, diese fundamental verschiedenen Grundkategorien miteinander zu vermischen. In Unkenntnis deren Struktur aber geschieht genau das immer wieder - was zu erheblichen Konfusionen Anlaß geben kann und gibt. Mischformen treten immer dann auf, wenn sich ein Ansatz als nicht zureichend erweist, alle interessierenden Phänomene unterzubringen, oder die Konsequenzen, die sich ergeben, wenn man ihn durchhält, sich als unannehmbar oder schlichtweg als unangenehm erweisen. Was zumeist dann der Fall ist, wenn man auf eine lieb gewordene Begrifflichkeit verzichten muß; was offenbar zu jenen Einschränkungen zählt, die sehr schwer zu ertragen sind.

Und es macht auch keinen Sinn, darüber zu streiten, wer „Recht hat“ oder welche Ansicht die „bessere“ ist. Das beste ist, zur Kenntnis zu nehmen, daß es offenbar verschiedene, genau gesagt eben *drei* verschiedene, Möglichkeiten gibt, einen Wechsel in den Erscheinungen anzunehmen, und es ist empfohlen, sich darüber klar zu sein bzw. zu werden, welche Art man seiner eigenen Anschauung zugrundelegt. Die Konsequenzen allerdings sind weitreichend, denn jede dieser Grundannahmen zieht andere Handlungsanweisungen nach sich. Das beginnt im alltäglichen Leben, wird manifest in den unterschiedlichsten wissenschaftlichen Disziplinen und reicht bis in die Institutionen. Und hier erst beginnt es sich wirklich zu spießen, und es ist mehr als zweifelhaft, ob die Kluft zwischen dermaßen verschiedenen Intentionen durch Toleranz überbrückt werden kann. Zur Zeit erscheint das schlichtweg unmöglich.

Und: man sollte bei der Betrachtung unterschiedlicher Welt- bzw. Organismuskonzeptionen auch nicht von „Annäherung an die Wahrheit“ oder von

„Fortschritt" sprechen. Jedes Weltkonzept, so auch das unsere, spiegelt letztlich nichts anderes wieder als die Bewußtseinslage jener, die es erstellt haben und in ihm handeln. Es spiegelt seine soziale Situation wieder, und zwar sowohl qualitativ (die *Art* der Komplexität) als auch quantitativ (das *Ausmaß* der Komplexität), und ist verknüpft mit den Institutionen einer Zeit; was die Schwierigkeiten erklärt, etwas zu verändern.

Im folgenden sollen einige kurze Hinweise darauf gegeben werden, in welcher Weise auch anscheinend überholte Konzeptionen und Denkweisen noch nachwirken und damit, auch heute noch, „aktuell" sind.

.. *und das magische Denken.*

Die erste Bewußtseinslage des Menschen, von der wir Kenntnis haben, ist das sog. „magische" Denken; die zunächst noch keine klare Unterscheidung von Gegenständen kennt. Der Mensch ist eingebettet in ein Geflecht aus Beziehungen, aus Kräften, die ihn bestimmen. In dieser Welt kann eine Seinsform in eine andere übergehen: Menschen konnten sich in Tiere verwandeln und umgekehrt.

Alles, auch jeder „leblose" Gegenstand, war „organisch", insofern er „beseelt" war. Ein solches Weltbild führt aufgrund der Gleichwertigkeit aller seiner Teile bzw. Beteiligten dazu, daß alles sich im Gleichgewicht befindet; auch wenn darüber nicht reflektiert wird (oder vielleicht gerade deshalb!).

Störungen dieses Gleichgewichts, wie z.B. der Tod, oder andere Naturerscheinungen, wie Dürre, Erdbeben, Mangel an Jagdtieren, sind keineswegs natürlich, sondern durch einen äußeren - menschlichen oder nicht-menschlichen - Feind verursacht. Und dieser war, kannte man die Mittel - die bestimmten Menschen vorbehalten waren -, überwindbar.

Gibt es irgendjemanden, der daran zweifelt, daß es genau diese Haltung ist, die unsere „naturwissenschaftliche" Forschung vorwärtstreibt? Die Mittel mögen sich verändert haben, der „Reim" ist derselbe geblieben. An die Stelle des Magiers ist der Wissenschaftler getreten. Und das Unternehmen läuft unter anderer Begrifflichkeit: Es geht um „lebenserhaltende" oder „-verlängernde" Maßnahmen, transgene Tiere werden erzeugt. Und durchaus geht es nicht immer um einen konkreten Nutzen, der im Zentrum der Bemühungen steht. Wo dieser - noch - fehlt (im Nachhinein läßt sich immer eine Nutzanwendung finden, steht das übergeordnete Ziel doch fest.) heißt das Grundlagenforschung, und dort tritt dieses Denken in besonders reiner Form auf.

Wo uns dieses Denken in Form des Totemismus begegnet, werden bereits zwei Bereiche unterschieden: jener der „Natur", und jener der „Kultur", der menschlichen Sozialorganisation. Die Organismen werden klassifiziert, wobei die Klassifikationen eine erstaunliche Komplexität erreichen können. Neben den (lebens-)praktischen Zwecken dienen diese Klassifizierungen dazu, eine Entsprechung der beiden Bereiche zu erreichen: Unterscheidung von und

Zugehörigkeit zu sozialen Gruppen. Gemeinsam mit dem Mythos dienen sie dazu, die Handlungsanweisungen für das Ritual bereitzustellen. Nicht nur Tier- und Pflanzengruppen werden solcherart systematisiert, sondern auch deren Teile, und zwar gemäß ihrer *funktionellen* Entsprechung: Schnabel/Schnauze, Pfote/Klaue ..

Was hiervon geblieben ist und ein Nachhall davon sein mag, ist die Bezeichnung von Menschen mit Tiernamen, die deren Zugehörigkeit zu einer - meist minderen - Tiergattung ausdrücken soll und eine entsprechende Behandlung der solcherart Klassifizierten nach sich zieht.

.. und die Rationalität.

Mit den sog. Vorsokratikern tritt an die Stelle des „magischen" das „rationale" Denken, das durch „Objektivität" und eine „kritische" Haltung ausgezeichnet sein soll. An die Stelle des vom Mythos umnebelten Menschen tritt der „aktiv beobachtende". So die offizielle Schreib- und Redeweise. Daß sich etwas ändert, ist offensichtlich. Interpretiert wird diese Veränderung des Weltzugangs als das Aufkommen des „(natur-)wissenschaftlichen" Denkens; was nicht nur eine Bezeichnung, sondern eine Auszeichnung darstellt. Der vorgefundene Fundus wird zweigeteilt: in jene Aspekte, mit denen man sich (noch) identifizieren kann; diese werden als „Vorläufer" vereinnahmt; und in solche, die man, ob ihrer „Irrelevanz" ablehnt und dem Müllhaufen der Geschichte überantwortet. Die Einheit, vor allem aber auch der Blick für und auf die Einheitlichkeit der jeweiligen Entwürfe, geht dadurch verloren, damit aber auch die Sicht auf die entscheidenden Bezüge.

Daß sich die Bewußtseinslage verändert, ist offensichtlich. Folgt man den einschlägigen Kommentaren (MANSFELD 1983), so ist zu erfahren, daß mit dem Auftreten des ersten dieser Entwürfe, jenem des Anaximander, der „Begriff des natürlichen Prozesses" auftritt, der „*autonom fortschreitet* und sich *gesetzmäßig vollzieht.*" Dieser Prozeß kann „*aus sich selbst erklärt* werden, .. d.h. beschrieben werden in Begriffen, die untereinander zusammenhängen und einen grundsätzlich verifizierbaren Hinweis auf das beinhalten, was wir aufgrund unserer alltäglichen Erfahrung nicht anzuzweifeln brauchen". Damit sind die Wurzeln der „rationalen" Wissenschaft gefunden - und alle atmen erleichtert auf.

Wir wollen aber doch kurz innehalten. Denn hier tritt ein Phänomen auf, auf das etwas näher einzugehen sich lohnt, da es immer wieder anzutreffen ist und meistens nicht registriert wird. In Analogie zur „Projektion", der Annahme, die davon ausgeht, aktuell festgestellte prozeßhafte Abläufe würden auch in Zukunft in gleicher Weise ablaufen und ihr Ergebnis wäre daher für einen bestimmten Zeitpunkt dieser Zukunft vorhersagbar, gibt es auch Versuche, in selber Weise die Vergangenheit zu entschlüsseln. Deshalb kann man ein solches Verfahren „Retrojektion" nennen. Die Spiegelbildlichkeit der Begriffe ist nicht nur ein Wortspiel, sondern soll darauf aufmerksam machen, daß die Vorgangsweise identisch ist. Worin sich die beiden Verfahren unterscheiden, ist lediglich die

Richtung der Zeitachse. Gemeinsam ist ihnen, daß sie beide denselben Fehler machen. Denn auch auf der „Suche nach den Wurzeln" unterliegt der Suchende allzu leicht der Gefahr, seine Sichtweise, ohne die *qualitativen Unterschiede* wahrzunehmen oder wahrnehmen zu wollen, einfach zu verlängern. Die Richtung spielt dann keine Rolle.

Die obige Ausdrucksweise ist dem begrifflichen Instrumentarium der sog. „Selbstorganisationstheorien" entnommen. Und wer sich einer solchen Ausdrucksweise bedient, zeigt damit vor allem, daß er auf der Höhe seiner Zeit ist. Und einerlei, wie rational oder aufgeklärt wir auch sein mögen, der Glaube daran, daß Worte „Berge versetzen" können, ist noch immer höchst lebendig, d.h. daß Phänomene, durch eine bestimmte Wortwahl in einen bestimmten Bezugsbereich eingeordnet, sich diesem anpassen werden. Vornehmlich dann, wenn es gilt, Kontinuität herzustellen, Vorläufer unter den Großen der Ideengeschichte auszumachen und sich solcherart Rechtfertigung zu verschaffen.

Bei näherer Betrachtung stellt sich beispielsweise heraus, daß es nicht zutreffend ist, im modernen Sinn von einem „selbstorganisierenden Prozeß" zu sprechen. Die Entstehung des Universums wird in Form einer Geschichte erzählt, ist also eine Kosmogonie, eine Abfolge von Ereignissen, die in keinem *kausalen* Zusammenhang stehen (MANSFELD 1983).

„Er [Anaximander] sagt, bei der Entstehung des heutigen, geordneten Universums hätte sich aus dem Ewigen [dem Unbeschänkten] ein Wärme und Kälte Zeugendes abgesondert, und daraus sei eine Feuerkugel um die die Erde umgebende Luft gewachsen, wie um einen Baum die Rinde. Indem diese dann geplatzt und [das Feuer] in bestimmten Kreisen eingeschlossen worden sei, hätten sich Sonne, Mond und Sterne gebildet."

Diesen Beginn mit dem „Big-Bang" gleichzusetzen, mag reizvoll sein, ist aber insofern irreführend, als dieses Bild - wie so viele andere - sich auch als falsch hätte erweisen können. Auf der Suche nach einem Beleg für die eigene Auffassung wird man eben immer fündig; was nichts anderes beweist, als daß fast alle Möglichkeiten bereits durchgespielt wurden, auch wenn nur wenige sich letztendlich bewährt haben, d.h. aus ihnen tatsächlich vollständige Weltkonzeptionen entstanden sind. Ebenso ist es nicht zutreffend, zu sagen, es handle sich um einen „selbstorganisatorischen" bzw. „selbstorganisierenden" Prozeß. Wer heute von „Selbstorganisation" spricht, meint nicht nur eine bestimmte Art von Prozeß(ablauf), sondern auch ein Prinzip; eine Ordnungsinstanz, die keiner anderen mehr bedarf. Bestenfalls könnte man von einem „negativen Regelkreis" sprechen, einem Prozeß, der an seinen Ausgangspunkt zurückkehrt.

Anders - um bei diesem Beispiel zu bleiben; eine Vielzahl anderer böte sich mit dem gleichen Recht an -, bei Anaximander. Hier wird der Prozeß von einem sowohl räumlich als auch zeitlich außerhalb des Prozesses selbst stehenden Prinzip gesteuert, dem sog. Apeiron, dem Unbeschränkten, Unbegrenzten. Einerseits ist es ein Postulat: *„Damit das faktische Entstehen in keiner Hinsicht nachlasse*", das die

Aufrechterhaltung dieses Prozesses garantiert. Dies aber bewirkt es allein aufgrund seiner *moralischen* Natur:

„Aus welchen [seienden Dingen] die seienden Dinge ihr Entstehen haben, dorthin findet auch ihr Vergehen statt, wie es in Ordnung ist, denn sie leisten einander Recht und Strafe für das Unrecht, gemäß der zeitlichen Ordnung" (MANSFELD 1983).

Auch wenn dieses Fragment etwas kryptisch formuliert ist, geht doch klar hervor, was gemeint ist. Es geht um „Ausgleich" und „Gerechtigkeit".

In der Folge sieht es so aus, als würde das Organismische nur mehr als Analogie bzw. Metapher eingesetzt: der Beginn des Weltentstehungsprozesses wird in Analogie zum Zeugungsprozeß verstanden, das weitere Geschehen wird Metapher gefaßt: „*wie um einen Baum die Rinde*". Im magischen Denken der Strukturierung des sozialen Bereichs dienend und diesem daher vorrangig, wird das Organismische nun, oberflächlich gesehen, dem rationalen Konstrukt untergeordnet.

Näher besehen aber ist der Zusammenhang ein tieferer. Das Lebendige wird nun mit einbezogen und selbst zum Thema. Es wird Bestandteil der Konstruktion, und es entsteht der Eindruck, als hätte es, nur mehr die Funktion, als Beispiel oder zur Erläuterung zu dienen. Tatsächlich aber bildet, wie zu zeigen ist, nach wie vor das Organismische die Schablone, vor der die Weltentwürfe entstehen; nur will man - explizit - das nicht mehr wahrhaben. Im Gegenzug allerdings wird das Lebendige sehr wohl „rationalisiert", d.h. seine Bezüge und Funktionen auf das eingeschränkt, was dem jeweiligen Entwurf dienlich ist; sodaß es in dessen Verständnis immer wieder zu Verschiebungen kommt - bis es zur Maschine mutiert.

Damit im Zusammenhang steht ein Vorgang, den man als „Rationalisierung der Seele" bezeichnen könnte. Aus dem „Be-Seelten" des magischen Denkens, der gleichen Verteilung aller Fähigkeiten und damit auch Rechte, wird (nun erst) „die Seele"; eine Instanz, die - auch heute noch - in vielen Organismuskonzepten eine Rolle spielt und in Diskussionen um den Menschen nicht wegzudenken ist. Formal gesehen besteht ihre Aufgabe darin, eine Verbindung herzustellen zwischen den nun getrennten „Seins"-Bereichen, einerseits dem Veränderlichen und dem Unveränderlich-Ewigen, anderseits aber auch zwischen den unterschiedlichen Bereichen des Veränderlichen, indem mit ihrer Hilfe verschiedene Grade des Seins bzw. verschiedene Arten organismischer Organisation bezeichnet werden. Man könnte sagen: Was der Verstand trennt, bindet/flickt die Seele wieder zusammen. De facto aber ist es jetzt ihre Funktion, Fähigkeiten und Rechte an die verschiedenen organismischen Formen zu verteilen und diese dann dementsprechend zu bewerten und zu beurteilen.

Damit sie aber diese Funktion erfüllen kann, muß die Seele unsterblich sein, und dieser Gedanke geht, so man der Überlieferung glauben darf, auf Pythagoras zurück. Diese Unsterblichkeit ist der Ersatz für die - verlorene - Allgegenwart. Sie kann nun immer wieder in einem anderen menschlichen, tierischen oder vielleicht auch pflanzlichen Körper neu geboren werden. Das zieht - heute skurril anmutende, in diesem Rahmen aber konsistente - Ver- und Gebote nach sich über das Töten und den Verzehr von Tieren. Ein Tier zu töten beispielsweise, das im Besitz einer menschlichen Seele ist, wäre Kannibalismus. Und ein weiteres Element kommt hinzu: Es bedarf nun des Todes, und zwar ausschließlich, damit die Seele auf Wanderschaft gehen kann, während im magischen Denken dieser Prozeß jederzeit ablaufen konnte. Das bedeutet, daß der Tod jetzt als jene Trennung empfunden, als die wir ihn heute kennen. Ebenso wie die Grenzen zwischen den Seinsweisen wird auch jene zwischen Tod und Leben geschärft.

Diese Lehre wird von Plato übernommen. Auch er glaubt daran, daß die Seele in einem anderen Organismus wiedergeboren werden kann. In jenem Dialog, in dem er seine Kosmogonie darstellt, dem „Timaios", dient diese Vorstellung schon als Erklärung bzw. Begründung für die unterschiedliche (Be-)Wertung von Organismen.

Denn jene Ordnung, die für die Welt und ihre Struktur konstituierend ist, ist auch für ihr Funktionieren maßgeblich, d.h. die Reihenfolge der Entstehung der Geschöpfe dient auch ihrer aktuellen Graduierung. Zuerst entsteht der Mann, das „gottesfürchtigste" und daher - gegenüber der Frau - überlegene Geschöpf. Feiglinge und solche, die Unrecht taten, wurden bei ihrer zweiten Geburt zu Frauen. Aus jenen, die sich mit den sinnlichen Erscheinungen beschäftigten und diese für die zuverlässigsten hielten, wurden die Vögel. Jene, die sich der Leitung des in der Brust einheimischen - sterblichen - Seelenteils überließen, wurden zu Landtieren. Der Erde verwandt, streckten sich ihre Körper in die Länge. Nach Zunahme des Unverstands nahm die Zahl der Beine zu, bis die am wenigsten verständigen sie schließlich völlig verloren. Die unverständigsten aber, jene, die statt der reinen Luft Wasser atmen, und deren Seelen daher „durch alle Vergehungen befleckt waren,", wurden zu Wassertieren. Fazit:[1]

„Dieses alles führte nun damals und führt noch jetzt, vermöge des Erlangens und Einbüßens des Unverstandes und Verstandes, den wechselseitigen Übergang der Tierarten ineinander herbei."

All das aber gibt nicht nur eine Entstehungsgeschichte zum besten, sondern ist auch - wieder oder immer noch - mit einer Moral verbunden: wer seine ihm zukommende Zeit nicht gut verlebt, kann nicht auf seinen Stern zurückkehren und dort ein glückseliges Leben leben, sondern wird, je nach Schwere seiner Verfehlungen, entweder zur Frau oder zu dem seiner Schlechtigkeit entsprechenden Tier. Damit ist eine sehr klare Rangordnung der Organismen gegeben, die auch den Umgang mit ihnen anleitet.

Die Beziehung zwischen Rationalität bzw. Vernunft und dem Lebendigen sieht hier so aus, daß das Lebendige aus dem rationalen Konstrukt abgeleitet wird. Das Weltgefüge selbst aber ist ein Produkt aus beidem, es wird geschaffen als „das vollkommene Lebende", d.h. es ist einerseits rational: „vollkommen", anderseits

---

[1] Timaios 92 c.

aber: ein „Lebendes“ Und das ist keineswegs als Analogie gedacht. Es ist ein gewissermaßen *rationaler* Organismus, daher „unalternd und keinem Siechtum unterworfen“; woraus sich die Auffassung von Gesundheit und Krankheit, als Verfehlung des Vollkommenen, ergibt. Die Rede ist vom „Leib der Welt“, vom „Leib des Alls“, der ein „Gewordenes“, „Körperliches“ und „Sichtbares“ ist. Von diesem „vollkommenen“ Lebenden werden all die anderen Lebenden als „unvollkommen“ abgeleitet.

Der Vorteil einer solchen Konstruktion liegt auf der Hand und nicht zuletzt darin, daß das „unvollkommene“ Lebende damit keiner weiteren Erklärung bedarf - die Wertung reicht aus. Umgekehrt aber ergibt sich daraus wieder eine Moral: das „unvollkommene“ Lebende hat seine Vollzüge an die rationale Struktur anzupassen.

Veränderungen der Erscheinungsform aber sind immer noch, wie schon im magischen Denken, Folgen - der zumeist Nicht-Beachtung - eines moralischen Gesetzes:[2]

„*Wer aber die ihm zukommende Zeit wohl verlebte, der werde wieder nach dem Wohnsitze des ihm verwandten Sternes zurückwandern und ein glückseliges, seinem früheren entsprechendes Leben führen, verfehle er das aber, dann werde er bei seiner zweiten Geburt in die Natur des Weibes übergehen. Lasse er jedoch auch dann von seiner Schlechtigkeit noch nicht ab, dann werde er, der Verschlechterung seiner Sinnesart gemäß und der in ihm erzeugten schlechten Gesinnung entsprechend, stets die ähnlich beschaffene tierische Natur annehmen. Nicht eher solle aber seine durch diese Verwandlungen herbeigeführte Not enden, bis er, der in ihm selbst obwaltenden Richtung des Selben und Ähnlichen den mächtigen und erst später ihm aus Feuer, Wasser, Luft und Erde erwachsenen stürmischen und vernunftwidrigen Andrang nachziehend, ihn durch die Vernunft besiegte und wieder zu jener ersten und besten Gemütsbeschaffenheit gelangte.*“

War der magische Weltentwurf so beschaffen, daß die Ordnung vom Menschen selbst aufrechterhalten werden konnte und auch mußte - z.B. durch Erneuerungsrituale -, wird die Aufrechterhaltung des Ganzen in rationalen Konzepten Begriffen wie „Ewigkeit“, „Unsterblichkeit“, „Vollkommenheit“ etc. anvertraut. Der Sorge, aber auch Verantwortung um das Ganze solcherart enthoben, kann der Mensch sich fortan voll und ganz seinem eigenen Wohlergehen widmen; was er hinfort ausschließlich tut. Daß auch für den Gesamt-Zusammenhang Verantwortung zu tragen ist, wird uns erst heute wieder langsam und unter vielen Mühen bewußt. Aufgrund dieser Verantwortung aber zu handeln, müssen wir erst (wieder) lernen. Jenes „Wohlergehen“, sowohl hienieden als auch anderswo, besteht vor allem darin, dieser - selbst konstruierten - Ordnung möglichst ähnlich zu werden. Der Leitfaden für diese Ähnlichkeit heißt „Werte“. Alle moralischen Werte, aber auch deren Differenzierungen, wie „besser“ oder

[2] Timaios 42.

„schlechter“ (und sei damit auch, in einem ganz anderen Zusammenhang, „angepaßt“ gemeint) haben hier ihre Wurzel.

Plato und die Systemtheorie.

Wer eine Entstehungsgeschichte erzählt, muß auch dafür Sorge tragen und einen Grund dafür angeben, daß diese Entstehung wieder ihr Ende findet. Eine der brauchbarsten Metaphern hierfür ist „Vollkommenheit“, „die schönste und beste aller Welten“. Damit ist ein Zenit erreicht, der nicht mehr überschritten werden kann.

Aus dem Chaos, dem Ungeordneten, hervorgehend, müssen die (Bestand)Teile letztlich so zusammengefügt sein, daß sie nicht mehr wieder dorthin zurückfallen können. Die Entstehung der Phänomene muß zu einem Ende gebracht sein und jede weitere Veränderung der Welt als ganzer ausgeschlossen werden.

Denn die *Aufgabe* jedweden Weltentwurfs ist es, eine vorgefundene Ordnung nicht nur zu erklären, sondern auch zu begründen. Damit ist gemeint, die in Interesse stehenden Phänomene bzw. ihre Regularitäten in einen Gesamt-Zusammenhang zu bringen. Die *Funktion* einer solchen Erklärung aber ist es, die Phänomene und ihre Regularitäten abzusichern. Je dichter das Netz, in dem sie (ein)gefangen sind, desto sicherer ist man vor dem Absturz. Eine solche Erklärung ist dann (auch noch) *konsistent*, wenn alle ihre Komponenten miteinander so verbunden sind, daß keine Stelle des Universums der interessierenden Phänomene mehr „frei“ bleibt. Dann erscheint der Bestand des Bestehenden in seiner Gesamtheit gesichert. Die „beste“, haltbarste, dieser Verbindungen ist „Notwendigkeit“. Sie verklammert die Bestandteile in einer Weise, daß sie unauflösbar bzw. unauflöslich sind.

Hat sich aber eine Kultur einmal auf ein Weltbild geeinigt, d.h. alle (sie) interessierenden Phänomene in einen Entstehungs- und Funktionszusammenhang gebracht, hat sie - immer noch - Probleme. Denn: um dieser Sicherheit nicht verlustig zu gehen, darf sich dieser Bestand nicht (mehr) verändern. Das wird dadurch erreicht, daß alle mögliche bzw. vorhersehbare Veränderung einem Kodex unterworfen wird, nicht unähnlich der Kodifizierung des Rechts; die zur selben Zeit in Angriff genommen wird. Und nicht von ungefähr spricht der erste dieser Entwürfe, jener des Anaximander, von „Recht“ und „Unrecht“, wenn es darum geht, der Welt eine rationale Ordnung zu geben.

Allerdings ist es immer problematisch, eine solche Kodifizierung durchzuhalten: entweder man versucht das „auf Biegen und Brechen“ - dann muß man bestimmte Phänomene „unter den Teppich kehren“. Sie werden dann entweder überhaupt negiert oder zu sog. „Randphänomenen“; deren Name schon zu verstehen gibt, daß sie zwar einerseits irgendwie dazugehören (sollen), daß man sie aber nicht wirklich einordnen kann - oder will. Ihre Rolle für den Gesamtzusammenhang bleibt unklar. Solange man allerdings weiß, was man tut, und sich im klaren ist, daß man im Rahmen einer bestimmten *Methode* operiert, mag das angehen. Überträgt man diese Methode aber unreflektiert auf den Gesamtzusammenhang, wird es problematisch. Oder man gesteht sich ein, daß es nicht möglich ist, einen durchgehenden Zusammenhang herzustellen, dann beginnt man, nach einem Kompromiß zu suchen; der zumeist darin besteht, daß man Anleihen aus anderen, „betriebsfremden“ Konzepten nimmt; womit man sich in jedem Fall weitere Probleme einhandelt.

Ob nun grundsätzlich oder bedingt durch die Tradition, scheint es zwei Möglichkeiten einer rationalen Kodifizierung zu geben: begrifflich oder mathematisch. Zu beachten ist aber, daß diese beiden Kodices in einer asymmetrischen Relation stehen: Während es durchaus möglich ist, durchgehend begrifflich zu kodifizieren - ein Beispiel dafür ist Aristoteles -, gerät bei einer rein mathematischen Kodifizierung die Mathematik zum Code, zur Redeweise *über* Ordnung und muß dieselbe als schon gegeben voraussetzen. Ein solcher Code hat keine ordnungs*stiftende* Funktion. In den meisten Fällen treten daher auch Mischformen auf: Mathematik und Begrifflichkeit ergänzen einander, und zwar in der Weise, daß die Begrifflichkeit nicht nur die Ordnung vorgibt, sondern auch die Rechtfertigung für die mathematische Kodifizierung angibt und deren „Stellenwert“ im Gesamtsystem definiert. Denn es gibt immer Phänomene, die sich allen Bemühungen hartnäckig widersetzen: jene, die unerwartet auftauchen; diese werden unter dem Oberbegriff „das Neue“ zusammengefaßt, und jene, die, sei es zeitweise oder auch dauernd, in einer Weise vom Kodex der erlaubten Veränderung abweichen, daß sie ihm nicht mehr zuschreibbar sind: Naturkatastrophen, Mißbildungen, Pathologien, „Schlechtigkeit“ etc. Sie werden mittels (Ab)wertung wieder dem Kodex zugeführt. Auch der sog. „Zufall“ und das „Wunder“ gehören in diese Kategorie. Je größer die Abweichungen, desto gefährlicher sind sie, denn sie gemahnen an jene Zeiten, in denen das Ausmaß der Veränderung jenes der Ordnung überwog: die Entstehung einer neuen Ordnung, von der immer unsicher ist, ob man ihr auch angehören wird.

Daher gehen die Bemühungen dahin, die Phänomene nicht nur möglichst durch-gängig zu kodifizieren, sondern den Kodex auch an einer möglichst frühen Stelle, im Laufe der Entstehung(sgeschichte), einzuführen. Das ist dann auch jene Stelle, an der der Entstehungs- in den Funktionszusammenhang übergeht, und *das* Kennzeichen des rationalen Weltentwurfs ist es, daß der Kodex möglichst durchgängig ist, auf möglichst weiten Strecken durchgehalten wird; was kaum gelingt, aber immer wieder versucht wurde und noch wird. Ein besonders schönes Beispiel dafür ist, wie schon zu sehen war, Platos „Timaios“; dessen Rezeption deshalb so große Probleme macht, weil der Dialog ständig zwischen - mythischer - Erzählweise und - rationaler - Welterklärung hin und her pendelt. Gerade das aber macht diesen Dialog zu einem Musterbeispiel für das Studium der „Logik“ von Weltentwürfen, vor allem weil es sich hier um einen Übergang handelt, in dem um eine neue Grundkategorie erst gerungen wird. In der Konstruktion schlägt sich diese Ambivalenz in der Annahme bzw. Angabe zweier Ursachen nieder, wovon die eine als „göttlich", die andere als „notwendig" bezeichnet wird: „göttlich" steht für jene Vorgänge, in denen sich die Phänomene verwandeln, und woraus sich Wertung bzw. Moral ergeben, „notwendig" für den rationalen) Kodex[3]:

„.. dem Göttlichen muß man, um zu einem glückseligen Leben zu gelangen, in allem, soweit unsere Natur es gestattet, nachspüren, doch um dessenwillen auch dem Notwendigen, in Erwägung, daß es ohne dieses nicht möglich ist, eben jenes, dem wir ernstlich nachstreben, allein zu begreifen und zu erfassen oder seiner sonst irgendwie teilhaftig zu werden."

In diesem Dialog lassen sich drei Schichten unterscheiden, die durch eine Zunahme der Rationalität gekennzeichnet sind. Zum einen bedarf es des „guten" Gottes, der das All als sein „Abbild" schafft. Dieser Akt ist keine „creatio ex nihilo", sondern einer, in dem ungeordnete Bewegung in geordnete überführt wird. Der Grund dafür liegt einzig im Wollen dieses Gottes, und ein solcher Akt ist rational nicht nachvollziehbar, sondern lediglich hinnehmbar bzw. postulierbar. Vor allem aber - im allgemeinen - *nicht wiederholbar*. Der einzige Beweis dafür - so es einer ist - ist, daß, zumindest in gewissen Bereichen, Ordnung auffindbar ist. Diese werden allerdings besonders ausgezeichnet: als das „Schönste" und „Beste".

Eine zweite Schichte läßt sich in der Gestaltung der (zunächst Welt-)Seele auffinden. Sie entsteht aus verschiedenen „Gattungen des Seins" - rational-begrifflichen Elementen -, dem „Unteilbaren", dem „Teilbaren", dem „Selben" und dem „Verschiedenen", deren Anteile vom Gott auf mathematische Weise zusammengefügt werden; der hierfür noch erforderlich ist. Die menschliche Seele allerdings ist nur „zweite" bzw. „dritte" Wahl, ihre Bestandteile sind nicht ganz so „lauter". Dennoch ist diese Art von Seele, aufgrund ihrer Beschaffenheit, „unsterblich"; was die Voraussetzung dafür ist, daß sie wandern und in einem anderen Körper wiedergeboren werden kann.

Ein dritter Rationalisierungsschritt vollzieht sich bei der Entstehung der Elemente. Hier ist kein Gott (mehr) vonnöten; Mathematik kann man auch ohne ihn betreiben. Sie entstehen „von selbst", auf mathematischem Wege, und der Gott übernimmt sie, um die „sichtbaren Dinge" zu schaffen. Und es ist (allein) dieser Teil, der für die Erklärung von *Funktionen* herangezogen wird bzw. herangezogen werden kann. Denn: rationale Kodifizierung bedeutet, daß Wiederholbarkeit garantiert ist.

Die *Einteilung* der Lebewesen aber liegt (noch) außerhalb des rationalen Kodex, und die Grundkategorie ist daher die - dem Mythos nahestehende - *Verwandlung;* auch wenn die Zusammensetzung ihrer Teile von den Göttern aus den Elementen erfolgt. Aber diese Zusammensetzung unterliegt der vorher getroffenen Wertung, verdanken sie doch ihre Entstehung, wie oben erwähnt, Verfehlungen des „Vollkommenen".

Spätestens jetzt wird so mancher sich (wieder) fragen, wozu dieser ausführliche Ausflug in die Philosophie gut sein soll, soll es doch um eine „systemtheoretische"

---

[3] Timaios 68c.

Betrachtungsweise des Organismuskonzepts gehen, also eine Betrachtungsweise, die mit solcherart Überlegungen gar nichts mehr „am Hut" hat. Dazu ist zweierlei zu bemerken.

Erstens: so wie keine Art (aus) ihrer Entstehungsgeschichte entkommen kann, können das auch Ideen nicht. Allerdings sind sie nicht, wie jene, gezwungen, diese „öffentlich" zu bekennen. Tun sie es doch - zeugt es doch von „Bildung", einen Gewährsmann aus der Tradition anzugeben -, dann meist eklektisch: man pickt sich heraus, was man braucht und wirft den Rest auf den Müllhaufen der Geschichte; über den man dann die Nase rümpft.

Zum anderen soll dieser - trotz allen kleine - Ausschnitt aus der Gesamtkonzeption darauf hinweisen und zumindest ein Gefühl dafür vermitteln, welche Mühe und welche Differenziertheit erforderlich ist, einen umfassenden Entwurf zu erstellen; ein Verständnis, das fast allerorten verlorengegangen zu sein scheint. Das Beispiel Plato ist vor allem auch deshalb relevant, weil hier die Rolle des mathematischen Umgangs mit Phänomenen in seiner Ambivalenz sichtbar wird. Wie erinnerlich, unterscheidet Plato zwei Arten von Ursachen, eine „göttliche" und eine „notwendige", wobei die erstere auch die *erste*, wichtigere ist, während die zweite - lediglich - eine „Mit-Ursache" darstellt. Der ersten sind die Begriffe „durch Vernunft", bzw. „auf den vernünftigen Zweck gerichtet" zugeordnet, und es ist die erste Ordnung, sichtbar in der Bewegung des Himmels, die den Menschen die zweite Ordnung, die Zahlen, lehrt. Was hier (noch) gegeben wird, ist eine *Begründung* für die Verwendung eines mathematisch-zahlenmäßigen Umgangs, woraus auch dessen beschränkte Tragweite ersichtlich ist.

Obwohl es sich um eine „für unser heutiges Weltbild irrelevante Naturanschauung" (EIGEN und WINKLER-OSWATITSCH 1985) handelt, ist die Faszination, die von diesem Entwurf ausgeht, ungebrochen. Und so widmet auch der Nobelpreisträger MANFRED EIGEN in seinem Buch „Das Spiel" dem „Platonischen Konzept" ein eigenes Kapitel. Im Dialog „Timaios", so ist zu lesen, entwickelt Plato eine „geometrische Theorie der Materie", indem er diese, in Form der vier Elemente Feuer, Erde, Luft und Wasser, den vier regulären Körpern Tetraeder, Kubus, Oktaeder und Ikosaeder zuordnet.

Dies, wie erinnerlich, ist nur eine, nämlich die dritte, Rationalisierungsstufe - von der nun ausschließlich die Rede ist. Der Gott (bei Plato), so ist zu erfahren, gestaltete die Welt deshalb aus geometrischen Körpern, weil sie die „besten" und „schönsten" sind. Aus diesen entstehen die vier Elemente, denen die vier Gattungen des lebendigen Seienden zugeordnet sind. Diese vier verschiedene Gattungen unterliegen zwar einer bestimmten Abfolge - was aber nicht mit einer hierarchischen Ordnung zu verwechseln ist: dem Feuer zugeordnet sind die Götter; was synonym für die Sterne steht; dann die „die Lüfte durchschneidende" Gattung, „die im Wasser hausende Art", und „die dahinwandelnde und auf dem Festland lebende".

Worum es EIGEN aber geht, ist, einen Bezug zur „gegenwärtigen Situation der Physik" herzustellen; was nicht ohne Rüge für Plato abgeht:

„Es mußten noch mehr als zweitausend Jahre vergehen, ehe diese Art induktiver Naturbeschreibung von ihrer Willkür befreit werden konnte." (EIGEN und WINKLER-OSWATITSCH 1985, s. 132).
Die Übereinstimmung mit Plato sieht er darin, *„.. daß Plato nicht darauf aus war, die Materie auf bestimmte, im Detail angebbare Urformen zurückzuführen, sondern daß er vielmehr eine mathematisch (und harmonisch) begründbare Methode zur Darstellung der zwischen den Dingen wirksamen Beziehungen suchte."* (EIGEN und WINKLER-OSWATITSCH 1985, s. 133).
Und so sind es auch nicht die Dinge selbst, so die Folgerung, die im Mittelpunkt der Betrachtung stehen, sondern - ausschließlich - deren Bezüge zueinander. Ein weiterer Gewährsmann für diese Anschhaung wird mit EUGENE WIGNER zitiert:
„Physics doesn't describe nature. Physics describes regularities among events und only regularities among events." (EIGEN und WINKLER-OSWATITSCH 1985, s. 162).
Diese bescheidene Aussage, im Wissen um die eigenen Möglichkeiten und vor allem Grenzen, wird durch ein Statement wie das folgende allerdings zunichte gemacht:
„Die Einheit der Natur äußert sich in den Gesetzmäßigkeiten, das heißt, in den Beziehungen zwischen den Strukturen, weniger in den Strukturen selbst." (EIGEN und WINKLER-OSWATITSCH 1985, s. 13).
Was aber heißt denn „Einheit der Natur"? Eine Einheit, aus der das Werden und Vergehen ausgeschlossen ist, und die kein Interesse an ihrer eigenen Geschichte hat?!. Denn weder das Entstehen noch die „Destruktion" von Ordnung liegt im Interesse dieser Art von Naturanschauung:
„Die Physik ist jedoch nur insoweit an den natürlichen Prozessen interessiert, als sie in ihnen das Reproduzierbare, das Gesetzmäßige aufzudecken sucht." (EIGEN und WINKLER-OSWATITSCH 1985, s. 162).
Der Weg dahin sieht folgendermaßen aus:
„Die Physik muß sich daher in ihren Experimenten wie auch in ihrer abstrakten Denkweise von der Komplexität natürlicher Randbedingungen befreien. Das geschieht, indem die zu beobachtenden Systeme von ihrer Umwelt isoliert werden oder indem ihre Wechselwirkungen mit dieser unter strenger Kontrolle gehalten werden."
Das *Neue* dieser Art von Betrachtung liegt darin, daß der „Zufall" eingebaut wird. Eines der - vordem ausgeschlossenen - Randphänomene wird zum - allerdings nur quasi- - ordnungsstiftenden Prinzip. Denn es sind lediglich die *„Konsequenzen* des Zufalls, die einer Steuerung anheimfallen.
„Erst in der großen Zahl der Einzelereignisse verliert sich das Zufällige und gerät unter die Kontrolle des statistischen Gesetzes." (EIGEN und WINKLER-OSWATITSCH 1985, s. 12).
In dieser speziellen Art von Systemtheorie, der sog. „Spiel-Theorie", wird die Organismus-Metapher - die keine ist - durch die „Spiel"-Metapher - die eine nur eingeschränkte Reichweite hat - ersetzt, unter die nun alle Ereignisse subsummiert werden. Begründet wurde die Spiel-Theorie vom Mathematiker J. VON NEUMANN,

und sie war von Anbeginn an auf ökonomische Problemstellungen zugeschnitten. Und so lautet auch der Titel des Schlüsselwerkes, das er gemeinsam mit O. MORGENSTERN schrieb: *„Spieltheorie und wirtschaftliches Verhalten.“* Anwendungen ergeben sich auch für den soziologischen, politischen und strategischen Bereich, und sie bildet die Grundlage für die Futurologie - von der unlängst Günter Haaf in der „Zeit“ feststellte, daß sie *„schon aus prinzipiellen Gründen nicht über das Orakeln hinauswachsen kann“*. Und so ist denn auch *„der größte Unsicherheitsfaktor in der praktischen Anwendung der Spieltheorie die tatsächliche Verhaltensweise der Spieler“* (EIGEN und WINKLER-OSWATITSCH 1985, s. 32).
Was nichts anderes bedeutet, als daß man diese am liebsten ausschalten würde. Aber das ist ein anderes Thema.

Hier wird auch die Funktion der Mathematik deutlich: Die *Entstehung* von Strukturen liegt außerhalb des Bereichs des Interesses; vor allem aber außerhalb des Bereichs der Möglichkeiten. Sie beschreibt den *Übergang* von einem Zustand zu einem anderen, innerhalb eines bereits gegebenen und als vorrangig anzusehenden Kodex, d.h. „post factum“. Plato spricht es klar und deutlich aus: *„Notwendigkeit“, d.h. mathematischer Kodex, ist immer nur „Mit-Ursache“.* Das sollte man nicht vergessen, denn mögen auch die Inhalte, von denen dort die Rede ist, heute „irrelevant“ sein, die Strukturen sind es keineswegs.
Der *tatsächliche* historische Ablauf aber wird zur „Randbedingung“ und aus der Reihe der ordnungsstiftenden Prinzipien ausgeschlossen. Das ist auch verständlich, wenn man bedenkt, daß Reproduzierbarkeit und Gesetzmäßigkeit unter gleichen Bedingungen dem tatsächlichen Ablauf geradezu widerspricht, denn der Ablauf der Evolution ist einer, in dem alle Beteiligten sich ständig verändern. Und so weiß auch EIGEN: *„Ein Prinzip ist nicht geeignet, historische Wirklichkeit darzustellen .. “* (EIGEN und WINKLER-OSWATITSCH 1985, s. 72).

Was aber dann? Zwar kann man *„..im Reagenzglas unter künstlichen Bedingungen und in zellfreien Systemen Selektions- und Evolutionsverhalten im Sinne Darwins eindeutig reproduzieren. “* (EIGEN und WINKLER-OSWATITSCH 1985, s. 73), ob es allerdings nur „reine Semantik“ ist, *„ob man die materiellen Träger dieser Eigenschaft - auch wenn sie aus natürlichen Zellen isoliert wurden - als Evolutionsprodukte oder einfach als Makromoleküle bekannter chemischer Zusammensetzungen ansieht“* bleibe dahingestellt. Die Voraussetzung einer solchen Auffassung, das soll hier angemerkt werden, ist, daß die Entstehung dieser speziellen Struktur und ihre *Herstellung* identisch sind - wovon ja keine Rede sein kann - und die sog. „Randbedingungen“ tatsächlich solche sind und bleiben, d.h. vernachlässigbar sind, und zwar nicht nur im Einzelfall, sondern generell. Die Vorhersage eines solchen „Spiels“ beschränkt sich daher zwar z.B. nur auf die Vorhersage der *Tatsache* der Selektion - was man ja schon wußte -, nicht dagegen auf das *Detailergebnis*, d.h. *welche* Strukturen als „Sieger“ hervorgehen werden. Sie kann daher keine Aussagen darüber machen, *daß* überhaupt und auf welche Weise Strukturen bzw. Struktur-Hierarchien entstehen (können). Ausgeklammert bleibt damit die Frage nach der „Ordnung des Lebenden". Sie muß bei einer solchen Betrachtungweise als bereits gegeben vorausgesetzt werden. Worum es geht, ist letztlich nur, wie sie *verändert* werden kann.

Diese, wenn auch nur bruchstückhafte, Darstellung, diente lediglich dazu, darauf hinweisen: daß alle Phänomene, insbesondere auch die organismischen, durch das Weltbild mit konstruiert werden, die *vor*gefundene Ordnung auch immer eine *er*fundene ist. Und jede Veränderung einer solchen Ordnung kostet nicht nur das Papier, auf dem sie geschrieben steht. Das Auftreten einer neuen Art von Ordnung verändert die Phänomene immer insofern, weil und wie sie andere Handlungsanweisungen für den Umgang mit ihnen vorschreibt.

Aristoteles und die Evolutionstheorie.

Aristoteles kehrt den - platonischen - Spieß um. War es Plato vor allem darum gegangen, die Welt in eine Ordnung zu bringen, setzt Aristoteles eine solche voraus. Die Welt ist nicht mehr erschaffen worden oder entstanden, sondern besteht „von Ewigkeit her". Was in ihr noch entstehen - bzw. vergehen - kann, ist das Einzelding.

Ein kurzer Überblick soll dazu dienen, auf die Folgen aufmerksam zu machen, die dieser Entwurf auch für uns Heutige noch hat. Denn: Wie immer, wenn sich die Form einer Konstruktion verändert, verändert sich auch ihr Inhalt.

Auch wenn diese Konstruktion viel von „Ewigem" spricht, kann sie sich doch ihrer eigenen Geschichte nicht entziehen. Und die, wie man weiß, heißt vor allem Plato.

Der Unterschied ist nicht leicht zu sehen, ist aber grundlegend. Bei Plato gab es zwei Arten des Unvergänglichen: das unentstandene - die Ideen; das entstandene - der Kosmos. Bei Aristoteles hingegen gibt es keine entstandenes Unvergängliches mehr, sondern alles, was *unvergänglich* ist, ist auch *unentstanden*. Und auch der Begriff des „Ewigen" verändert sich: hat „ewig" bei Plato diese zweifache Bedeutung, gibt es für Aristoteles nur mehr eine: „unentstanden unvergänglich". Jenes Entstandene, das unvergänglich ist, entsteht durch die Kategorie „Verwandlung"; deren Ausschluß und Abtrennung damit vollzogen ist. Ein Bedeutungswandel hat sich vollzogen: An der Vorstellung plötzlichen Wandels hängt nunmehr, da man sich von der mythischen Zeitdimension getrennt hat, die von Einsturz, Katastrophe, Aus-der-Form-und Fassung-Bringen.[4] Doch auch die „neue" Zeit, das Hier und Jetzt, ist die „Urheberin von Verfall". Hier muß gegengearbeitet werden, „durch Sichregen und rühriges Handeln", damit „etwas Ordentliches" zustandekommt.

Was aber nicht entstanden ist, kann auch nicht vergehen; vor allem aber kann es sich nicht verändern. Was dem Bestehenden bei Plato Ordnung verleiht, nämlich

---

[4] Aristoteles: Physik I 22 Ib.

die „Ideen", hat ursprünglich von sich aus keine Wirksamkeit. Es wird erst im Verlaufe des Entstehungsvorgangs „aktiviert", und bedarf dazu eines Vermittlers, und ein solcher Vermittler muß ein „Gott" sein. Vereinfacht ausgedrückt, kann man sagen, daß alle jene Komponenten, die bei Plato der Kategorie „Verwandlung" zugehörten, jetzt „eingefroren" werden. Sie sind es, die die „ewigen" Aspekte repräsentieren. Und ohne diese ist, nach wie vor, kein Auslangen zu finden. Denn„[5].. wie sollte Ordnung herrschen, wenn es nicht etwas Ewiges, Abgetrenntes und Bleibendes gäbe?" Die Veränderung würde, wäre sie nicht solcherart begrenzt, „ins Unbegrenzte" fortschreiten; was verhindert werden muß. Und was könnte eine bessere Garantie dafür darstellen als „das Gute"? Anderseits trägt die Verwendung eines solchen Begriffs immer auch dazu bei, die Akzeptanz des Entwurf zu verbessern.

Umgekehrtes, dennoch strukturell Identisches, tritt auf, wenn „Randbedingungen" aus einem Zusammenhang ausgeschlossen werden. Sie nehmen dann dieselbe Stelle ein wie das „Ewige" bzw. „Unveränderliche"; auch wenn sie anscheinend in eine andere Richtung weisende Bezeichnungen tragen wie „irrelevant" oder „uninteressant". Gemeint ist damit aber nichts anderes, als daß sie zwar für die Aufrechterhaltung der Ordnung gute Dienste tun, man ansonsten aber mit ihnen nichts zu schaffen haben möchte. Eine Vorgangsweise, deren Ergebnisse ob ihrer Eingeschränktheit immer fragwürdig sein müssen, aber selten hinterfragt werden.

Anderseits wird das, was bei Plato „ewig" war, nämlich die „Ideen", aus dem Kontext eliminiert. Ihre Funktion wird durch die „Formen" ersetzt.

Der Vorteil einer solchen Konstruktion liegt auf der Hand: sie nützt sich nicht ab - wie das bei einer Entstehungsgeschichte der Fall ist, deren Potential nach einmaliger Verwendung verbraucht ist. Da die Erscheinungen auf diese Weise in ihrer Gesamtheit gesichert sind, kann sich das Interesse nun (wieder) vermehrt ihrem *Wechsel* zuwenden. Und man braucht sich keine Gedanken darüber zu machen, wie, wann und wo die Entstehung(sgeschichte) in die Funktion(sgeschichte) überzuführen und wie diese aus jener herzuleiten ist. Die Betrachtung richtet sich auf das hier und jetzt Feststellbare. Damit entfällt aber auch jene Kategorie, die bis dato für die Entstehung bzw. Einteilung der Phänomene zuständig war bzw. diese begründete, nämlich *Verwandlung*, und es ergibt sich die Notwendigkeit, eine neue zu (er)finden.

Die Aufgabe, die sich stellt, ist komplex. Nicht nur die Entstehung und Gestaltung hat im Hier und Jetzt stattzufinden; mehr noch: *jede* Entstehung und *jede* - interessierende - Gestaltung muß *wiederholbar* sein. Denn es geht nicht (mehr) um das Einmalige, aus dem sich das Wiederholbare herleitet, sondern es geht nur mehr um das Wiederholbare bzw. muß alles, wovon die Rede ist, wiederholbar sein; sonst könnte nicht in rationaler Weise davon die Rede sein.

---

[5] Aristoteles:Metaphysik XI/1060a.

Durch das Wegfallen einer Entstehungsgeschichte entfällt aber die *Begründung* für den Ablauf des aktuellen Geschehens.

Die Eliminierung der Entstehungsgeschichte hat also weitreichende Konsequenzen: Mit ihr entfällt der *Grund*, der das Geschehen antreibt und strukturiert. Und so muß dieses zwangsläufig *be*schränkt und *einge*schränkt werden. Denn: wiederholbar - und damit begrifflich faßbar - ist nur das Einzelne, sein Entstehen und Vergehen bzw. alle Veränderungen, die es erfahren kann. Die Frage nach dem *„Warum"* des Ganzen macht in einer ewigen Welt keinen Sinn. Sinnvollerweise kann nur nach dem „Wie" - des Bestehenden - gefragt werden bzw. nach dem „Warum" dessen, was sich in einem solchen Ganzen *verändert*, nämlich seine (Bestand-)-Teile. An die Stelle des Grundes tritt die „Ursache", an die Stelle der Begründung die „Erklärung"; die so umfassend sein muß, daß auf Begründung verzichtet werden kann.

In gewisser Weise wandert die Kosmogonie in das Hier und Jetzt. Das (kosmogonische) Chaos wird nicht mehr mittels einer einmaligen, „heroischen" Anstrengung geordnet. Entsprechend dem veränderten Ansatz mutiert es zur „Materie"; die an sich ungeformt ist und der „Formung" bedarf. Und: Thema ist nicht mehr die Entstehung oder Schaffung von *Klassen* von Dingen, etwa die Schaffung oder Gestaltung *„der"* Menschen; in einem solcherart eingeschränkten Bezug kann das Thema nur mehr die Entstehung *„des*" - je einzelnen - Menschen sein; bzw. all dessen, womit er es im Laufe seines Lebens - inklusive seines Todes - , zu tun hat. Und so auch bei allen anderen interessierenden Phänomenen. Das ist z.B. auch in der Bibel nachzulesen, und es gibt keinen Hinweis darauf, daß *der* Mensch im Singular geschaffen wurde, wenn das auch manche Übersetzungen nahelegen mögen und so mancher daraus seine Einzigartigkeit abzulesen zu vermeinen vermag. Aus dem „Gewordenen", „Vergänglichen", das möglicherweise auch wieder untergehen kann, wird ein immerwährendes „Werden". Das „Werden" selbst - man stelle sich das einmal vor! - wird unentstanden und daher unvergänglich. Das allein ist aber nicht ausreichend. Die nötige Sicherheit ist nur gegeben, wenn es gelingt, dieses Werden zu kodifizieren.

Es lohnt, die Argumentation in Kürze nachzuvollziehen.

„Werden" hat zunächst „viele Bedeutungen".[6], und das allermeiste „wird" nicht einfach „etwas", sondern es wird „ etwas Bestimmtes". Daher können auch „im strengen Sinne" nur *Dinge* werden. Und sie bedürfen immer eines Zugrundeliegenden, *aus dem* sie werden. Ebenso bedürfen sie etwas, *zu dem* sie werden. Das Zugrundeliegende ist die Materie, konkreter der Stoff, der mit Hilfe einer bestimmten Form zu einem „zusammengesetzten" Einzelding wird.

Der Versuch, den *Wechsel* der Erscheinungen zu kodifizieren, ist revolutionär. Bis dato ging es vor allem um die Dinge selbst bzw. um deren Zuordnung zueinander. Nun tritt an die Stelle der Typisierung von Dingen die Typisierung deren Veränderung. Jede Typisierung, soll sie durchgehalten werden (können),

---

[6] Aristoteles: Physik I 190a.

bedarf vorgängig der Kodifizierung, d.h. der Zusammenfassung qualitativ verschiedener Erscheinungen mittels ein und desselben Begriffs. Daraus kann dann, mittels Differenzierung, eine Typisierung der zusammengefaßten Phänomene abgeleitet werden. Der Kodex, dessen sich Aristoteles bedient, heißt „Bewegung". Hierunter werden zunächst alle Arten von Wechselfällen zusammengefaßt, und anschließend bestimmte Typen von „Veränderung" herausgefiltert.

Um ein solches Programm durchzuziehen, bedarf es eines Vorbildes, einer Schablone, und was liegt näher, als eine solche dort zu suchen, wo „Werden" seinen ursprünglichsten Sitz hat, nämlich im Lebendigen. Und auch wenn die Hinweise darauf nur versteckt erscheinen und es den Anschein hat, als würden Vergleiche mit dem Organismischen nur als Beispiele herangezogen, erweist sich bei näherem Hinsehen, daß das Organismische - wieder - der eigentliche „Motor" ist, der dem gesamten Entwurf seine Struktur gibt; und das Lebendige seinerseits auch wieder strukturiert. Und so lassen sich die angeführten Beispiele auf diese beiden Weisen lesen, und nur so wird das Grundmuster sichtbar.

Jeder Prozeß bedarf eines Rahmens, innerhalb dessen er ablaufen kann. Dieser Rahmen muß Festigkeit geben, den Prozeß begrenzen und daher statisch sein, d.h. darf selbst nicht dem Prozeß angehören; in dem Sinn, daß er in ihn eingeht bzw. seine Komponenten sich verbrauchen. Man kann darüber grübeln, warum das so ist, aber das ist hier nicht das Thema. Eine solche Grenze findet sich vor allem dort, wo das, worum es geht, mittels Privation in sein Gegenteil verkehrt wird. Und so findet auch hier das „Veränderliche" seine Grenze im „Unveränderlichen", die „Bewegung" im „Unbewegten". „Unveränderlich" sind die beiden äußersten Begrenzungen, zwischen denen das Geschehen abläuft: Materie und Form. „Unbewegt" das, was die Bewegung veranlaßt, der sog. „Unbewegte Beweger".

Zwischen den beiden Antagonisten, „Materie" und „Form", herrscht allerdings kein Gleichgewicht: Sie stehen in einem asymmetrischen Verhältnis, insofern die „Materie" *passiv* ist, die „Form" hingegen *aktiv*. Sie verhalten sich damit wie das Weibliche zum Männlichen. Begründet wird dieses ungleiche Verhältnis mit der „Mangelhaftigkeit" des ersteren, dessen Streben es allerdings ist, seine Unvollkommenheit auszugleichen. So unglaublich es auch erscheinen mag, ist es durchgehend der Primat des Männlichen, aus dem die gesamte Konzeption die erforderliche Dynamik bezieht.

Da in einer ewigen Welt nichts *de novo* entstehen kann bzw. darf, grenzt sich der Spielraum der abstrakten Zustände auf zwei ein: Möglichkeit und Wirklichkeit. Da nichts kreiert wird, muß alles sich schon irgendwie befinden, bevor es in Erscheinung tritt: es existiert der Möglichkeit nach. Und auch „Möglichkeit" und „Wirklichkeit" verhalten sich wie das Weibliche zum Männlichen: das weiblich-"unvollkommen" Mögliche strebt zum männlich-"Vollkommenen", der Wirklichkeit.

Der Wechselbezug zwischen dem Ausgangsmaterial, seiner Gestaltung und der Umformung, die dadurch erreicht wird, läßt sich am besten dort ablesen, wo es genuin um das Lebendige geht. Die Problematik ist eine dreifache: Entstehung des

Lebens bzw. eines bestimmten Lebewesens, die Wandelbarkeit (oder auch Unwandelbarkeit) der Arten, d.h. Art und Umfang der Formen des Lebendigen bzw. deren Veränderungsmöglichkeiten, und die Fortpflanzung, die Weitergabe dieser Formen.

Die differenzierteste der organischen Erscheinungsformen ist der Mensch; zugleich aber auch jene, um die es letztlich geht. Und so läßt sich die gesamte Matrix beispielhaft in der Beschreibung jenes Vorgangs auffinden, welcher der Zeugung eines Lebenswesens zugrundeliegt, werden hier doch sowohl die statischen Grundannahmen als auch die Art des Prozeßverlaufs sichtbar.

Eine so umfassende und konsequenzenreiche Kategorie wie „Verwandlung" läßt sich allerdings nicht im Verhältnis 1:1 ersetzen. Und so reicht auch *eine* Ursache nicht aus, sondern es bedarf deren vier. Und diese werden dem Bereich des Organismischen entnommen.

Das Weibchen, wie nicht anderes zu erwarten, liefert lediglich die „passive" Materie, aus welcher der Embryo gebildet wird. Diese passive Materie ist die materielle Ursache. Der Vater spielt die Rolle der bewirkenden Ursache, denn sein Same ist das Werkzeug, das den Wachstumsprozeß in Gang bringt. Der männliche Same trägt der weiblichen Materie aber auch die spezifische Form zu, die bestimmt, was für eine Art Tier der Embryo wird - die formale Ursache; die auch den Endzweck der Entwicklung repräsentiert, und die daher auch die finale Ursache ist. Da die „Formen" selbst sich nicht verändern, die je spezifische „Form" daher auch immer vorgängig schon vorhanden ist, ergibt sich daraus als Konsequenz, daß die Arten unwandelbar sind.

Der Primat des Männlichen ist auch hier nicht zu übersehen, denn Mißbildungen z.B. werden auf ein Nicht-Genügen der weiblichen Materie zurückgeführt. Aber nicht nur im speziellen, auch allgemein verhält sich die Materie „wie eine Mutter", und aufgrund ihrer „Mangelhaftigkeit" ist sie lediglich die „Mitursache des Werdenden". Sie strebt, wie das Weibliche nach dem Männlichen, zur „Vollkommenheit". Und das ist nicht etwa ein Vergleich oder ein Beispiel, sondern aus dieser Spannung bezieht *jeder* Prozeß und auch das gesamte Geschehen seine Dynamik.

Der Begriff des „Lebendigen" wird also zentral - und übertrifft sogar jenen der „Seele". Das ist u.a. auch daran zu ersehen, daß der „unbewegte Beweger", der an der Spitze des Entwurfs steht, zwar ein „lebendes, ewiges und bestes" Wesen ist; daß er eine Seele hat, davon ist nicht die Rede. Trotzdem ist „die Seele" immer noch unverzichtbares Ingredienz, allerdings mit entsprechenden Modifikationen.

Bei Plato, wie ausgeführt, gehen die Lebewesen - und auch alles übrige - im Rahmen der Kategorie „Verwandlung" auseinander hervor. Dazu bedarf es immer eines Wollens, sei es eines Schöpfers oder eines Gestalters. Art und Umfang des aktuellen Geschehens ist dadurch ebenfalls vorgegeben. Die Veränderungen, die das Wollen und Handeln des Einzelnen bewirken können, bestehen lediglich in der Obsorge für ein künftiges, glückliches Leben. Nur darauf hat er Einfluß.

Durch eine solche Konstruktion wird vor allem aufgezeigt, was die Dinge und Lebewesen miteinander *verbindet*. Ausdruck findet diese Verbindung u.a. in der Vorstellung von der „Wanderung" der Seele. Sie ist es ja, die, angefangen vom kosmischen Ganzen, in je verschiedenen Ausprägungen, alles Geschehen, allen Wechsel, begleitet und die Verbindung herstellt.

Ohne eine Werdegeschichte aber gibt es zwischen den Dingen und Lebewesen keine *Verbindung*, sondern nur einen *Zusammenhang*. Und diesen herzustellen, obliegt wieder der Seele. Und dieser wiederum kann nur aus dem hervorgehen, was vorher getrennt wurde bzw. als getrennt angesehen wird. Und so dient die Seele sowohl als Mittel, Zusammenhänge aufzuzeigen, als auch als Mittel, die Dinge voneinander zu trennen.

Die erste Unterscheidung, zwischen „lebend" und „nicht lebend", trifft Aristoteles, indem er die Konnotation von „Seele" und „Bewegung" (wieder) aufnimmt. Allerdings ist es nicht jener Bewegungsbegriff, den wir, mit unserer Fixierung auf mechanische Abläufe, kennen. „Lebendig" ist, was „Bewegung" in sich selbst hat, d.h. dessen Prozeßabläufe gerichtet sind; wobei das jeweils innewohnende „Vermögen" Art und Umfang dessen vorgibt, was verwirklicht werden kann. Und so steht er hier synonym für alle Arten von „Veränderung"; sowohl der erfahrbaren als auch der denkbaren.

Und es ist ja auch unbezweifelbar, daß jede Lebensäußerung mit Bewegung verbunden ist. Lebewesen, insbesondere „höhere", werden gezeugt, geboren, wachsen heran, haben oder nehmen verschiedene Eigenschaften an und vergehen schließlich wieder. Und auch die inneren Vorgänge, wie Nahrungsaufnahme und -ausscheidung, das Blut, das vom Herzen durch den Körper gepumpt wird, und auch das Denken, das sich in Handeln umsetzt, ist von Bewegung begleitet. Und jede dieser Bewegungen bringt eine Veränderung mit sich.

Die „Seele", als Oberbegriff, ist jene Instanz, die für das jeweilige „Vermögen" zuständig ist. Entsprechend den verschiedenen Klassen von Lebewesen: Pflanzen, Tiere, Menschen, gibt es auch verschiedene „Seelen"-Vermögen, und jedes dieser Vermögen bewirkt eine - je unterschiedliche - Veränderung.

So haben Pflanzen, deren Lebenstätigkeiten in Wachstum, der Einverleibung mannigfaltiger Stoffe und der Weiterführung dieses Prozesses in der Fortpflanzung bestehen, eine „Ernährungsseele". Bei Tieren kommt noch die Fähigkeit, zu empfinden, dazu; ihre Seele ist daher eine „empfindende Seele". Der Mensch unterscheidet sich durch die Fähigkeit des abstrakten Denkens und des Willens; seine Seele ist „vernunftbegabt".

Obzwar es sich hierbei ebenfalls um eine wertende Einteilung handelt, ist diese nicht mehr nur von einem einzigen Vokabel abhängig - „gut"; wozu immer eine außerhalb der Graduierung liegende Instanz erforderlich ist, zu der eine Ähnlichkeitsrelation hergestellt wird-, sondern differenziert bereits nach den Lebewesen *inhärenten* Eigenschaften bzw. Fähigkeiten. Trotzdem bleibt diese Einteilung immer noch, in Ermangelung eines anderen Kriteriums, an die Instanz

„Seele“ gekoppelt, die allerdings, im Unterschied zu den Vorgängern, als immateriell gedacht wird.

Damit sind die Veränderungen festgelegt, die Lebewesen durchlaufen (können). Und nicht nur das: diese Veränderungen bilden den Kanon für das Gesamtgeschehen: Ortsbewegung, Zu- und Abnahme, Wechsel der Qualität. Hinzu kommt dann noch die Tatsache, daß jedes Einzelding auch entsteht und wieder vergeht, was entsprechend als „Entstehen und Vergehen“ kanonisiert wird.

Da die *Entstehung* des Lebendigen in seiner Gesamtheit nicht Thema ist, tritt an deren Stelle der Unterschied, und zwar einerseits zwischen dem Lebenden und dem Nicht-Lebenden, und anderseits die Unterscheidungen in und von verschiedenen Klassen des Lebendigen. Ein weiteres Merkmal der rationalen Kodifizierung tritt auf: Sie beruht immer auf *Unterscheidungen*. Und eine Unterscheidung, wie zu sehen war, beruht immer auf einem vorher hergestellten Zusammenhang.

Ist eine solche Kodifizierung, die sowohl den Zusammenhang, als auch dessen Unterschiede festlegt, einmal im Bewußtsein (eines Einzelnen, einer Kultur) verankert, erscheint sie so selbstverständlich, daß jede Art von *Übergang* zwischen den unterschiedenen Bereichen einem Tabubruch gleichkommt - wird doch durch jede Art von Übergang das Kriterium in Frage gestellt, auf dem die Unterscheidungen beruhen. Entsprechend sind - auch heute noch - die Schwierigkeiten, mit Übergängen umzugehen.

Hier taucht aber auch ein neues rationales Element auf: die Hierarchie; die sich von der Graduierung vor allem dadurch unterscheidet, daß sie nicht nur auf einer Wertung - „besser“, „schlechter“, etc. - basiert, sondern sich an der Zunahme von Komplexität orientiert. Das drückt sich in den verschiedenen „Seelenvermögen“ aus, von denen das „niedrigere“ immer im „höheren“ enthalten ist, aber nicht umgekehrt.

Dem „Nährvermögen“, das allen Lebewesen gemeinsam ist, und dessen Leistungen die Nahrungsverwertung und die Zeugung sind, korreliert die „Lebenswärme“; die zur Grundlage deren Einteilung der Lebewesen wird.

Das System, das Aristoteles erstellt, und das auf dem Wissen der damaligen Zeit beruht, klassifiziert demnach nach der Art der Fortpflanzung, d.h. nach dem von der Lebenswärme und -feuchtigkeit der Eltern abhängigen Grad der Entwicklung, der beim Verlassen des mütterlichen Körpers erreicht war. So waren die Säugetiere die wärmsten Tiere und brachten lebende Junge zur Welt, die vollkommene, nur kleinere Ebenbilder ihrer Eltern waren; Schlangen und Knorpelfische trugen Eier im Innern, gebaren aber lebende Junge; Vögel und Reptilien legten vollkommene Eier, d.h. Eier, die nicht mehr größer wurden, nachdem sie gelegt waren; Fische, Kopffüßler und Krustentiere legten unvollkommene Eier; Insekten erzeugten einen Scolex (Larve oder Vor“ei“), der sich dann zum „Ei“ (Puppe) entwickelte; Schalentiere produzierten Zeugungsschleim oder pflanzten sich durch Knospen fort; im allgemeinen konnten Angehörige der niederen Gruppen durch Urzeugung entstehen.

Auf dieser Grundlage gelingt es Aristoteles auch, das gesamte Tierreich in eine hierarchische Systematik zu bringen, indem er drei Grade von Ähnlichkeit erkennt: die „Species“, mit völliger Identität des Typus und nur akzidentellen, nicht erblichen Unterschieden zwischen den Individuen; das „Genus“, bestehend aus Gruppen, wie Fische oder Vögel; und das „große Genus“, das die morphologische, d.h. *strukturelle* Entsprechung oder Homologie von Schuppe und Feder, Fischgräte und Knochen, Hand und Klaue, Nagel und Huf umfaßte und für das die ganze Gruppe der Bluttiere - die heute den Wirbeltieren entsprechen - ein Beispiel war.

Allerdings gelingt es weder Aristoteles noch vielen seiner Nachfolger, mangels eines durchgehenden Begründungszusammenhangs, *alle* Organismen mittels eines einheitlichen und durchgehenden Zusammenhangs zu klassifizieren. Da jede Species und jedes Genus viele Unterscheidungsmerkmale bietet, war es möglich, sie auf vielerlei Weise zu gruppieren. Man kann sie aufgrund morphologischer oder reproduktiver Ähnlichkeit ordnen, ökologische Gruppen zusammenfassen, wie Fliegende, Schwimmende, Laufende und Kriechende etc.

Daß es sich hier aber um eine gravierende Veränderung des Konzepts des Organismischen handelt, konnte hoffentlich verständlich gemacht werden; und ebenso die Beziehung des Organismuskonzepts zum Gesamt-Konzept. Damit ist der Grundstein gelegt für eine „natürliche“ Betrachtung der Natur, und man könnte eventuell sogar davon reden, daß hier die Idee der „Selbstorganisation“ geboren wird; allerdings mit den oben genannten Einschränkungen. Was dann noch fehlt, und erst mit der Evolutionstheorie geleistet werden wird, ist, diese Elemente in eine Entstehungs*geschichte,* d.h. wieder in einen Begründungszusammenhang einzubauen bzw. mit ihr zu verbinden; was - wiederum - bedeutet, dafür einen durchgängigen Kodex zu finden. Und dafür bedarf es aber abermals der Entwicklung einer neuen Grundkategorie.

Systemtheorie der Evolution: Die Ordnung des Lebendigen.

Wer sich der Mühe unterzogen hat, bis hierher zu folgen, wird wenig Mühe haben, das Weitere mitzuvollziehen; geht es doch nunmehr, in der Erarbeitung der dritten Grundkategorie - „Wandel“ - gewissermaßen nur mehr darum, die beiden bisher besprochenen Kategorien, „Verwandlung“ und „Veränderung“, zu einer zu verschmelzen. Das ergibt dann jene Grundformation, innerhalb derer sich evolutionäres Geschehen genuin nachvollziehen läßt.

Die Problematik, die vielerorts damit verbunden ist, hat sicherlich damit zu tun, daß es manch einem so erscheinen mag, als würde das „Rationale“, das einen Fortschritt gegenüber dem „Magischen“ darstellt, nun wieder geschmälert werden. Die Geschichte des Systems wird wieder mit einbezogen, und das Geschichtliche stellt aus der Sicht des Rationalen immer etwas „Irrationales“ dar, insofern ihm keine Gesetzmäßigkeiten zu entnehmen sind. Hier ist aber festzuhalten, daß es sich um eine andere Art von Geschichtlichkeit handelt; von der man jene Geschichte, die das Handeln des Menschen zum Inhalt hat, als „Historie“ abgrenzen sollte. Die vom Rationalen ausgeschlossene Verwandlung - von Pflanzen in Tiere, von Tieren in Menschen etc. - soll nun (wieder) nicht nur möglich sein, sondern die Vorbedingung für das Mensch-Sein darstellen. Noch dazu in der Weise, daß diese Verwandtschaft nicht überholt ist, sondern daß es strukturelle Identitäten mit ihnen gibt, die weit in das Menschliche hineinreichen. Und es bedarf keiner wie immer gearteten Tat und keines wie immer gearteten Willens, die verschiedenen Seins-Ordnungen zu schaffen, auch keiner - moralisch guten oder schlechten - Tat, damit sie ineinander übergehen (können). Mehr noch, soll es sich um einen Prozeß handeln, der keinerlei Interesse daran hat, was sein Ergebnis ist oder sein möge. Dennoch hat dieser Prozeß eine Richtung, eine Abfolge, die allein von den Beteiligten selbst vorgegeben wird. Und wieder nichts mit irgendeiner Art von Moral oder Wollen zu tun hat. Es ist einzig die Art und Weise der Auseinandersetzung mit dem jeweiligen Milieu, die entscheidet und entscheidend ist. Die „Krone der Schöpfung“ ist dann lediglich Produkt einer zeitlichen Ordnung, und damit mag so mancher seine Probleme haben.

Die Notwendigkeit, eine neue Kategorie zu postulieren, ergibt sich aus den Mängeln, die den vorhergehenden Grundannahmen aus der Sicht der Evolutionstheorie anhaften. Daß heute kein Wissenschaftler mehr davon ausgeht, es gäbe so etwas wie „Verwandlung“, steht außer Frage. Trotzdem, wie schon angesprochen, gehen viele Bemühungen, etwa in der Genetik, seltsamerweise genau in diese Richtung. Die Mittel, mit denen das erreicht werden soll, entstammen anderseits der Kategorie „Veränderung“. Allesamt aber gehen sie damit genau an jener Kategorie vorbei, die dem tatsächlichen Geschehen zugrundeliegt; was zu entsprechenden Konsequenzen - wie etwa dem Umweltproblem -, aber auch zu Verwirrung - den daraus resultierenden ethischen Problemen - führt.

Beides, einen Teil der Problematik als auch der Verwirrung, könnte man, wenn schon nicht sich ersparen, doch zumindest verringern, würden die Beteiligten sich über ihre Grundvoraussetzungen im klaren sein. Gerät man in eine Diskussion über Derartiges, läßt sich immer wieder diese seltsame Diskrepanz feststellen, zwischen den erstrebten Handlungszielen einerseits und dem geistig-theoretischen Hintergrund anderseits.

Wie passiert das bzw. wie ließe sich das ändern? Zunächst - und nur davon kann und soll hier die Rede sein - gilt es, jene Dynamik zu verstehen, die evolutionären Prozessen zugrundeliegt; wobei man sich zunächst den Begriff des „Prozesses“ näher ansehen muß. Ob Spieltheorie, Chaostheorie, Synergetik oder Kybernetik, sie alle haben sich zur Aufgabe gemacht: "die Untersuchung über die Entstehung, die Erhaltung und den Wandel der Struktur eines Prozesses".(FEIGL, BONET und ZABRANSKY 1997) Was so umfassend klingt, wird aber gleich wieder eingeschränkt, denn, nach eigener Definition, geht es allein um die „formale Natur der Beziehungen“.

Damit nicht genug, ist festzustellen, daß unter "Prozeß" das - grundsätzlich - experimentell Untersuch- bzw. Beeinflußbare, vor allem aber das Berechenbare verstanden wird.

Damit sind wir wieder bei der Aussage, daß sich die Physik nur insoweit für natürliche Prozesse interessiert, als sie in ihnen „das Reproduzierbare, das Gesetzmäßige aufzudecken sucht.“ Hier liegt die - stillschweigende - Annahme zugrunde, daß nur im *solcherart* „Reproduzierbaren“ Gesetzmäßigkeit aufzufinden ist. Alle Gesetzmäßigkeiten, die in - nicht reproduzierbaren, d.h. im Labor oder mittels mathematischer Formalismen herstell- bzw. simulierbaren - Strukturen enthalten sind, werden damit nicht nur ausgeschlossen, sondern als praktisch nicht existent erklärt.

Das Reproduzierbare aber ist nicht identisch mit jenem Wiederholbaren, das die Bedingung für einen rationalen Zugang darstellt. Das Reproduzierbare stellt einen kleinen, mehr oder weniger willkürlich gewählten, Ausschnitt dar, der einer bestimmten Methode - der experimentellen - unterworfen wird. Das Bemühen geht dahin, diese Ausschnitte zu einem neuen System, genannt „Einheit der Natur“, lückenlos zusammenzusetzen; was, wie man weiß, bisher gescheitert ist. Und so lange scheitern wird, als man davon ausgeht, daß die „Einheit der Natur“ sich hauptsächlich in den „Beziehungen *zwischen* den Strukturen“ und „weniger“ in diesen selbst äußert. Wenn überhaupt, kann sie nur in den Strukturen gefunden werden; die *per se* ein Beziehungsgeflecht darstellen. Denn die „formalen“ Beziehungen zwischen den Strukturen sind immer *Konstruktionen*; die Strukturen selbst hingegen sind *real*.

Die zu fordernde Wiederholbarkeit muß dem System selbst entnommen und nicht ihm mittels eines Formalismus übergestülpt werden. Formalismen dienen lediglich dazu, Systeme bzw. deren Elemente *vergleichbar* zu machen.

Wie ließe sich das ändern? Zunächst - und nur davon kann und soll hier die Rede sein - gilt es, jene Dynamik zu verstehen, die evolutionären Prozessen zugrundeliegt.

Und hier liegt auch der Unterschied zwischen dem, was landläufig unter „Systemtheorie“ verstanden wird und der „Systemtheorie der Evolution“, die von R. RIEDL (1990) in den 70er-Jahren ausgearbeitet wurde.

Der Zusammenhang, aber auch Unterschied zwischen einer „Systemtheorie“ und einer "Systemtheorie der Evolution" läßt sich am besten an jener Stelle verdeutlichen, an der es um den Übergang von einem Zustand eines Systems zu einem anderen geht. Im Falle der Systemtheorie spricht man hier von "Bifurkation", die Evolutionstheorie kennt den analogen Vorgang als "Fulguration". Während "Bifurkation" den Übergang von einem dissipativen *Zustand* in den anderen meint ist mit "Fulguration" das Auftreten eines neuen *Merkmals* gemeint.

Der Vorgang der "Fulguration" unterscheidet sich in zweierlei Hinsicht von jenem der "Bifurkation". Denn was beim Auftreten einer Fulguration geschieht, ist zweierlei: Von Fulguration spricht man immer dann, wenn vorher getrennte

Einheiten sich zu einem neuen Ganzen zusammenschließen, beispielsweise Einzeller zu Vielzellern. Das ist nur dann möglich, wenn es diesem neuen Gebilde gelingt, für diese Einheiten eine gemeinsame Organisation zu finden. Das hat in der Regel zur Folge, daß die einzelnen Einheiten umorganisiert werden müssen; in der Regel müssen - und können sie - auf Funktionen verzichten, die jetzt von der gemeinsamen Organisation übernommen werden.

Ist dieser erste Schritt, unter großen Verlusten, geglückt, kommt die zweite Hürde: das neu entstandene Gebilde wird der Selektion unterworfen, d.h. die äußeren, schon bestehenden Strukturen und Bedingungen, also das Milieu, entscheidet, ob es auch überlebt. Der entscheidende Punkt bei diesem Vorgang ist, daß das System sich nicht "auflöst", sondern, in gewissen Grenzen, bestehen bleibt. Und das ist eine Folge seiner Organisation.

Das Ergebnis einer „Fulguration“ ist eine sog. “Emergenz“, die man, in der von uns gewählten Diktion, als „Verwandlung mit beschränkter Haftung“ bezeichnen könnten. Und die „beschränkte Haftung“ ist es, auf die es ankommt.

Das aber ist nur *ein* Unterschied. Ein weiterer ist der Geschichte der Evolutionstheorie selbst zu entnehmen.

Bis zum Beginn des 19. Jahrhunderts galten die biologischen Arten als unwandelbar. Mit der Abstammungslehre von Jean Baptiste Lamarck änderte sich dies. Sie postuliert, daß die Arten auseinander hervorgegangen, d.h. in gewissen Grenzen wandelbar sind. Dieses Postulat liefert zunächst nur eine *Beschreibung* dieses Vorganges. Die *Erklärung*, die Lamarck dafür lieferte, ist bekannt: er meinte, daß dies auf Grund der Vererbung von Eigenschaften geschähe, die das Individuum im Laufe seines Lebens erwirbt. *Die Ursache des Wandels* liegt nach dieser Theorie *allein im Individuum.* Während die Beschreibung heute noch gültig ist, hat sich die Erklärung in dieser Form als nicht zutreffend erwiesen.

Der nächste, der auf den Plan tritt, ist CHARLES DARWIN. Es ist kaum bekannt, daß sich am Erklärungs*prinzip* nichts ändert: DARWIN war Lamarckist. *Eine* Ursache bleibt weiter im Organismus: die Bedingung für die Selektionstheorie ist - erbliche - Variabilität. Diese Veränderungen im Organismus werden auf lamarckistische Weise erklärt; dies ist der Inhalt der "Pangenesis-Theorie" - die allerdings nicht in den Lehrbüchern zu finden ist. Mit der Selektion fügt Darwin einen zweiten Mechanismus, eine zweite Ursache, hinzu, und zwar außerhalb des Organismus. Durch die Entdeckung der Mendelschen Regeln wird einerseits diese Variabilität systematisiert, anderseits aber wird durch die Entdeckung der Mutationen auch ihr Zufallscharakter erkannt. In dieser Fassung wird die Selektionstheorie zur „Synthetischen Theorie“, die heute noch in den Lehrbüchern zu finden ist.

Spielen wir das - Eigensche - Spiel einmal konsequent durch, dann haben wir zwei „Spieler“, die an der Evolution beteiligt sind: einen „blinden“, den Zufall, dem die Mutationen zuzuschreiben sind, der von nichts eine Ahnung hat, und einen „kurzsichtigen“, nämlich die Selektion; die immer nur ad hoc entscheidet, ob eine Struktur übrigbleibt oder nicht.

Damit bleibt nicht nur eine große, sondern die entscheidende Frage übrig: wieso es so etwas wie ein „natürliches System“ gibt. Wieso wir in der Lage sind, Arten, Gattungen etc. zu unterscheiden, wieso jedes Lebewesen gezwungen ist, in seiner Ontogenie in etwa die Geschichte seiner Species zu durchlaufen. Warum z.B., so lautet die Frage, ist jeder menschliche Embryo gezwungen, Kiemen anzulegen? Warum gibt es nicht Organismen, die sich diese Umwege ersparen? Wären sie nicht von der Selektion bevorzugt?

Man steht damit vor einem Problem, denn das, was wir Arten nennen, ist, wenn auch nur relativ, unwandelbar. Und das wäre mit Hilfe dieser Konstruktion nicht erklärbar. Denn: nimmt man die Mutationen als Konstante für den Wandel, dann wäre dieser unter der Voraussetzung eines gleichbleibenden Milieus nur in sehr beschränktem Umfang möglich, während anderseits ein sich wandelndes Milieu zu einem ständigen Wandel führen müßte.

Unerklärbar bliebe also das "Natürliche System", die Tatsache, daß Organismen wohl zu definierende Baupläne besitzen, die auf Homologien beruhen, d.h. Strukturen, die allen Veränderungen, sei es des Organismus selbst, also den Mutationen, als auch des Milieus, widerstehen. Und schon Darwin wußte, daß es eine Reihe von Phänomenen gibt, die von der Selektionstheorie nicht erklärt werden können. Um hier zu einer zufriedenstellenden Lösung zu gelangen, muß die Synthetische Theorie zur "Systemtheorie der Evolution" ergänzt werden: es bedarf eines dritten „Spielers“; der nun "weitsichtig" ist. Allerdings, da wir es mit einem "offenen" Prozeß zu tun haben, womit gemeint ist, daß seine Zukunft nicht vorhergesagt werden kann, kann er nur in die Vergangenheit schauen. Hier allerdings ist sein Blick ziemlich scharfsichtig.

Die Einführung dieses "dritten Spielers", der als eine "innere Selektion" fungiert, führt nun dazu, daß der Vorgang der Selektion, der bis dahin ausschließlich dynamisch gesehen wurde, als *Ursache des Wandels* ein konservatives Element erhält: Selektion ist nun auch dafür zuständig, daß die Systeme sich *im Wandel erhalten*. Dieser scheinbare Widerspruch löst sich auf, wenn man zwischen der Ontogenie, der Entwicklung des Individuums, und der Phylogenie, dem Wandel der Arten, eine Unterscheidung trifft. Dann läßt sich sagen, daß prinzipiell für die Ontogenie die Selektion eine konservativ-stabilisierende Funktion hat - aus jedem Hühnerei sollte möglichst ein Küken, und aus diesem möglichst wieder ein Huhn werden -, ihre Funktion im ganzen Prozeß der Evolution, der Phylogenie, muß jedoch unter dem Gesichtspunkt des Wandels gesehen werden; der sich nun seinerseits wieder aus all jenen Ontogenien zusammengesetzt, die in ihm ablaufen und ihn konstituieren.

Ein besonders schönes Beispiel ist die Homologie der Gleichstrukturierung unserer Ohrknochen - Hammer, Amboß und Steigbügel -, die winzig klein sind, 2-3 mm, im Mittelohr gelegen - und homolog mit den drei gewaltigen Kieferknochen des Haifischkiefers.

Obwohl sich hier alles geändert hat, Form, Funktion und Lage, sind wir durch alle Übergangsformen doch überzeugt, daß es sich um homologe Merkmale handelt.

Und diese homologen Merkmale sind das Grundphänomen für die vergleichende Anatomie. Ihre Erkenntnis und die Möglichkeit, die Täuschung, die Analogie, auszuschließen, hat es erlaubt, das "natürliche System" aufzubauen.

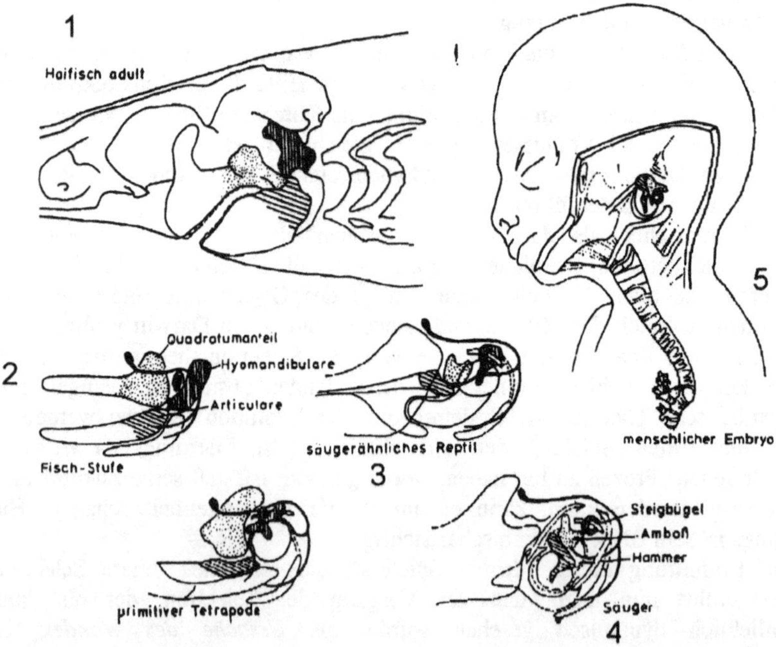

Abb. 1. Bedeutung der Zwischenformen am Beispiel der Entwicklung der Gehörknöchelchen (Hammer, Amboß und Steigbügel) der Säugetiere (4, 5) aus dem primären Kieferapparat der Fische (1, 2). Die Identität wäre ohne Kenntnis der Zwischenformen kaum zu erkennen. Aus RIEDL (1990).

Die „Richtung“ eines Prozesses ist in vielerlei Weise vorstellbar. Das Wesentliche am Prozeß der Evolution aber ist, daß er eine *bestimmte* Richtung hat. Und diese wird weder durch das Milieu vorgegeben, das sich jederzeit ändern kann, und auch nicht durch die Mutationen, die überall und jederzeit auftreten können, sondern sie ergibt sich durch einen hierarchischen Aufbau. Festzustellen, *daß* das Genom hierarchisch aufgebaut ist, dafür reicht der Rahmen einer Systemtheorie wie der „Spieltheorie“ aus. *Warum* das so ist, darauf kann nur eine „Systemtheorie der Evolution“ Antwort geben; wobei die Tatsache, daß es auch „Nicht-Evolution“ gibt, die meisten Organismen irgendwann aus diesem Prozeß „aussteigen“, nicht aus den Augen verloren werden soll. Wenn sie allerdings weiter teilnehmen (wollen), dann ausschließlich auf diese Weise.

Ausschnitthaft und beispielsweise, allerdings an einer realen Struktur, läßt sich dieser Vorgang wie folgt darstellen und auch erklären. Gehen wir von einer Devonischen Fischflosse aus, in der es einige große Knorpelstücke gibt, die als Stütze gegeben sind. Von Interesse sind jene beiden, aus welchen künftig Oberschenkel und Schienbein werden und die hier noch keinen genetischen Zusammenhang haben. Das geht aus der fossilen Dokumentation hervor.

Treten diese beiden Knorpelstücke in einen funktionellen Zusammenhang, indem sie eben ein Kniegelenk bilden, multipliziert sich die Wahrscheinlichkeit der beiden Genorte und sinkt daher auf 10^{-12} (10^{-6} x 10^{-6}). Denn nur wenn Pfanne und

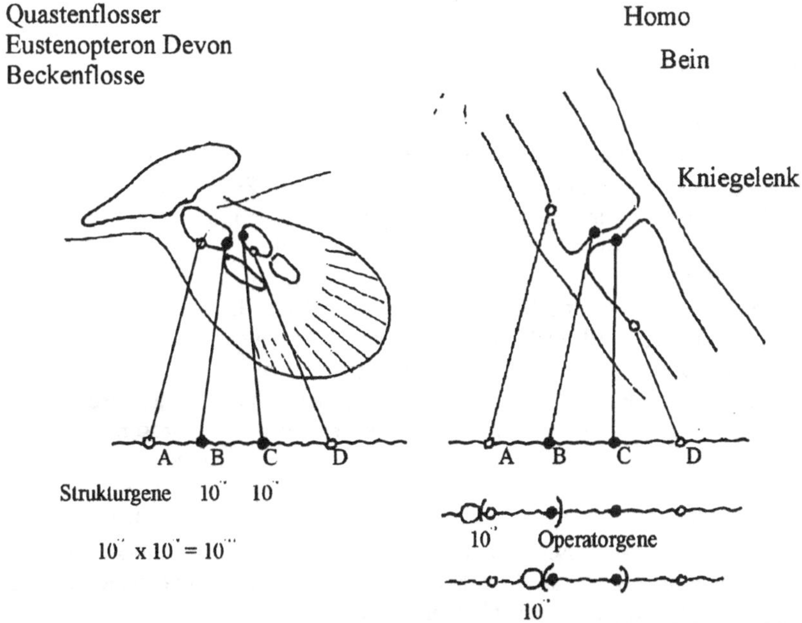

Abb. 2. A, B, C und D bezeichnen Genorte, wobei angenommen wird, daß A und D für die Länge kodieren, B und C für die Breite. Die Erfolgschance einer Mutation an jeder dieser Stellen kann mit etwa 10^{-6} angenommen werden, d.h. daß sich Länge oder Breite in nützlicher Weise ändert, ist mit jedem millionsten Reproduktionsschritt eines Individuums oder einer Art in einer Population von 1 Million Individuen gegeben. Das ergibt eine Evolution von einer passablen Entwicklungsgeschwindigkeit. Aus Riedl (1990).

Gelenkkopf sich z.B. gemeinsam verbreitern, kommt es zu einer sinnvollen Veränderung des gesamten Gelenks. Eine solche Mutationsrate übersteigt aber die Möglichkeiten der Evolution beträchtlich, man bräuchte eine Population von 1 Billion Individuen. Und je mehr solcher Funktionszusammenhänge auftreten, desto mehr würde sich die Evolution verlangsamen, bis sie schließlich völlig zum Stillstand käme.

Ein solches "Perlschnurmodell" des Genoms wurde daher schon längst aufgegeben. Man stellt es sich heute eher wie eine große Formel mit lauter Klammerausdrücken vor, bestehend aus Strukturgenen und Operatorsystem. Dieses System von Gen-Wechselwirkungen heißt, nach WADDINGTON, "epigenetisches System". Und es ist bekannt, daß die Regulatorsysteme, bestehend aus Regulator- und Operatorgenen, um eine Größenordnung schneller zugenommen haben als die Strukturgene.

Wenn es aber durch Zufall (Mutation) gelingt, zwei funktionell gekoppelte Genorte zusammenzuschalten, etwa A und D oder B und C, dann erhält der Regulator wieder eine Wahrscheinlichkeit von 10^{-6}, was bedeutet, daß die Adaptierungsgeschwindigkeit um ein millionenfaches steigt. So ist es erklärbar, daß auch Komplexes adaptiert werden kann.

Das bedeutet, daß, neben einer Wirkung von den Genen auf die Phäne, die chemisch kodiert ist, auch eine andere Art der Informationsübertragung angenommen werden muß, nämlich von den Phänen (Funktionen) auf die Gene. Diese Information ist nun nicht chemisch kodiert, sondern die zufällige Änderung wird durch den selektiven Erfolg fest im Genom verankert.

Auf diese Weise entsteht im Genom quasi ein "Abbild" der Funktionen, es wird zu einem sog. "imitatorischen Epigenotypus". Und dieses System von Gen-Wechselwirkungen wird im Verlaufe der Ontogenie "abgeschrieben". Dies ist der "dritte Konstrukteur", von dem die Rede war.

All das, was sich hier als so umfangreich erwiesen hat, sind jene Bedingungen und Prozesse, die als „Randbedingungen" vielerorts ausgeschlossen werden; die auszuschließen aber nur dann legitim ist, wenn man sie kennt und bereit ist, sie jederzeit wieder zuzufügen, vor allem auch, um das eigene Tun bzw. dessen Auswirkungen zu kontrollieren. Das Interessensgebiet von Systemtheorien wie der „Spieltheorie" sind ausschließlich in der Ontogenie ablaufende Prozesse. Grundsätzlich also ergänzen diese beiden Ansätze einander, und man sollte sie - von keiner Seite - als widersprüchlich ansehen.

Eine graphische Darstellung soll den Bezug beider zueinander, sowohl in ihrer Unterschiedlichkeit als auch in ihren Gemeinsamkeiten, besser sichtbar machen.

Zusammenfassend läßt sich sagen, daß nun erstmals ein Weltbild zur Verfügung steht, in dem es sowohl Begründung - die aus der Geschichte der Systeme resultiert - als auch Erklärung - deren Wiederholbarkeit im Hier und Jetzt -, und zwar innerhalb ein und derselben bzw. mittels ein und derselben Grundkategorie gibt. Die von Aristoteles so rigoros - auf „Veränderung" - eingeschränkten Möglichkeiten werden wieder erweitert. Allerdings nicht beliebig, sondern in einem von den Strukturen selbst vorgegebenen Kanon.

Sowohl die Entstehung von Klassen von Lebewesen – Phylogenie - als auch die Entstehung des Einzelwesens – Ontogenie – kann thematisiert werden, und zwar unter denselben Auspizien.

Erstmals wird das „natürliche“ Geschehen nicht nur als Folie genommen, aus der der Gesamtzusammenhang konstruiert wird, um dann - verfremdet - wieder übertragen zu werden, sondern es erweisen sich alle Abläufe, die kosmischen wie die irdischen, als denselben Gesetzmäßigkeiten folgend.

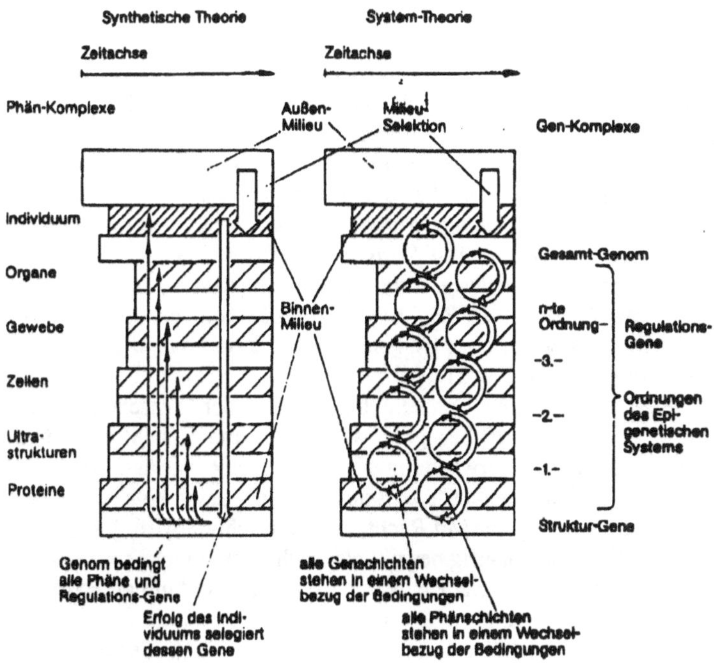

Abb. 3. Beziehung zwischen Gen- und Phänkomplexen. Aus Riedl 1990)

Literatur

BONET, E.: Ganzheitsmedizin und Systemtheorie. - In: FEIGL, W., BONET, E.M. und ZABRANSKY, D.: Systemtheorie in der Medizin – Theoretische Grundlagen für die Ganzheitsmedizin. – Facultas-Universitätsverlag Ges. m. b. H. Wien, Wien 1997, 9-29.

EIGEN, M. u. R. WINKLER-OSWATITSCH: Das Spiel. Naturgesetze steuern den Zufall. – Piper, München/Zürich 1985.

MANSFELD, J.: Die Vorsokratiker I. - Philipp Reclam jun., Stuttgart, 1983.

RIEDL, R.: Die Ordnung des Lebendigen. Systembedingngen der Evolution. - Piper. München, 1990.

„SYSTEMS EVERYWHERE". ASPEKTE EINER BIOLOGISCHEN SYSTEMTHEORIE

Franz M. Wuketits

Einleitung

In der Einleitung zu seiner bereits als klassisch zu bezeichnenden „*General System Theory*" schrieb BERTALANFFY folgendes:
„*If someone were to analyse current notions and fashionable catchwords, he would find ‚systems' high on the list. The concept has pervaded all fields of science and penetrated into popular thinking, jargon and mass media. Systems thinking plays a dominant role in a wide range of fields from industrial enterprise and armaments to esoteric topics of pure science. Innumerable publications, conferences, symposia and courses are devoted to it. Professions and jobs have appeared in recent years .... go under names such an systems design, systems analysis, systems engineering and others*" (1973, s. 1).
Das ist heute genauso, die Tendenz hat sich in der Zwischenzeit sogar noch verstärkt; dem Systembegriff begegnen wir überall und es steht zu befürchten, daß seine schon inflationäre Verwendung zur Verwirrung beiträgt. Nicht selten wird mit „System", „Systemdenken", „Systemtheorie" usw. eine etwas esoterische Betrachtungsweise assoziiert. Mit Recht, denn tatsächlich wird der „Systemansatz" als „ganzheitliche Sicht" häufig bewußt als solche Betrachtungsweise verstanden.

Eine *biologische Systemtheorie*, wie ich sie - im Anschluß an BERTALANFFY (z. B. 1973, 1975) - verstehe, muß sich vor einem inflationären Gebrauch des Systembegriffs ebenso schützen wie vor dem Zugriff jeder Esoterik. In der Folge skizziere ich die wichtigsten Aspekte dieser Theorie unter bewußter Weglassung *konstruktivistischer* Ansätze, die oft mit Systemtheorie in Verbindung gebracht oder damit identifiziert werden (vgl. z.B. MATURANA und VARELA 1980).

Systembegriff und Biologie

Systembegriff und Systemdenken haben in unterschiedlichen Disziplinen der Biologie ihren Niederschlag gefunden (zur Übersicht siehe z.B. WUKETITS 1979). Auf die Bedeutung des Systemdenkens speziell in der Evolutionsbiologie werde ich später noch kurz eingehen. Die von BERTALANFFY (1973, S.55) gegebene allgemeine Definition von „System" kann nach wie vor als durchaus brauchbar angesehen werden:
„*A system can be defined as a set of elements standing in interrelations. This means that elements, p, stand in relations, R, so that the behaviour of an element p in R in different from its behaviour in another relation, R'. If the behaviours in R*

and R' are not different, there is no interaction, and the elements behave independently with respect to the relations R and R'."
Organismen sind typische Systeme. Jeder Organismus besteht aus - in der Regel sehr vielen Elementen, Molekülen, Zellen, Organen), die auf spezifische Weise miteinander verknüpft sind. Zu ihren wichtigsten Kennzeichen - zu den Kennzeichen jedes Systems - gehört aber auch ihre jeweilige *Invarianz* gegenüber bestimmten Schwankungen ihrer Einzelteile, d.h. eine gewisse Stabilität trotz Schwankungen auf der Ebene der Elemente (WEISS 1969). Darin kommt die alte Weisheit zur Geltung, daß das Ganze stets mehr ist als die Summe seiner Teile.

Die Einführung des Systembegriffs und des Systemdenkens in die Biologie hat ja ohnehin einen breiten naturphilosophischen Hintergrund. Von der Antike bis ins 20. Jahrhundert standen *Vitalismus* und *Mechanismus* einander gegenüber, als zwei (konträre) Positionen in der Erklärung des Lebenden (vgl. z.B. WUKETITS 1983, 1989). Während die Vertreter des Vitalismus für Lebewesen spezielle „Vitalkräfte" - mit unterschiedlichen Namen wie *elan vital,* Entelechie, *nisus formativus, vis essentialis* usw. - annahmen, sahen die „Mechanisten" in Lebewesen nichts anderes als mechanische Gebilde, die im Grunde genommen mit den Prinzipien der Physik bzw. Mechanik erklärbar sind, deren Erklärung also keiner besonderen Prämissen bedarf Die Überwindung sowohl des Mechanismus als auch des Vitalismus wurde im 20. Jahrhundert von vielen Biologen und Naturphilosophen als wichtiges Desiderat empfunden, und die Begründung der Systemtheorie spielte eine große Rolle bei der Erfüllung dieses Desiderats (vgl. WUKETITS 1982). Dabei wurde die Systemtheorie selbst gleichsam zu einer (natur-)philosophischen Position stilisiert.

Die von BERTALANFFY (1973) so bezeichnete „organismische Revolution" basierte auf der Einsicht, daß lebende Systeme keine mechanischen Gebilde, keine Maschinen sind, daß wir aber keines Rückgriffs auf kryptische Kräfte bedürfen, um diese Systeme zu erklären (zumal die Annahme solcher Kräfte" ohnedies keinen Erklärungswert haben kann). Ausgehend von seinen profunden Studien zu Problemen des Stoffwechsels, des Wachstums und der Formbildung der Organismen hatte BERTALANFFY (1932, 1942) die Überzeugung gewonnen, daß für die Biologie sozusagen ein dritter Weg geebnet werden müsse, um die Einseitigkeit vitalistischer und mechanistischer Lehren zu überwinden. Seine *organismische* Sichtweise wollte er ausdrücklich nicht als bloßen Kompromiß oder als Mittelding zwischen Mechanismus und Vitalismus verstanden wissen (siehe auch BERTALANFFY 1952). Ebenso grenzte er sich gegen jenes *holistische,* ganzheitliche Weltbild ab, das etwa von SMUTS (1938) in der Absicht vertreten wurde, biologischen Gesetzlichkeiten das Primat gegenüber physikalischen Gesetzlichkeiten einzuräumen, wodurch notwendigerweise einer metaphysischen, spiritualistischen Betrachtung des Lebens Tür und Tor geöffnet waren. Vielmehr definierte er einen Organismus mit den Worten: *„....a hierarchical order of open systems which maintains itself in the exchange of components by virtue of its system conditions"* (BERTALANFFY 1952, S.129).

Diese kurze Definition schließt bereits die heute allgemein akzeptierte systemtheoretische Konzeption eines lebenden Systems ein, die im wesentlichen davon ausgeht, daß Organismen

1. hierarchisch strukturierte Gebilde sind,
2. über die Fähigkeit der Selbstregulation verfügen (wobei ihre Elemente über „Rückkoppelungsschleifen" miteinander verbunden sind) und
3. eine strukturelle und funktionelle Integration aller ihrer Teile darstellen.

Was das Merkmal der Selbstregulation betrifft, hat im übrigen schon ROUX (1914) festgestellt, daß es sich dabei um ein zwar charakteristisches, aber nicht notwendigerweise vitalistisches (!) Merkmal aller Lebewesen handelt.

Die Folgen des Systemdenkens - die Folgen des *Organizismus* in der Biologie - lassen sich im wesentlichen durch nachstehende Aussagen zusammenfassen:

1. Die traditionelle Kluft zwischen *Form* und *Funktion* (und damit zwischen Morphologie und Physiologie) ist aufzuheben, da jeder Organismus eine struktur-funktionelle Einheit darstellt. Die Entstehung des Lebens auf der Erde ist als ein Prozeß *materieller Systemdynamik* zu erklären.
2. Die Evolution des Lebenden ist ein Vorgang der *Wechselwirkung* zwischen „innen" und „außen", zwischen Organismen und ihrer Umwelt (siehe unten).
3. Alle Lebewesen sind Bestandteile komplexer *ökologischer Kreisläufe*. Die *Biosphäre* ist ein überaus komplexes System von Wechselbeziehungen - das wir bis heute nicht wirklich durchschaut haben.
4. Lebewesen sind in gewissem Sinne *autonome Systeme*, deren Existenz zwar von physikalischen und chemischen Rahmenbedingungen abhängt, die aber darüber hinaus ihre *Eigendynamik* entwickeln.

Im weiteren möchte ich, wieder nur ganz kurz, die Bedeutung des Systemdenkens für unser Verständnis von *Evolution* etwas präzisieren.

Evolution als Systemprozeß

Obwohl die *Tatsache* der Evolution des Lebenden längst nicht mehr ernsthaft bestritten werden kann, gab es bis in die jüngste Vergangenheit - und gibt es noch heute - Kontroversen über die *Abläufe* und *Mechanismen* der Evolution. Insoweit kann man streng genommen nicht von *der* Evolutionstheorie in der Biologie sprechen, sondern es gibt mehrere *Evolutionstheorien*, die sich vor allem hinsichtlich der Beantwortung der Frage nach den Mechanismen voneinander unterscheiden (vgl. WUKETITS 1988). Eine dieser Theorien ist die *Systemtheorie der Evolution* (RIEDL 1975, WAGNER 1986, WUKETITS 1987).

Einen der wichtigen Ausgangspunkte zu dieser Theorie bildet eine Kritik *am Anpassungsparadigma*. Für die in der Fortsetzung und Erweiterung der Ideen Darwins entwickelte *Synthetische Theorie* stellte die Anpassung ein zentrales Element dar.[1] Einer der Architekten dieser Theorie, MAYR (1979, s. 33), bemerkt

---

[1] Die Kritik am Anpassungsparadigma ist auch eines der zentralen Momente der sog.

apodiktisch: *„Das Ergebnis der Selektion ist die Anpassung, und die Angepaßtheit der Organismen sowie ihre Ausnutzung der Umwelt wird von Generation von Generation verbessert."* Andererseits meinte aber schon BERTALANFFY (1975), daß Selektion die Anpassungsfähigkeit Organismen *voraussetzt.*

In der Tat wurde im Rahmen der Synthetischen Theorie der Eindruck vermittelt, daß Organismen gleichsam passive Gebilde sind, auf Gedeih und Verderb ihrer Umwelt ausgeliefert, und von der natürlichen Auslese - im Sinne einer *Außenselektion* - zur Anpassung (an diese Umwelt) sozusagen gezwungen werden. Demgegenüber sind im Rahmen einer systemtheoretischen Konzeption der Evolution die Lebewesen selbst auch bestimmende Faktoren im evolutiven Wandel. Das bedeutet also, daß - wenngleich Anpassung ihre Rolle spielt - die *Anpassungsfähigkeit* der Organismen von diesen selbst, und nicht von Außenweltfaktoren bestimmt wird. So kommen also interne Faktoren in der Evolution ins Spiel, eine *innere* Selektion steht der äußeren, der Umweltselektion zur Seite. Dazu bemerkte allerdings schon WHYTE (1965, s. 65 f) folgendes:

„Internal selection may prove to have been most important, and perhaps solely operative, during some or all of the major steps in evolution, which are not yet understood. The primary cause of the emergence of a higher category may not always have been the movement of a population into a new adaptive zone, but sometimes the occurrence of an organizational transformation of the genotype resulting in a phenotype capable of exploiting a new zone."

Wird die innere Selektion bei den „großen Evolutionsschritten" auch nicht *allein* und ohne Umweltbezug der Organismen operiert haben, so müssen wir ihr doch große Bedeutung einräumen.

Nun mag freilich der Eindruck entstehen, daß mit der inneren Selektion irgendein kryptischer Faktor beschworen wird, der einer Vitalkraft gleichkommt (siehe oben). Dieser Eindruck wäre jedoch falsch. Vielmehr meint, was als „innere Selektion" bezeichnet wird, im wesentlichen folgendes:

1. Organismen sind, wie bereits gesagt wurde, hierarchisch strukturierte Systeme. Dabei stehen alle ihre Elemente bzw. Teilsysteme in wechselseitiger Beziehung zueinander.
2. Lebewesen sind primär *aktive* Systeme. Zwar in eine bestimmte Umwelt eingebunden, sind sie jedoch in der Lage, in diese Umwelt auch aktiv einzugreifen, sie zu verändern und nicht nur darauf zu *reagieren.*

---

kritischen Evolutionstheorie der „Frankfurter Schule" um W. F. GUTMANN (der 1997 leider verstarb). Repräsentativ für eine Fülle von Publikationen aus dieser Schule nenne ich hier nur das Buch „Die Evoution hydraulischer Konstruktionen" (GUTMANN 1989). Wenn ich auf diese Theorie hier nicht näher eingehe, dann nicht weil ich sie als uninteressant erachte - ich habe mich in anderer' Publikationen (z.B. WUKETITS 1988) mit ihr kritisch auseinandergesetzt -, sondern weil sie nicht als Systemtheorie der Evolution in dem hier verstandenen Sinn gelten kann. Denn letztlich haben GUTMANN und seine Mitarbeiter jede Anpassung bestritten und Evolution ohne Anpassung zu erklären versucht.

3. Lebewesen haben die Tendenz zur *Selbsterhaltung* und können Schwankungen ihrer Außenwelt bis zu einem gewissen Grad bewältigen.
4. Die jeweils spezifischen Konstruktions- und Funktionsbedingungen der Organismen lassen evolutive Veränderungen nicht in jede beliebige Richtung zu. Diese Bedingungen bestimmen auch den Grad der Anpassungsfähigkeit.

Kurz gesagt: Die innere Selektion ergibt sich aus dem Konstruktions- bzw. Funktionsgefüge der Lebewesen.

Alle „Betriebsglieder" eines Organismus, seine einzelnen Zellen, Organe usw. üben eine gewisse Kontrolle aufeinander aus. Die Einwirkungen auf die Lebewesen von außen, von ihrer Umwelt, finden also eine Entsprechung auf der *intraorganismischen* Ebene. Bevor Lebewesen, anthropomorph gesagt, von ihrer jeweiligen Umwelt, d.h. von der äußeren Selektion, auf ihre Tauglichkeit getestet werden, müssen sich ihre einzelnen Glieder untereinander einigen. Die innere Selektion steht zur äußeren somit in einem Verhältnis wie die Betriebs- zur Marktselektion (RIEDL 1975). Keine Autofirma leistet sich beispielsweise einen Ingenieur, der ein Auto ohne Kupplung und Bremse konstruieren will. Sie läßt ein derartiges Auto erst gar nicht vom Markt testen, sondern eliminiert die Pläne schon betriebsintern. Sie betreibt also Selektion schon *vor* jeder Auswahl auf dem Markt, vor der „externen Selektion". Auf ähnliche Weise werden die Konstruktionen von Organismen „getestet", noch bevor sie überhaupt von der jeweiligen Außenwelt „geprüft" und selektiert werden. Um es salopp zu sagen: Ein Flußpferd, das Flügel entwickelt, wird erst gar nicht in die Situation kommen, von seiner Außenwelt auf seine Tauglichkeit geprüft zu werden; seine eigenen Konstruktions- und Funktionsbedingungen werden die Entwicklung von Flügeln verhindern.

Aus der Perspektive der Systemtheorie der Evolution stellen also äußere und innere Selektion keine Widersprüche dar, sondern ergänzen einander. Die Beschreibung der Evolution als Systemprozeß bedeutet aber, dem Organismus selbst mehr Aufmerksamkeit zu schenken als das in traditionellen „darwinistischen" Konzepten der Fall war bzw. ist. Die Systemtheorie der Evolution ist auch nicht als „antiadaptationistisch" zu verstehen, sie bietet der Anpassung ihren Spielraum. Aber sie lenkt unser Hauptaugenmerk auf den Umstand, daß nicht jede Struktur, Funktion oder Verhaltensweise der Lebewesen als Anpassung zu erklären ist und daß der Anpassungsfähigkeit Grenzen gesetzt sind, wobei diese Grenzen von den Lebewesen selbst definiert werden, denn, wie WHYTE (1965, s. 40) bemerkte: *„Only certain avenues of change are compatible with their conditions of coordination."* (Siehe hierzu, speziell im Hinblick auf die Evolution des Menschen, auch WUKETITS 1998.)

Schlußbemerkung

Ich könnte mir denken, daß man den Systembegriff in der Biologie - um seine inflationäre Verwendung zu verhindern und ihn zugleich noch sozusagen mit

Inhalt zu füllen - in Hinkunft verstärkt in die empirische Forschung einbindet. Von der Genetik über die Evolutionsbiologie zur Ökologie bieten sich verschiedene biologische Disziplinen an, die den systemtheoretischen Ansatz benötigen, umgekehrt aber seine Weiterentwicklung fördern können.

Grundsätzlich geht es ja um das wichtige Anliegen, die Wechselwirkungen zwischen allen Elementen und Ebenen des Organismus als eines *dynamischen,* sich entwickelnden Systems zu begreifen und - auf überindividueller Ebene - die komplexen und verwickelten Beziehungen der Organismen untereinander und ihre spezifischen Wechselwirkungen mit ihrer jeweils ebenso spezifischen Umwelt zu verstehen.

Literatur

BERTALANFFY, L. v.: Theoretische Biologie. 2 Bde. - Bornträger, Berlin 1932/1942.

BERTALANFFY, L. v.: Problems of Life. An Evaluation of Modern Biological and Scientific Thought. Harper & Brothers, New York 1952.

BERTALANFFY, L. v.: General System Theory. Foundations, Development, Applications.- Penguin Books, Harmondsworth 1973.

BERTALANFFY, L. v.: Perspectives on General System Theory. Scientific-Philosophical Studies. - Braziller, New York 197 s.

GUTMANN, W. F.: Die Evolution hydraulischer Konstruktionen Organismische Wandlung statt altdarwinistischer Anpassung. - W. Kramer, Frankfurt/M. 1989.

MATURANA, H. and VARELA, F. J.: Autopoiesis and Cognition. The Realization of the Living. D. Reidel, Dordrecht-Boston-London 1980.

RIEDL, R.: Die Ordnung des Lebendigen. Systembedingungen der Evolution. - Parey, Berlin-Hamburg 197 S.

ROUX, W.: Die Selbstregulation. Ein charakteristisches und nicht notwendig vitalistisches Vermögen aller Lebewesen.- Nova Acta Leopoldina 100(2), S.1-91, 1914.

SMUTS, J. Ch.: Die holistische Welt. - Metzler, Berlin 1938.

WAGNER, G. P.: The Systems Approach: An Interface Between Development and Population Genetic Aspects of Evolution. - In: RAUP, D. und JABLONSKI, D. (Hrsg.): Patterns and Processes in the History of Life. Springer, Berlin-Heidelberg-New York 1986, S.149-165.

WEISS, P. A.: The Living System: Determinism Stratified. - Stud. Gen. 22, S.361-400, 1969.

WHYTE, L. L.: Internal Factors in Evolution. - Tavistock Publications, London, 196p.

WUKETITS, F. M.: Die Bedeutung des Systemdenkens in der Biologie. - Biol. i. unserer Zeit 9, S.73-79, 1979.

WUKETITS, F. M.: Die Überwindung von Mechanismus und Vitalismus - Auf dem Weg zu einer neuen Biophilosophie. - Philos. Nat. 19, s. 371-391, 1982.

WUKETITS, F. M.: Biologische Erkenntnis: Grundlagen und Probleme. – G. Fischer, Stuttgart 1983.

WUKETITS, F. M.: Evolution als Systemprozeß. Die Systemtheorie der Evolution. - In: SIEWING, R. (Hrsg.): Evolution. Bedingungen, Resultate, Konsequenzen. Fischer, Stuttgart 1987, S.453-474.

WUKETITS, F. M.: Evolutionstheorien. Historische Voraussetzungen, Positionen, Kritik. - Wissenschaftliche Buchgesellschaft, Darmstadt 1988

WUKETITS, F M.: Organisms, Vital Forces, and Machines: Classical Controversies and the Contemporary Discussion, Reductionism vs. Holism'. - In: HOYNINGEN-HUENE, P. und WUKETITS, F. M. (Hrsg.): Reductionism and Systems Theory in the Life Sciences. Kluwer Academic Publishers, Dordrecht-Boston-London 1989, S.3-28.

WUKETITS, F. M.: Emerging Systems. Understanding Human Evolution as a Systems Process. - In: ALTMANN, G. und KOCH, W. A. (Hrsg.): Systems. New Paradigms for the Human Sciences. W. de Gruyter, Berlin-New York 1998, s. 318-333.

EVOLUTION UND INTEGRATION LEBENDER SYSTEME: AGGREGATION ODER BINNENDIFFERENZIERUNG?

Karl Edlinger

Einleitung

Die uns umgebende Welt erscheint dem menschlichen Empfinden in vieler Hinsicht hochgradig geordnet, regelmäßig und in Grenzen auch prognostizier- und berechenbar. Viele ihrer Teile scheinen miteinander in vielfachen Wechselwirkungen zu stehen und einander ständig zu beeinflussen. Dies wird unterschiedlich begründet, doch läßt uns die Möglichkeit, über Begründungen nachzudenken, vermuten, daß diese Ordnung, die wir primär mental vollziehen, tatsächlich ein Pendant in der uns umgebenden Außenwelt, in der Wirklichkeit im weitesten Sinne haben könnte.

Schon das Empfinden von Regelmäßigkeit setzt wenigstens im Empfindung ermöglichenden neuronalen Apparat einen minimalen Grad von Ordnung voraus, so daß, auch wenn die Welt, wie manche annehmen, chaotisch wäre, wenigstens in unserer Verstandestätigkeit gleichsam ein Insel der Ordnung bestünde. In ihr wird notgedrungen die menschliche Realität oder die menschliche Umwelt aus der bloßen Umgebung konstituiert, wie dies im konstruktiven Realismus für die menschliche Kognitionstätigkeit gezeigt wird und wie es in einem umfassenden Sinne, auf große Teile des Tierreichs ausgeweitet, wie vor allem Jakob von UEXKÜLL (1921, 1928, 1980) darlegte.

Diese Ordnung aber, die der Umwelt zugesprochen wird, ist dort, wo der Bereich des Lebendigen berührt wird, nicht die statische starre Ordnung anorganischer Körper, sondern sie zeigt sich prozessual, als ständiger Wandel mit dennoch konstanten Regelhaftigkeiten und trotz ständigen Austauschs von materiellen Komponenten und permanenten Energieflusses und Wandels strikt durchgehaltenen Mustern und Strukturen. Sie bestehen in mannigfachen gegenseitigen Abhängigkeiten von Strukturausbildungen und chemisch-physikalischen Prozessen in Organismen und über diese hinaus auch in Ökosystemen, ja auch in der Gesellschaft.

Bertalanffy's Systemtheorie

Ein Modell für diese Ordnung entwickelt und sie durch ein sehr komplexes Theoriengebäude ins Bewußtsein der wissenschaftlichen Gemeinschaft gehoben und teilweise auch verständlich gemacht zu haben, wird das bleibende Verdienst L. v. Bertalanffy's und seiner Systemtheorie bleiben. Bertalanffy gelang es, diese Interdependenzen in lebenden und anderen Systemen mittels Differentialgleichungen mit einem hochabstrakten begrifflichen und mathematischen Instrumentarium darzustellen und von dieser Basis aus systemisches Denken auf verschiedenste Bereiche und Ebenen unserer Welt anzuwenden (BERTALANFFY 1932, 1968; BERTALANFFY, BEIER und LAUE 1977). Durch diese Mathematisierung konnte auch die verwendete Begrifflichkeit auf eine exaktere, im Vergleich zu früheren Ansätzen weniger subjektabhängige Basis gestellt werden.

Drei zentrale, besonders wichtige Begriffe, die gleichsam das Herzstück der Systemtheorie Bertalanffy'scher Prägung ausmachen, seien hier näher beleuchtet. Sie lenken nämlich den Blick auf die naheliegende Frage, ob durch diese Systemtheorie natürliche Abläufe und ihre Regelmäßigkeiten letztlich doch nur beschrieben oder ob sie auch gleichsam auf einer Metaebene begründet werden: Das Fließgleichgewicht, die Äquifinalität und die Hierarchische Beziehung.

Der Begriff des *Fließgleichgewichts* charakterisiert die empirisch belegbare Tatsache, daß zwar in Lebewesen ständig die Substanz ausgetauscht und erneuert wird, daß sich dadurch aber an der Organisation und an den Systemeigenschaften grundsätzlich nichts ändert.

Der Begriff *Äquifinalität* steht für die ebenfalls beobachtbare Tatsache, daß Entwicklungsprozesse bei Lebewesen auch über Umwege und auf unterschiedlichen Bahnen oder von verschiedenen Ausgangspunkten her demselben Ziel zustreben.

Hierarchische Beziehung bedeutet die enkaptische Anordnung von Systemteilen unterschiedlichen Ranges, wobei die höherrangigen jeweils die Bildungs- und Existenzbedingungen der niedrigeren konstituieren.

Nun war die Zeit der Abfassung der Theoretischen Biologie und der Biologischen Weltanschauung so wie die Epochen vorher in Bezug auf die Begründung organismischer Strukturiertheit und biologischer Ordnung von einer allgemeinen Übereinstimmung über die Wandelbarkeit der Welt und der Organismen und einem Gegensatz zwischen im wesentlichen zwei Positionen geprägt, der auch heute wieder zu verschiedensten Gelegenheiten aufbricht.

Die erste Position sah als Beginn der Entwicklung in einem weitgehend unstrukturierten chaotischen Zustand, der allmählich, wenigstens lokal durch Akkumulation und Agglomeration von Teilchen zu geordneten Strukturen überging. Dies wurde metaphorisch im Bild des Kristalls und dann auf der biologischen Ebene nach Etablierung der Zellehre durch verschiedene Zellstaathypothesen festgehalten. Diese Auffassung war auch jene, die mit den mechanistischen Zügen des Darwinismus am besten übereinstimmte.

Die alternative Sicht bestand in einer Art panvitalistischer Auffassung der Welt, die diese als eine Art Hyperorganismus sah und Organismen gleichsam als Teilstrukturen, wodurch den evolutiven Wandlungsprozessen auch von vorne herein eine Tendenz und Richtung aufgeprägt war, die z. B. Driesch mit der Kürzel „Entelechie" umriß.

Bertalanffy ließ in seiner Systemtheorie die mechanistische Auffassung weit hinter sich, ohne sich aber dadurch vitalistischen Denkweisen allzusehr anzunähern, die er sogar sehr radikal kritisierte und ablehnte. Allerdings vertrat er, soweit die Begründung biologischer Organisation durch naturwissenschaftlich motivierte Theorien überhaupt versucht wurde, einen Standpunkt, der über die zu Beginn des 20. Jahrhunderts noch weit verbreiteten Kristallhypothesen z. B. eines Ernst Haeckel nicht wesentlich hinausging. Selbstverständlich werden Primitivanalogien mit den Kristallen der Mineralogie vermieden, doch sollte dieses Bild dennoch den Blick auf wesentliche Eigenschaften des Lebens verstellen und ihre Begründungen verhindern. Bertalanffy schreibt zum Beispiel:

„DEHLINGER und WERTZ (1942) haben die von v. BERTALANFFY entwickelte Lehre vom «Fliessgleichgewicht in offenen Systemen» auf die biologischen Elementareinheiten angewendet. Nach ihnen ist das einfachste Gebilde> das den Forderungen BERTALANFFYS genügt, d.h. dauernd chemische Reaktionen ausführt und trotzdem quasi-stationär ist, ein sogenannter eindimensionaler Kristall, d. h. ein Gebilde, das aus einer wechselnden Anzahl aufeinandergepackter Moleküle (Atomgruppen) besteht, in das von aussen her Diffusion erfolgt und das teilungsfähig ist ». Diese Vorstellung wurde zu einem definierteren Modell der biologischen Elementareinheiten ausgebaut“ (v. BERTALANFFY, 1944).

Danach sind die biologischen Elementareinheiten Kristalliten, die einerseits auf Grund der erwähnten spezifischen Anziehungskräfte sich Molekülgruppen anlagern und dadurch wachsen, andererseits aber Abbauvorgänge zeigen. Beim Bestehen der letzteren müssen Abstossungskräfte auftreten, die schliesslich zu einer Teilung des Kristalliten, d. h. zu seiner konvarianten Reduplikation führen.

Diese Hypothese beruht auf der Grundauffassung, dass die biologischen Elementareinheiten nicht als stabile Kristalle aufzufassen sind, sondern dass sie, wie alle biologischen Systeme, in ständigem Stoffwechsel stehen. Mindestens für die Chromosomen ist diese Auffassung sowohl aus allgemeinen Gründen unabweisbar wie auch im Speziellen experimentell belegt. Die Chromosomen beherrschen einerseits das physiologische Getriebe, wie aus der Tatsache hervorgeht, dass kernlose Zellen nicht zu dauerndem Leben befähigt sind; andererseits üben sie als Vererbungsträger richtunggebende Wirkungen auf die Zelle und den Gesamtorganismus aus. (BERTALANFFY 1990)

Diese Analogien, die heute kaum mehr zur Debatte stehen, zeigen nun, daß wenigstens in bezug auf die Entstehung von Systemen nicht generalisiert werden darf. Vor allem sind Unterschiede zwischen technischen und sog. „natürlichen“ Systemen dann nicht von der Hand zu weisen, wenn ihre Genese analysiert wird. Es wird noch zu zeigen sein, daß vor allem das Lebendige ganz spezifischen Gesetzlichkeiten folgt.

In der menschlichen Lebenswelt und in der Technik werden komplexe Systeme zweifellos aus vorgefertigten Einzelbestandteilen zusammengefügt. Dies muß aber für natürliche Bedingungen, vor allem für die Organismenwelt mangels theoretisch und empirisch abgesicherter Zielstrebigkeit der Entwicklung und mangels von außen, gleichsam in technischen Herstellungsprozessen agierenden Instanzen vorläufig ausgeschlossen werden. Vor allem sind auch sich entwickelnde biologische

„Systeme" zu dauernder Funktionstüchtigkeit auf allen Ebenen angehalten, es gibt kein „Wegen Umbaues geschlossen" wie dies G. OSCHE (1985) formulierte.

Es liegt also nahe, solche sich ohne äußere Hilfe entwickelnden Systeme nach anderen Prinzipien zu erfassen und ihre Entstehung und Entwicklung nicht in Analogie zur Produktion, sondern als ständige Weiterentwicklung und Differenzierung auf der Basis schon vorhandener Systeme zu verstehen, denen eine hochgradige Autonomie zukommt.

In bezug auf Organismen finden sich derartige Ansätze, die durchaus in diesem Sinn, als besondere Art von Selbstorganisation interpretiert werden können (WEINGARTEN 1988), schon bei Wilhelm ROUX (1881, 1894). ROUX löst vor allem das Problem der internen Strukturierung und Formung bei sich entwickelnden Tieren durch ein Konzept der permanenten Affektion bzw. Beeinflussung aller durch alle Teile, das bei ihm als „Kampf der Theile" bezeichnet wird.

Es erfolgt also eine Umkehr der Sicht, das Primäre bei organismischen Systemen ist das komplexe System selber und das Sekundäre die Bestandteile. In diesem Aspekt wird die biologische Systemtheorie in Analogie zu einer Metapher von Karl Marx vom Kopf auf die Füße gestellt.

Damit kann als erstes Resümee festgestellt werden, daß BertalanffY zwar Leben mit dem Systembegriff und mit dem in seiner Systemtheorie verwendeten Formelapparat konsistent charakterisiert, daß dieser Systembegriff aber die Erklärung für den Aufbau, das Funktionieren, die Entstehung und Entwicklung lebender Organismen sowie für ihren evolutiven Wandel - seine Position in bezug auf die Evolution besteht in einer Übernahme der altdarwinistischen Vorstellungen - nicht leisten kann und den Weg dazu auch nicht zeigt. Die dem systemischen Verhalten der Organismen und ihrer Teile zugrundeliegenden Regelhaftigkeiten werden nicht begründet.

Andere Ansätze

Seit Bertalanffy wurden zahlreiche weitere Ansätze vorgestellt, die den Anspruch erheben, systemisches Denken zu repräsentieren (KRIZ 1997). Dazu zählen vor allem verschiedene Selbstorganisationstheorien präbiotischer Entwicklungsstufen (Eigen 1971, 1989; EIGEN, GARDINER, SCHUSTER und WINKLER-OSWATITSCH 1983; EIGEN und SCHUSTER 1977-78; EIGEN UND WINKLER- OSWATITSCH 1976), die Autopoiesis-Theorie (AN DER HEIDEN, ROTH und SCHWEGLER 1985; MATURANA 1985; MATURANA UND VARELA 1987), die Theorie disspipativer Strukturen (PRIGOGINE und STENGERS (1981) , sowie die Synergetik (HAKEN 1990; HAKEN und WUNDERLIN (1986).

Wenn auch auf unterschiedlichen Niveaus und verschieden weit mathematisiert, ist diesen Ansätzen doch ein Merkmal gemeinsam, das sie auch mit Bertalanffy's systemtheoretischem Ansatz teilen: Sie sind auf Relationen und netzartige Verknüpfungen zwischen verschiedenen Systemkomponenten fokussiert, ohne die

Rahmenbedingungen näher zu definieren, unter denen sich die erwähnten Relationen einstellen und letztlich sogar einstellen müssen, weil unter bestimmten physikalisch-chemischen Bedingungen eben nur mehr ein sehr enger Spielraum für die Relationen zwischen Einzelkomponenten und für die Entwicklung solcher Komplexe besteht.

Wenn beispielsweise die vielstrapazierte Belousov-Zhabotinsky-Reaktion (JANTSCH 1982), bei der regelmäßige färbige Muster in einer Lösung erzeugt und zu einer begrenzten Entwicklung gebracht werden, als Modell für spontane Entstehung von Ordnung bzw. von einer Art sytemischen Verhaltens vorgestellt wird, muß bedacht werden, daß solche Muster durch ein ganz spezifisches Milieu und nur unter ständiger Nachlieferung bestimmter Ausgangssubstanzen sowie unter ständiger Entfernung von Reaktionsprodukten erzeugt und stabil gehalten werden können. Diese Kritik betrifft sinngemäß alle angeführten Beispiele, die sich unter dem Begriff „Physikalismen" (GUTMANN 1992) zusammenfassen lassen.

Aufrechterhaltung eines bestimmten Milieus, Material- und Energieversorgung sowie Entsorgung sind aber in diesem Falle unverzichtbare Randbedingungen, die in die Modellbetrachtung nicht eingehen. Dies bedeutet aber, daß damit gerade jene Voraussetzungen der Entstehung bestimmter Muster und ihrer Stabilität ignoriert werden. Sie wären aber noch am ehesten mit den durch Organismen bzw. durch ihnen übergeordnete ökologische oder soziale Systeme erzeugten Bedingungen für die Entstehung von Ordnung und die Zwangsführung chemisch-physikalischer Prozesse vergleich- und gleichsetzbar (EDLINGER 1994a, 1994b, 1995).

Diese Erhellungsversuche organischer Abläufe setzen damit also auf einer Stufe an, auf der letztlich keine adäquaten weil Erklärung liefernden Modellansätze erarbeitet werden können. Vor allem aber werden Systeme ebenso wie schon bei Bertalanffy als Aggregate von schon zuvor vorhandenen und zu Systemen zusammentretenden Komponenten betrachtet.

Die Frage, warum Systeme dann zumeist stabil sind und ihre Auflösung wenigstens über längere Zeit verhindern, kann durch diese Ansätze nicht beantwortet werden. Damit erweist sich die biologische Systemtheorie als revisions- oder zumindest ergänzungsbedürftig. Diese Ergänzung soll hier durch eine Darstellung der organismischen Konstruktionslehre und ihre naturphilosophischen Begründungen versucht werden.

Prozessualität und Leben

Ein wichtiges Fundament, das uns vor allem Lebendes besser begreifen läßt, lieferte dafür A. N. WHITEHEAD (19956, 1964, 1984) mit seiner Prozeßphilosophie. Whitehead geht davon aus, daß Natur im Allgemeinen prozeßhaft ist, daß immer und überall, auch wenn wir dies nicht merken, ein ständiger Wandel abläuft, der alle ontischen Ebenen und Seinsschichten der Welt betrifft. Für die subatomare Ebene ist dies durch die moderne Physik soweit belegt, daß nur mehr über das Wie diskutiert werden kann. WHITEHEAD spricht vom "*vibratorischen*" Charakter der Teilchen, die nur durch eine Art regelmäßig oszillierenden ständigen Wandel überhaupt so etwas wie Stabilität erreichen.

Diese Oszillationen sind begleitet von einer Einbindung in zahllose Beziehungen zu anderen Teilchen, zu Arrangements, die ebenso in ständigem Wandel begriffen sind. Whitehead bezeichnet diese die Welt allgemein charakterisierenden Beziehungen als organismisch, womit für ihn jedes Geschehen in der Welt den Stempel der Organismizität erhält, was jedem primitiven Vitalismus den Boden entzieht (GUTMANN und EDLINGER (1994a).

Whitehead arbeitet vor allem heraus, daß Strukturen durch den organismischen Zusammenhang gleichsam neu konstituiert werden können. So kann ein Elektron in einem lebenden Organismus weiter für sich als Elektron betrachtet, andererseits aber auch im Zusammenhang, man kann auch sagen im Kontext eines Atoms, Moleküls oder anderer Einheiten neu und in verschiedenen Interdpendenzen gesehen werden.

Dies ist deshalb besonders wichtig, weil gerade die Frage der Kontextabhängigkeit einen der Schlüssel zu einer brauchbaren theoretischen Konstituierung des Lebendigen darstellt.
Eine treffende Metapher für das Problem der Kontextualität stammt von Erwin Schrödinger und wurde durch U. MÜLLER-HEROLD (1988) vorgestellt. Schrödinger erzählt von einem Dampfmaschinenkonstrukteur, der zum ersten Mal in seinem Leben einen Elektromotor sieht und untersucht. Der Elektromotor besteht zum Teil wie die Dampfmaschine aus Kupfer und Eisen. Kupfer ist aber als Drahtspule statt in Form eines Dampfkessels und Eisen als Kern der Spule statt als Gestänge oder Zylinder vorhanden. Die noch undurchschaubare aber durchaus sinnvoll erscheinende Anordnung führt zu der Annahme, daß der Elektromotor Naturgesetzlichkeiten in völlig anderer Weise nutzt als die Dampfmaschine, obwohl die materiellen Eigenschaften des Kupfers und des Eisens die selben bleiben. Die einzelnen Teile haben aufgrund ihrer speziellen Form und Struktur Eigenschaften, z. B. Möglichkeiten der Zwangsführung von Elektronen, die erst durch spezielle Rahmenbedingungen zum Tragen kommen. Die Kupferspirale kann also sowohl als chemisches Element behandelt werden - dann untersuchen wir sie mit den Methoden der Chemie in ihren Eigenschaften als Element Kupfer -, oder aber sie ist Objekt der Ingenieurswissenschaften. Dann interessieren und ihre Leitfähgkeit, Form, Drahtdicke, der Windungsdurchmesser und die daraus resultierenden Eigenschaften und Anwendungsmöglichkeiten.

Organismische Kontextualität im Sinne Whiteheads ist allerdings auf unterschiedlichen Ebenen festzustellen. Ihre Komplexität ist dabei verschieden groß. Lebende Organismen stellen eine dieser Komplexitätsebenen dar, Lebensgemeinschaften und schließlich die Biosphäre insgesamt jeweils zahlreiche weitere. Da die Biosphäre als alle anderen Ebenen des Lebendigen umfassender Rahmen betrachtet werden kann, müssen diese als Binnendifferenzierungen der Biosphäre betrachtet werden (GUTMANN und EDLINGER 1994b). In diesem Sinne erweist sich die organismische Konstruktionslehre als Weiterentwicklung der Whitehead'schen Prozeßphilosophie, in der allerdings das durch die empirischen biologischen Disziplinen erarbeitete Wissen eingearbeitet werden kann.

Prozessualität in der Natur ist immer energieabhängig und lebende Organismen als Manifestationen dieses prozessualen Geschehens in der Biosphäre können in diesem Rahmen als Energiewandler definiert werden (GUTMANN und BONIK 1981; GUTMANN und EDLINGER 1991b). Sie akquirieren Material und Energie aus ihrer Umwelt, um sie dann für die Aufrechterhaltung ihres eigenen Binnenbetriebs sowie für den Aufbau eigener Körpersubstanz zu nutzen. Dies bedeutet aber, bereits auf der molekularen Ebene, auf der entweder unter Energiezufuhr aus dem Sonnenlicht bei den Pflanzen, durch Energie aus chemischen Prozessen bei den Bakterien oder durch Verdauungsprozesse bei den Tieren hochkomplexe organische Substanzen aufgebaut werden, ständigen qualitativen Wandel.

Dieser Wandel von Material und Energie ist an hochkomplexe Führungsstrukturen gebunden, die friktionsfreien Durchlauf und geordneten Auf- und Abbau gewährleisten (EDLINGER 1991). Wir können sie im weitesten Sinne als Konstruktionen betrachten. Organismische Konstruktionen bieten so den Rahmen für all jene hochkomplexen chemischen und physikalischen Prozesse, die dann letztlich sie selber erhalten und weiter aufbauen. Auch das genetische Geschehen, das in seiner eminenten Bedeutung für die Organismen durchaus weiter anerkannt bleiben muß, ist nur im konstruktiv vorgegebenen organismischen Rahmen verständlich.

Chemisches Geschehen ist in Organismen an wäßrige Lösung und ein hochgradig geordnetes Arrangement von Enzymen gebunden (BEREITER-HAHN 1991). Dies bedeutet, daß Organismen großteils Wasser enthalten müssen, das aber am Aus- und Zerfließen gehindert werden muß. Dies bedingt das Vorhandensein umhüllender Membranen, also letztlich eine hydraulische Konstruktion. Diese in Aktion zu halten und v. a. auch in bestimmte, mechanisch wirksame Formen zu bringen, bedarf es formsichernder Elemente, welche die ansonsten physikalisch erzwungene Kugelform verhindern (GUTMANN 1988).

Verspannende oder außen vergurtende Fasern sowie u. U. Hartskelette und interne Versteifungen erfüllen diese Funktion. Verspannende Fasern dienen im weitesten Sinne auch der Fixierung komplexer katalytischer Substanzen und damit deren für geordnete chemische Prozesse und Zyklen geeigneter Plazierung. Sind Fasern kontraktil, können sie gegen den Druck der hydraulischen Füllung anarbeiten und so, in antagonistischer Weise durch Selbstverformung des Organismus diesem Beweglichkeit verleihen. Dies bewirkt andererseits auch innere Zirkulation von wäßrigen Lösungen und sichert damit einen effizienten Stoffwechsel.

Selber in ständigem Wandel begriffen, andauernd im Stoffaustausch und von Energiezufuhr abhängig, garantiert die organismische Konstruktion den geordneten Ablauf von Prozessen von der molekularen bis zur gesamtorganismischen Ebene.

Energie wird auf den untersten molekularen Ebenen gewonnen, ebenso das Material für den Aufbau von Körpersubstanz. Durch daran anschließende, streng

zwangsgeführte Prozesse, die wenig Freiheitsgrade ermöglichen, werden sowohl Material als auch Energie einerseits in komplexe Konstruktion, andererseits in komplexe Aktion eben dieser Konstruktion hochtransformiert. Das Beispiel des Actin-Myosin-Komplexes, der sich, ausgehend von aneinander gleitenden Biopolymeren in immer komplexeren Arrangements darstellt, zeigt eindrucksvoll diese enge Verwobenheit unterschiedlicher organismischer Ebenen und der Hochtransformierung von Energie, die dann letztlich zu komplexen Aktionen führen kann.
Diese aber sind ihrerseits nur dann möglich, wenn die Konstruktion ohne innere Widersprüche und Friktionen funktioniert und alle ihre Elemente in hochgradig geordneter Weise ineinandergreifen und dabei sehr oft einander abwechselnde antagonistische Aktionen nutzen.

Diese Komplexität, die eindeutig prozessual bedingt ist, kann aber dauerhaft nur auf zwei Grundlagen existieren: Einerseits auf einer weitgehenden Autonomie gegenüber der Außenwelt, deren störende, oft chaotisch einwirkende Einflüsse ausgeschaltet oder kompensiert werden müssen, um den ungestörten Innenbetrieb aufrechterhalten zu können. Andererseits, durch diese Autonomie bedingt, auf internem Antrieb aller Aktionen der organismischen Konstruktionen, was Spontaneität und Selbsbestimmtheit der Lebewesen erst richtig ins Spiel bringt. Dies bedingt aber zugleich eine neue Sicht der Beziehung, die zwischen den Organismen und ihrer Außenwelt herrscht. Lebewesen können dann nicht mehr als „Knet" ihrer Umwelt betrachtet werden, sondern sie werden zu autonomen Einheiten, zu Eigenwesen, die aktiv, nach intern vorgegebenen Bedingungen, ihre Umwelt erschließen. Umweltbeziehungen ergeben sich je nach den organismisch gegebenen Vorbedingungen und sind in den meisten Fällen auch gar nicht streng festgelegt, wie dies gängige „Schlüssel-Schloß"-Metaphern verschiedener Autoren suggerieren.

Die Umwelt bestimmt nicht, wie Organismen beschaffen sind oder wie sie sich entwickeln, sondern lediglich, wo welche Arten von Organismen Fuß fassen können und existenzfähig sind (Edlinger, Gutmann und Weingarten 1991). Es kann mühelos der Beweis geführt werden, daß Leben seine Umwelt aktiv gestaltet, daß Darwin also quasi auf den Kopf gestellt werden muß, wenn man zu einem adäquaten Bild des Verhältnisses Organismus-Umwelt gelangen soll.

Organismische Konstruktionen stellen also nach der eingangs gegebenen Definition, was ihre Komplexität und innere Differenziertheit, Autonomie und Spontaneität betrifft, immer einen Qualitätssprung gegenüber der sog. unbelebten Materie dar, die quasi das Rohmaterial für sie darstellt.

Evolution

Dies führt unmittelbar zu weiteren Fragestellungen. Einerseits nach den Anfängen der Lebensentwicklung, die nach prozessualem Verständnis ja irgendeinmal begonnen haben muß und andererseits nach jenen laufenden Qualitätsveränderungen, die wir als organismische Evolution bezeichnen.

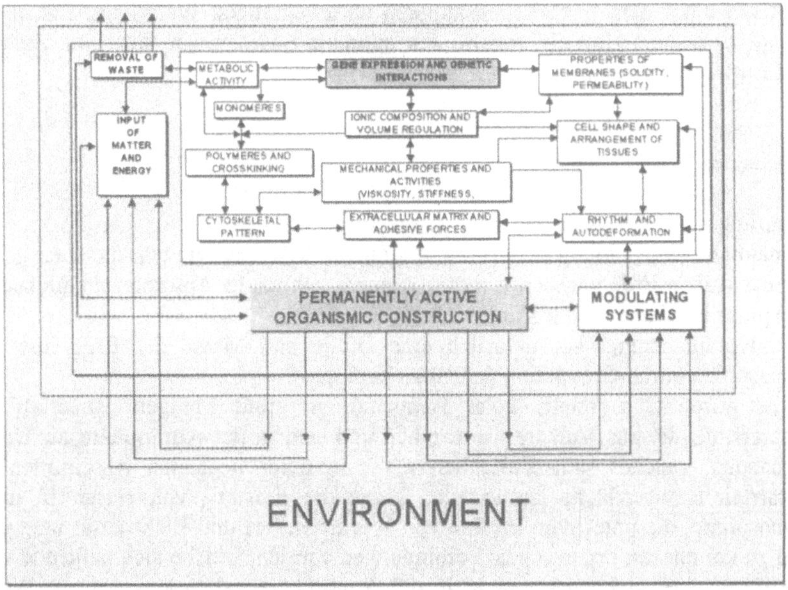

Abb. 1: Wechselwirkungen und gegenseitige Abhängigkeiten zwischen verschiedenen Komponenten der Zellen und der Organismen einerseits, zwischen den Organismen und der Umwelt andererseits. (Nach BEREITER-HAHN 1991 und EDLINGER 1994a).

Um diese Fragen wenigstens ansatzweise in bezug auf das Qualitätsproblem darstellen zu können, wird eine andere Betrachtungsebene vorgeschlagen, die in den letzten Jahren zunehmend an Boden gewinnt, nämlich die der Biosphäre. Es ist weitgehend die Sicht von LOVELOCK (1991), SATOURIS (1993) UND MARGULIS (1981, 1998), ohne daß deren New Age-Sympathien geteilt würden, sowie das von GUTMANN und EDLINGER (1994a, b) vorgstellte Megamaschinenmodell.

Die Biosphäre überzieht heute die Erde mit einem, in planetaren Dimensionen gesehen dünnen Film von Hydrosphäre und Atmosphäre, in dem aber, verglichen mit dem Erdinneren und den außen anschließenden Räumen, hochkomplexes und differenziertes Geschehen abläuft.

Dieses Geschehen, das maßgeblich durch Tätigkeit von Organismen bestimmt ist, ist seinerseits energiegetrieben. Die Biosphäre wirkt quasi als Energiefalle, die zwar letztlich eine durch die Albedo repräsentierte ausgeglichene Bilanz von Energien- und ouput zeigt, die aber diese Energie, die als Quantität letztlich unverändert bleibt, in komplexen Bahnen zwangsführt, so daß sich Hydrosphäre und Atmosphäre in einer Weise organisieren können, die den vorgegebenen Bedingungen an sich gar nicht entspricht.

Das zeigt sich einerseits an der Durchschnittstemperatur, die nach Lovelock ca. 10 Grad unter dem ohne Lebenstätigkeit zu erwartenden Wert liegt. Leben also schafft sich seine Umwelt, schafft sich optimale Bedingungen für seine Existenz und Entwicklung selbst.

Der Beginn

Natürlich ist die Biosphäre nicht schlagartig, aus dem Nichts entstanden. Ihre allmähliche Entwicklung basiert auf besonderen Voraussetzungen, die eben gerade auf der frühen Erde gegeben waren und durch zahlreiche Autoren sehr umfassend und plausibel dargestellt wurden.

Grundvoraussetzung war natürlich eine Größe und Masse der Erde, die eine Atmosphäre durch Gravitation festhalten konnte.

Es waren v. a. relativ hohe Temperaturen, große Mengen Sauerstoff und Wasserstoff, die aus Vulkanen entwichen und sich in der Atmosphäre zu Wasser verbanden, welches sich schließlich z. T. in tiefer liegenden Abschnitten der erstarrten Erdoberfläche ansammelte, sowie die Existenz von Gasen in dieser Atmosphäre, die unter dem Einfluß von Wärmeenergie und Elektrizität reagierten und zu komplexen organischen Verbindungen wurden, welche sich aufgrund ihres spezifischen Gewichts zwar nicht in der Atmosphäre halten konnten, im Wasser aber auch nicht versanken, sondern sich an der Oberfläche ansammelten. Sie bildeten eine organische Schicht, die, wie zahlreiche rekonstruierende Experimente zeigen, sowohl fettähnliche Substanzen als auch die Vorstufen zu Proteinen, Nukleinsäuren und vielen anderen, vor allem faserigen Stoffen enthielten, die noch heute Organismen ausmachen. Auch Metallionen waren mit Sicherheit in den Urozeanen enthalten.

Fettähnliche Stoffe neigen zur Membranbildung und durch Verwirbelung entstanden wassergefüllte Bläschen, die erste Vorstufen zu primitiver organismischer Existenz, zu einfachen hydraulischen Konstruktionen darstellten. Da anzunehmen ist, daß faserige Substanzen sich unterhalb dieser Lipoidschichte ansammelten, kann davon ausgegangen werden, daß schon diese frühen organischen Bläschen eine primitive Verspannnung besaßen. Sie konnten sich durch Wasseraufnahme vergrößern, durch Abgabe verkleinern, sich teilen oder auch verschmelzen, wodurch die spätere Entwicklung von Sexualität bereits in sehr einfacher Weise vorweggenommen war.

In diesem Stadium ist zwingend anzunehmen, daß sich durch massenhafte Verschmelzungen teilweise plasmodiale Strukturen bildeten, die dem Substrat auflagen und auf ihm wuchsen, teilweise aber auch wieder Fragmente in Form hydraulischer Bläschen abschnürten. Ein ständiges Wechseln von Einzelbläschen und Plasmodium scheint die Regel gewesen zu sein. Bläschen erweisen sich als

Vorläufer von bakteriellen Konstruktionen, Plasmodien schließlich als Grundlage für die Entwicklung von Motiloiden.

Die hydraulische Organisation war ideal für die Aufnahme und Anlagerung von Nukleinsäurevorläufern, die v. a. nach DYSON (1978), dem hier zu folgen ist, die zweite Komponente bei der Entstehung des Lebens darstellte. Damit aber war wenigstens bei einigen dieser frühen organismusähnlichen Strukturen auch die Voraussetzung für eine Wechselwirkung mit ebenfalls aufgenommenen Proteinoiden, eventuell sogar deren Erzeugung und Nutzung für eine Art primitiven Stoffwechsel gegeben. Lipoidmembranen bieten ja durch partielle Permeabilität ideale Voraussetzungen zur Aufnahme von nutzbaren Substanzen.

Damit also wären bereits in frühen Abschnitten der Lebensentwicklung jene Komponenten und letztlich indispensablen Prinzipien vorhanden gewesen, welche das Leben bis heute kennzeichnen.

Aus diesen Vorformen, die also sowohl die hydraulisch-mechanische Konstruktion als auch einen einfachen genetischen Apparat und einen primitiven enzymatischen Stoffwechsel besaßen, konnten sich durch permamente Teilungen, Verschmelzungen, Aufnahme weiterer Elemente allmählich optimieren, so daß schließlich, in uns sicher unendlich lange erscheinenden Zeiträumen, einerseits durch Vergurtung und Umhüllung formgesicherte Bakterien, andererseits extrem bewegliche Motiloide entstanden, welche in den Urozeanen verschiedene Ernährungsweisen entwickelten.

Die Bakterien nutzten organische oder anorganische Substanzen. um auf chemischem Wege Energie zu gewinnen, die zum Aufbau organischer Substanz nötig war. Manche erschlossen sogar die Knallgasreaktion für sich, wieder andere gewannen, als die Atmosphäre lichtdurchlässig geworden war, mit Hilfe von Metallionen Lichtenergie, die durch immer komplexere organische Strukturen nutzbar gemacht wurde. Teilweise bildeten sie als hochgiftiges Abfallprodukt Sauerstoff. Sie wurden zu den Vorläufern der photosysnthetischen Bakterien, die als Verursacher eines ersten großen dramatischen Umweltereignisses, teilweise schließlich aber als Symbionten pflanzlicher Zellen noch höchste Bedeutung erlangten.

Bakterien entwickelten eine ungeheure Vielfalt an verschiedenen Chemismen, womit neuerlich die Frage der Qualität angesprochen ist.

Motiloide andererseits konnten sich durch kontraktile Fasern verformen und so mit Hilfe von Membraneinstülpungen auch organische Körper, u. U. auch Bakterien erbeuten konnten.

Damit aber entwickelte das Leben auf der Erde erstmals nicht nur unterschiedliche Chemismen, sondern eine Aufspaltung in verschiedene trophische Stufen, was einen ungeheuren Schub an neuerlicher Binnendifferenzierung der Biosphäre bewirkte.

Lebewesen, auch einfach aufgebaute wie Bakterien, können aber auch aktiv in verschiedene Lebensräume eindringen und sie für sich nutzbar machen. So konnten Bakterien auch aktiv in größere Organismen eindringen und die dort vorhandenen

Angebote an Nahrung und Energie nutzen und, im günstigen Fall, auch dem sie beherbergenden Lebewesen wieder nutzbare Substanzen abgeben. Unsere Darmflora ist eine spätes Beispiel dafür, doch dürften sich Vorstufen für solch engere symbiontische Beziehungen schon früh entwickelt haben. Ein zweiter möglicher Weg zur Symbiose eröffnete sich, als Motiloide unterschiedliche Bakterien nicht mehr allein verdauten, sondern teilweise, sie als Energielieferanten verwendend, ebenfalls symbiontische Beziehungen mit ihnen eingingen. Damit war eine Differenzierung in Pflanzen- und Tierreich vorgezeichnet; diesmal eine Differenzierung auf der Ebene der sich aus den Motiloiden allmählich entwickelnden Eukaryonten, für deren Evolution von der Kritischen Evolutionstheorie überzeugende Modelle vorgelegt wurden.
Weitere Beziehungen dieser Art finden wir in späteren Entwicklungsstadien zwischen Algen und Pilzen; wir kennen sie als Flechten; zwischen höheren Pflanzen und Pilzen sowie auch zwischen Meerestieren wie Korallen oder Muscheln und eukaryontischen Algen. Diese Symbiosen sind oft äußerst komplex und vielfach verschachtelt.

Es würde den gegebenen Rahmen sprengen, wollte man nun die Evolution des Tier- und Pflanzenreichs aus der Sicht der organismischen Konstruktionslehre nachzeichnen. Fest steht, daß beide Gruppen eine ungeheure Fülle unterschiedlichster Konstruktionen entwickelten, die aber letztlich alle an die Prinzipien Energiewandel, Hydraulik, Formsicherung, Autonomie und Spontaneität gebunden sind.

Durch die Differenzierung in autotrophe pflanzliche und heterotrophe tierische Ernährung, man kann auch sagen Energiegewinnung, die schon als zweite Differenzierungsstufe an die frühere bakterielle anschließt, ergaben sich neben den schon beschriebenen Nahrungsbeziehungen und Symbiosen zahllose weitere Möglichkeiten, Energie- und damit Nahrungsbeziehungen einzugehen, die letztlich in einer sich immer mehr steigernden Zahl unterschiedlicher Konstruktionstypen und damit in einer diesen aufgesattelten und sich rasant entwickelnden Biodiversität resultierten.

Es darf dabei nicht vergessen werden, daß die Biomasse aller auf der Erde lebenden Organismen noch immer in einem nahezu erdrückenden Übergewicht von den Bakterien, also den weniger differenzierten Lebewesen gestellt wird. Auch hier existiert wie schon auf anderen Ebenen eine breite Kluft zwischen Quantität und Qualität.

Die zunehmende Auffächerung von Pflanzen und Tieren, die schließlich auch das Meer verließen und Land und Süßwasser für sich erschlossen, brachte aber eben nicht nur eine zunehmende Zahl von Arten und Konstruktionen, sondern vor allem eine Komplizierung und ständig wachsende Differenzierung von inter-organismischen Beziehungen. Diese bildeten sich innerhalb und auch zwischen den verschiedenen trophischen Stufen. Es kann bereits auf dieser ebene von netzartigen Beziehungen und damit auch von Ökologie gesprochen werden. Diese Ökologie der Organismen wurde immer komplexer.

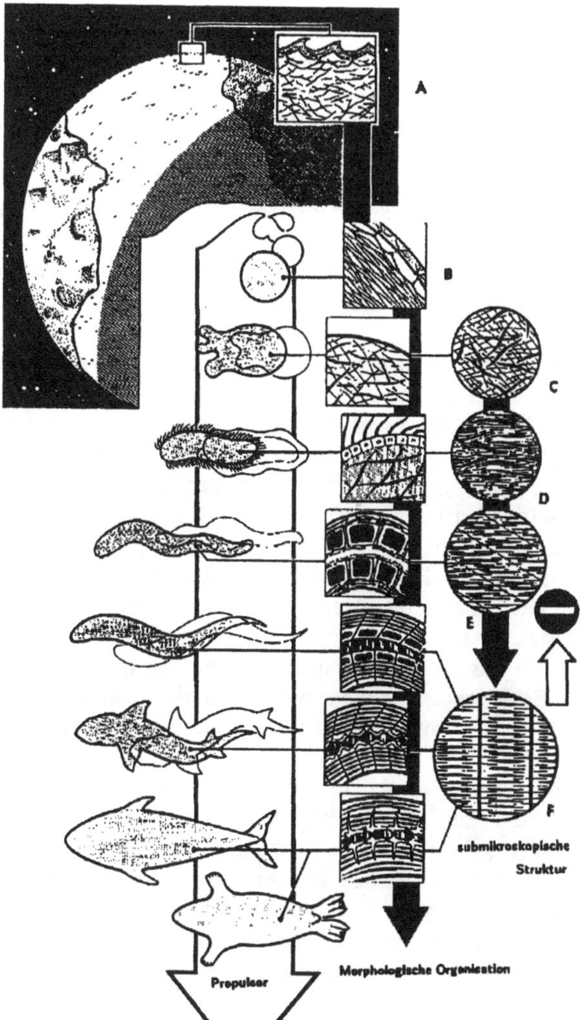

Abb. 2: Die organismische Evolution als Binnendiffenezierung der Biosphäre (nach Gutmann und Edlinger 1994b, umgezeichnet).

Womit nun der Punkt gekommen ist, bei dem an ein schon von Heraklit vor zweieinhalb Jahrtausenden diskutiertes Problem erinnert werden kann. Mit dem Satz *"Das Feuer verwandelt sich in das All und das All in Feuer wie das Gold in Münze und die Münze in Gold"* berührte der vorsokratische Philosoph Heraklit von Ephesos jene Thematik, die der Populärphilosoph L. DI CRESCENZO (1995) in die griffige Formel brachte: *"Nicht das Feuer selbst ist das Entscheidende, sondern seine Fähigkeit, sich in jedes andere Element zu verwandeln"*.

De Crescenzo bezieht sich auf den Ökonomen Antonio SERRA (1613), der schon im 17. Jahrhundert bestimmte Grundtendenzen systemischer Entwicklung herausstrich.

Er spekuliert weiter und weist, auf die volkswirtschaftliche Ebene übergehend, auf die erstaunliche, schon in der Antike bekannte Tatsache hin, daß nicht jene Gesellschaften und Wirtschaftskörper die wohlhabendsten sind, die über reiche Ressourcen verfügen, sondern jene, in denen weniges Material möglichst lange zirkuliert und auf vielfältigste, qualitativ hochstehende Weise verwertet und wiederverarbeitet wird. Also jene Sozietäten, die ein hohes Maß an Differenzierung und Spezialisierung erreicht haben und damit die Fähigkeit entwickelten, auch bei beschränkten Quantitäten qualitativ zu wachsen. Womit sich die Definition von Qualität durch den Grad von Differenzierung und Vielfalt von selbst ergibt.

Denn es stellt sich für uns die Frage, ob die höchste Differenzierungsstufe der Biosphäre, die wir an der Zahl unterschiedlicher organismischer Konstruktionen und ökologischer Beziehungen ablesen wollen, in den von der Material- und Energieversorgung eher ressourcenreichen oder den eher spärlich gesegneten Weltgegenden erreicht wurde.

Letztlich müssen wir zwar davon ausgehen, daß sich das Leben intern spezialisiert und differenziert hat, daß mit dem Auftreten von Eukaryonten eine neue Qualitätsebene erreicht wird, doch erscheinen diese Prozesse global gesehen eben nur als partielle Binnendifferenzierung der Biosphäre insgesamt.

Bakterien dominieren ja weiterhin, was die Biomasse betrifft in geradezu überwältigender Weise. Schätzungen des Anteils der Bakterien an der Biomasse der Lebewesen insgesamt ergeben ein erdrückendes Übergewicht. Sie schwanken zwischen 99 Prozent und 999 Promillen. Das heißt, daß die Eukaryonten, also Pflanzen und Tiere, den Menschen miteingeschlossen, nur einen Bruchteil der insgesamt vorhandenen Biomasse ausmachen.

Die wohl wichtigste Rolle im Energiehaushalt der Biosphäre spielen denn auch die Cyanobakterien, die in Form von Chloroplasten zu in Pflanzenzellen lebenden und diese mit Energie versorgenden Symbionten wurden. Sie sind die eigentliche Falle für Sonnenenergie, die dann in die hochgradige Ordnung der lebenden Organismen eingeht und so über zahlreiche trophische Stufen durch die Biosphäre geleitet wird.

Sie wird unter intensiver Nutzung durch die Biosphäre geleitet, was wiederum nur durch die präzise, auf Energiewandel abgestimmte Konstruktion der Lebewesen möglich ist. Diese Feinabstimmung und Präzision hat zum Teil unerwartete Konsequenzen.

Die Wirkung von Energie ist nämlich hochgradig dosisabhängig. Zuwenig oder zuviel wirken sich negativ auf die Organismen, vor allem auf ihre prinzipiell hochkomplexen inneren und äußeren Beziehungen aus. Bei Mangel leidet die Produktion organischer Substanz insgesamt, bei Überfluß muß Energie in Schutzmechanismen investiert werden oder es kommt zum Dominieren bestimmter toleranter Arten auf Kosten der Vielfalt.

Dies gilt für alle Ressourcen. So wie bei allen für Lebewesen relevanten und wichtigen Voraussetzungen ist auch bei Nährstoffen und Düngesubstanzen die Wirkung hochgradig dosisabhängig. Ebenso beim Nährstoffangebot. Was sich in geringen Dosen als lebensfördernd, ja geradezu essentiell erweisen kann, ist oft, im Übermaß angeboten, schädlich, ja sogar tödlich. Beispiele aus der menschlichen Erfahrungswelt bedürfen wohl keiner näheren Ausführung.

Nicht nur Einzelorganismen, sondern auch ganze Lebensgemeinschaften unterliegen dieser Regel. So wie viele Pflanzen und auch Tiere durch spezielle Strategien (Pflanzen etwa durch die Ausbildung von Licht- und Schattenblättern, Tiere durch besonderes verhalten) auf das Energieangebot der Sonne reagieren können, muß auch das Angebot an bestimmten Nähr- und Düngesubstanzen in oft sehr spezifischer Weise bewältigt werden. Wer dies nicht schafft, überlebt nicht.

Global gesehen strahlt von der Sonne her eine ungeheure Menge an Energie ein, die aber nur zu einem sehr geringen Anteil in gebundenen Kohlenstoff in Verbindung mit anderen chemischen Elementen und damit in Biomasse eingeht (GATES 1974). Der größte Teil strahlt ungenutzt wieder zurück. Leben, so effizient es mit der tatsächlich aufgenommenen Energie umgeht, ist also eher dadurch gekennzeichnet, daß es sich eines Überangebots erwehrt. Man denke etwa daran, daß nur ein kleiner Anteil des Sonnenspektrums tatsächlich für Photosynthese genutzt wird und daß auch die pflanzliche Biomasse durch Pflanzenfresser allgemein sehr moderat weiterverwertet wird.

Dies allerdings ist vor allem dann der Fall, wenn die Beziehungen zwischen den verschiedenen Organismengruppen und trophischen Stufen abgestimmt sind und wenn es sich dabei um hochentwickelte und komplexe Ökosysteme handelt, die eben durch diese Komplexität nur langsamem Wechsel unterliegen können, so daß Katastrophen in Form des Überhandnehmens einzelner Gruppen oder Arten, das den gesamten Kreislauf der organischen und anorganischen Materialien sowie den Energiefluß empfindlich stören kann, unterbleiben.

Die Eintönigkeit unserer geradezu in Kultursteppen umgewandelten Getreidefelder ist beispielsweise auf Überdüngung mit Stickstoff und damit auf Überversorgung mit an sich lebensotwendigen Substanzen zurückzuführen, die nur von wenigen Arten verkraftet wird. Diese schießen dann natürlich um so üppiger ins Kraut, doch kann auch diese Üppigkeit nicht darüber hinwegtäuschen, daß mit dem

Schwinden der Artenvielfalt auch die Stabilität der Lebensgemeinschaft, sofern man von einer solchen noch sprechen kann, geringer wird.

Die Auswirkungen auf die Tierwelt sind meist ebenso katastrophal wie auf die Pflanzen. Da es unter pflanzenfressenden Tieren oder jenen, deren Larvenentwicklung (als Freßstadien) auf Pflanzen abläuft zahlreiche Spezialisten mit sehr engen Spektren von Nahrungspflanzen gibt, hat deren Verschwinden automatisch auch das ihrer Nutzer zur Folge. Nicht zufällig sind zum Beispiel jene Schmetterlingsarten, deren Larven von der als Unkraut bekämpften Brennessel leben, sehr selten geworden.

Vollends problematisch kann die Überdüngung im Wasser werden. Vielfach gelangen ja Mineralsalze und Stickstoffdünger über das Grundwasser in Bäche, Flüsse und Seen. Sie bewirken dort unmittelbar einmal ein gewaltiges Algenwachstum. Dieses hat aber zur Folge, daß sehr bald oberflächennahe Pflanzenkörper den weiter unten liegenden das für die Photosynthese nötige Licht nehmen. Konsequenz der "Algenblüte" ist dann ein massenhaftes Absterben und der Abbau der toten Pflanzenkörper und Gewebe durch Bakterien, der wiederum Sauerstoff verbraucht. Dieser fehlt wiederum anderen Lebewesen, wodurch es zu weiteren Katastrophen und schließlich zu einem "biologischen Kippen" der Gewässer kommen kann.

Automatisch stellen sich dann unter den Bedingungen der Eutrophierung Artenarmut, Eintönigkeit und Verlust an Komplexität ein.

So erstaunt es nicht, wenn gerade die Überversorgung mit Dünge- und Nährsubstanzen, die "Eutrophierung" zu einem Synonym für schlechte biologische Qualität wurde.

Der hier umrissene Gegensatz von Qualität und Quantität schlägt und schlug sich auch in Daten über Biomasseproduktion durch Pflanzen, die sog. Primärproduktion nieder. Es zeigt sich, daß gerade artenarme aber stark verschmutzte bzw. eutrophierte Biotope die höchste Primärproduktion pro. Zeiteinheit und Fläche haben, andererseits aber auch die geringsten Artenzahlen. Hohe Produktionsraten sind also sehr oft um den Preis von Artenarmut und damit Komplexitätsverlust erkauft.

So gesehen relativiert sich dann auch das Faktum, daß die Biomasse auf der Erde nicht in der Gegenwart, sondern bereits in der Steinkohlenzeit (Karbon) erreicht wurde, als auch der Sauerstoffgehalt der Atmosphäre über 30 Prozent (gegenüber derzeit ca. 21 Prozent) erreichte (George 1976).

Ressourcenarmut und Vielfalt

Im Gegensatz dazu finden wir Vielfalt und Differenziertheit meist gerade dort, wo die Biomasse oft eher gering ist und Nährstoffarmut herrscht.
Diese auf den ersten Blick eigenartig anmutenden Verhältnisse lassen sich mit den oft hohen Spezialisierungen und Ansprüchen vor allem von Pflanzen erklären, für

die ein Zuviel an bestimmten Substanzen wie etwa Stickstoff bedeutet, daß sie in der Konkurrenz mit einigen in Hinsicht auf Überangebote "toleranteren" Arten unterliegen.
Begründbar wird dies durch die Tatsache, daß gerade unter solchen Bedingungen jene Mehrheit von Organismen erhöhte Lebenschancen bekommt, deren Energiehaushalt auf sparsamen und ökonomischen Umgang mit verfügbaren Ressourcen eingestellt ist. Optimierung des Energiewandels bewirkt damit eine Entfaltung der Vielfalt unter ganz besonderen Voraussetzungen:
Gerade Nährstoffarmut - die Bedingungen der Wüsten seien hier einmal ausgenommen - ist oft mit der Entfaltung der vielfältigsten, an Biodiversität reichsten Lebensgemeinschaften verbunden. Diese weisen die komplexesten ökologischen Beziehungen und auch die effizienteste Nutzung von Energie und Material auf. Damit bieten sich vier wichtige und gut untersuchte Lebensräume der Erde als Beispiele an:

1.) Der tropische Regenwald
2.) Die tropischen Savannen
3.) Die tropischen Korallenriffe
4.) Nährstoffarme heimische Biotope

Tropischer Regenwald

Die oft dramatischen Konsequenzen nach Rodungsaktionen zeigen: Der Regenwald stülpt sich quasi als weitgehend autonomer lebendiger Überzug über arme Böden. Regenwälder existieren vor allem durch ihre Fähigkeit, sowohl anorganische Salze als auch organische Substanz optimal zu nutzen und vor allem lange festzuhalten und zirkulieren zu lassen. Dies aber ist nur durch eine ungeheure Vielfalt an Nischenbildungen möglich, welche die anderer, weniger strukturierter Zonen um ein Vielfaches übertrifft.
In diesem Zusammenhang sei aber im Anschluß an den Ökologen Josef REICHHOLF (1993) betont, daß eine hohe Artenzahl allein noch keine gesteigerte Vielfalt von Lebensformen bedeutet. Durch die parallel zu einer hohen Artenzahl auftretende Vielzahl an trophischen Stufen ist aber gerade in den Regenwäldern für komplexe Energie- und Stoffzyklen gesorgt, so daß sich der Regenwald tatsächlich wir eine Haut aus lebender Substanz über einem gar nicht so ergiebigen Bodensubstrat erweist.

Savannen

Ähnlich auffallend sind die trophischen Beziehungen der Savannenlandschaften, wo durch die Herbivoren zwar ein ständiger Abbau organischer Körper erfolgt, durch eben diesen Prozeß aber die bei konstantem Angebot an Ressourcen Produktivität ungeheuer gesteigert wird.

Ablösen von auf unterschiedliche Nahrungspflanzen eingestellten Huftieren sowie die sich auf ihnen aufsattelnde Kette von Fleischfressern ermöglichen ein ständiges Nachwachsen von verschiedensten Savannenpflanzen, v. a. Gräsern, und einen gesteigerten Energieumsatz bei letztlich gleichbleibender Endbilanz. Andererseits wird durch das Aufsatteln von weiteren Konsumenten auf die trophische Stufe der Herbivoren weitgehend verhindert, daß die Pflanzendecke zu exzessiv beansprucht wird.

Korallenriffe

Ein drittes Beispiel für eine von reichen Ressourcen und damit Quantität weitgehend unabhängige Entwicklung stellen die tropischen Korallenriffe dar. Sie entwickeln ihre ungeheure Vielfalt gerade in Meeren, in denen die Farbe Blau als sog. Wüstenfarbe des Meeres vorherrscht. Das Angebot an Nährstoffen liegt, bedingt durch geringe Umwälzung, ungefähr bei 0,5 bis 1 Prozent von dem, das in kalten Meeren herrscht.

In den kalten Meeren entwickelt sich zwar eine ungeheure Masse an lebender Substanz, sie sind aber relativ artenarm und beherbergen eher große, aber doch meist einförmige Bestände an jeweils vorherrschenden Tangen sowie an planktonischen Algen, denen dann eine Kette von tierischen Planktonten aufgesattelt sind, welche ihrerseits die Nahrungsgrundlage höherer trophischer Stufen darstellen. Insgesamt aber ist die Vielfalt des Lebens in den zugegeben sehr produktiven kalten Meeren gering.

Anders die tropischen Meere. Dort etablierten sich an zahlreichen Stellen, die durch Oberflächennähe der Meeresböden, durch Lichtangebot und relativ hohe Wassertemperaturen die geeigneten Voraussetzungen dafür boten, die wohl eindrucksvollsten Beispiele biologischer Vielfalt und damit auch qualitativer Weiterentwicklung der Biosphäre neben den tropischen Regenwäldern. Die freilebenden Pflanzen als Primärproduzenten sind überhaupt mengenmäßig stark eingeschränkt. Dieses Problem wurde aber durch symbiontische Beziehungen von Korallenpolypen mit Zooxanthellen raffiniert umgangen, so daß auch die „Wüstenfarbe“ Blau keineswegs Armut an Vielfalt und damit an Qualität signalisiert. Die Versorgung der Endosymbionten mit Mineralsalzen und anderen Spurenelementen übernehmen die Korallenpolypen, die mit ihren Tentakeln (Fangarmen), welche sie in das Wasser strecken und hängen lassen, das spärlich vorhandene Plankton ausfiltern und über ihre Verdauung an die in ihrem Inneren lebenden Algen weitergeben. Damit sind Recycling und eine komplexe Material- und Energienutzung sichergestellt.

Anthropogene Lebensräume

Nicht zuletzt der Blick auf heimische, meist vom Menschen künstlich geschaffene oftmals wenig geschätzte Lebensräume bestätigt diese These. So zeigt sich, daß gerade nährstoffarme Wiesen und andere Lebensräume wesentlich mehr Pflanzen- und in ihrem Gefolge auch Tierarten beherbergen als die eutrophierten Kultursteppen, die unsere moderne Landwirtschaft hervorbrachte. Ähnliche Phänomene zeigen aufgelassene Schottergruben, Abraumhalden mit ihrer charakteristischen Ruderalflora und der ihr aufgesattelten Fauna, und letztlich auch die Großstädte, die, wohl entgegen den Intentionen ihrer Schöpfer, heute zum Beispiel trotz gravierender Umweltprobleme wesentlich mehr Wildpflanzen aufweisen können als ihr Umland und mehr Brutvogelarten beherbergen als vor hundert Jahren.

Dazu muß allerdings bemerkt werden, daß es sich bei den zum Vergleich herangezogenen Lebensräumen auch vor hundert Jahren um Kulturlandschaft handelte, daß also jeweils vom Menschen geschaffenen und gestaltete Verhältnisse untersucht wurden.

Ökologie und Ökonomie

Wir kommen damit zu dem eingangs zitierten Heraklit zurück. Wie die angeführten Beispiele von Lebensräumen zeigten, ist die Analogie zur menschlichen Ökonomie unübersehbar. Es können tatsächlich, wenn auch nur vorsichtig, Vergleiche zwischen ökologischen Systemen und ökonomischen Prozessen gezogen werden. Diese können mit zwei aufeinander bezogenen Gegensatzpaaren umrissen werden: Einfacheit und Differenzierung, Überangebot und ökonomische Nutzung.

Der Blick in die Natur oder in naturnahe Lebensräume zeigt uns deutlich, daß Überangebote an bestimmten Ressourcen mit dem Überhandnehmen weniger meist eher verschwenderischer Nutzungsformen einhergehen. In Lebensgemeinschaften bedeutet dies Abnahme der Artenvielfalt und weniger Komplexität. Damit geht aber eine Anfällgkeit für Störungen einher, die letztlich zur Instabilität ganzer Ökosysteme führt.

Fazit

Die aufgezählten Fakten über die Struktur der Organismen, die ökologischen Beziehungen unserer Biosphäre und die Rekonstruktion der Stammesgeschichte der Lebewesen zeigt uns, daß Organismen Teile eines faszinierenden Prozesses sind, der sich über alle Ebenen von der molekularen bis zur gesellschaftlichen Stufe zieht und in einer fortlaufenden Entwicklung von Materialdurchlauf und Energiewandel besteht. Dieser ist immer zwangsgeführt und auf effizienten, sparsamen Gebrauch ausgerichtet. Leben bedarf andererseits des Schutzes vor allem auch die effiziente Bewältigung von partiellen Überangeboten, die auf allen Ebenen große zerstörerische Potenz entwickeln können.

Durch Interaktion von Organismen verschiedenster Konstruktionen kommt es zu immer neuen, komplexen Beziehungen, die auch verschiedenste Energie- und Materialflüsse, ja vorübergehend auch Kreisläufe ermöglicht.

Leben ist prinzipiell auf Komplexität ausgerichtet und bezieht von dieser seine Stabilität und Qualität. Sie besser zu verstehen ermöglicht uns eine um wesentliche Punkte erweiterte systemische Betrachtungsweise, zu der uns L. v. BERTALANFFY zwar den Weg wies, die „natürliche" Systeme aber nicht als Akkumulation von Komponenten, sondern als Konsequenz von Binnendifferenzierung auf verschiedensten Ebenen auffaßt.

Literatur

AN DER HEIDEN, U., G. ROTH & H. SCHWEGLER: Die Organisation der Organismen: Selbstherstellung und Selbsterhaltung. Funct. Biol. Med. 5. 1985, S. 330-346.

BEREITER-HAHN, J.: Cytomechanics and Biochemistry. In:SCHMIDT-KITTLER, N. AND K. VOGEL (Eds.): Constructional Morphology and Evolution. - Springer Berlin-Heidelberg 1991.

BERTALANFFY, L. v.: General system theory, foundations, development, applications. - Braziller, New York, 1968.

BERTALANFFY, L. v.: Theoretische Biologie l, ll. – Gebr. Bornträger, Berlin, 1932.

BERTALANFFY, L. v., Beier W. u. L. Laue: Biophysik des Fließgleichgewichts. - Vieweg, Braunschweig, 1977.

BERTALANFFY, L. v.: Das biologische Weltbild. - Böhlau Wien, 1990. Nachruck der Erstauflage von 1949.

DE CRESCENZO, L.: Alles fließt, sagt Heraklit. - Knaus Berlin, 1995

DYSON, R. D.: Cell Biology: A Molecular Approach. Allyn & Bacon, Boston/London 1978.

EDLINGER, K.: The Mechanical Constraints in Molluscs Constructions - the Function of the Shell, the Musculature, and the Connective tissue. - In: SCHMIDT-KITTLER, N. AND K. VOGEL (Eds.): Constructional Morphology and Evolution. - Springer Berlin-Heidelberg, 1991, S. 359-374.

EDLINGER, K.: Die "unsichtbare Morphologie - Energiefluß und Konstruktion. - In.: GUTMANN, W. F. (Hrgb.): Die Konstruktion der Organismen l. Kohärenz, Energie uns simultane Kausalität. - Aufs. u. Reden Senckenb. Naturf. Ges. 38, Frankfurt/M. 1992, S. 27-49.

EDLINGER, K.: Das Spiel der Moleküle Reicht das Organismusverständnis des molekularbiologischen Reduktionismus? Natur u. Museum 124/6, 1994a, S. 199-206.

EDLINGER, K.: Morphologische Determinanten bei der Bildung von Nervensystemen. Biol. Zentral blatt 113, 1994b, S. 137-144.

EDLINGER, K.: Organismen: Genarrangements oder Konstruktionen? Eine Replik auf E. MAYR und die Synthetische Theorie. Biol. Zentralblatt 114, 1995, S. 160-169.

EDLINGER, K. , W. F. GUTMANN und M. WEINGARTEN: Evolution ohne Anpassung. Aufs. u. Reden Senck. Naturf. Ges. 37, 1991, S. Frankfurt/M.

EIGEN, M.: Self-Organization of Matter and the Evolution of Biological Macromolecules. Naturwiss. 58, 1971, S. 456-522.

EIGEN, M.:Stufen zum Leben. Piper, München, 1989.

EIGEN M., W. GARDINER, P. SCHUSTER & R. WINKLER-OSWATITSCH: Ursprung der genetischen Information. In: Evolution Die Entwicklung von den ersten Lebensspuren bis zum Menschen/mit e. Einf. von E. Mayr. 3. Aufl. Heidelberg: Spektrum, 1983, S. 61-81.

EIGEN, M. & P. SCHUSTER The hypercycle. Naturwiss. 64, 1977, S. 541-565; 65;1978, S. 7-41; S. 341-369.

EIGEN, M. u. R. WINKLER- OSWATITSCH: Das Spiel Naturgesetze steuern den Zufall. München-Zürich: Piper 1976.

EIGEN, M.: Stufen zum Leben. Die frühe Evolution im Visier der Molekularbiologie. München/Zürich, Piper.,1987.

GATES, D. M.: Der Energiefluß in der Biosphäre. - Mannheimer Forum 74/75. Piper München, 1974.

GUTMANN, W. F.: Die Evolution hydraulischer Konstruktionen. Organismische Wandlung statt altdarwinistscher Anpassung. - W. Kramer, Frankfurt/M 1988.

GUTMANN, W. F.: Warum kann sich die Morphologie nicht gegen die molekularbiologischen Dogmen wehren?. Natur u. Museum 122 (6), 1992, S. 169-179.

GUTMANN, W. F. UND K. EDLINGER: Die Biosphäre als Megamaschine. Ökologische und paläoökologische Perspektiven des Konstruktionsverständnisses der Organismen. 1 - Natur u. Museum 121(10), 1991a, S. 302-311.

GUTMANN, W. F. UND K. EDLINGER: Die Biosphäre als Megamaschine. Ökologische und paläoökologische Perspektiven des Konstruktionsverständnisses der Organismen. 11 - Natur u. Museum 121(12), 1991b, S. 401-410.

GUTMANN, W. F. UND K. EDLINGER: Organismus und Evolution: Naturphilosophische Grundlagen des Prozeßverständnisses. - In.: BIEN, G., T. GIL UND J. WILKE (Hrgb.): "Natur" im Umbruch. - Problemata, frommann-holzboog, Stuttgart-Bad Cannstadt 1994a.

GUTMANN, W. F. UND K. EDLINGER: Organismus und Evolution: Naturphilosophische Grundlagen des Prozeßverständnisses. - In.: BIEN, G., T. GIL UND J. WILKE (Hrgb.): "Natur" im Umbruch. - problemata, frommann-holzboog, Stuttgart-Bad Cannstadt 1994b.

GEORGE, U.: In den Wüsten dieser Erde. Faszinierende Entdeckungen eines Naturorschers. – Hoffmann und Campe, Hamburg 1976.

HAKEN, H.: Synergetik und die Einheit der Wissenschaft.- In: Saltzer, W.: Zur Einheit der Naturwissenschaften in Geschichte und Gegenwart. Darmstadt: Wiss. Buchges. 1990, S. 61-78.

GUTMANN, W. F. UND K. BONIK: Kritische Evolutionstheorie. Ein Beitrag zur Überwindung altdarwinistischer Dogmen. - Gerstenberg, Hildesheim 1981.

HAKEN, H. & A. WUNDERLIN: Synergetik: Prozesse der Selbstorganisation in der belebten und unbelebten Natur.- In: DRESS, A., H. HENDRICHS & G. KÜPPERS (Hgb.). Selbstorganisation. Die Entstehung von Ordnung in Natur und Gesellschaft. München-Zürich: Piper, 1986, S. 81-101.

JANTSCH, E.: Die Selbstorganisation des Universums. Vom Urknall zum menschlichen Geist. - DTV München, 1983.

KRIZ, J.: Systemtheorie. Eine Einführung für Psychotherapeuten, Psychologen und Mediziner. - Facultas, Wien, 1997.

LOVELOCK, J.: Das Gaia-Prinzip. Artemis-Winkler, Zürich-München, 1991.

LOVELOCK, J.: Gaia - Die Erde ist ein Lebewesen. - Scherz, Bern-München-Wien, 1992.

MARGULIS, L.: (1981): Symbiosis in Cell Evolution. - Freeman, San Francisco. Margulis: Early Life. - Science Books Intern., Boston, 1982.

MARGULIS, L.: The symbiotic planet. A new look at evolution. - Weidenfeld & Nicolson, London, 1998.

MATURANA, H.: Erkennen Die Organisation und Verkörperung von Wirklichkeit. Braunschweig-Wiesbaden, Viehweg, 1985.

MATURANA, H. & F. VARELA: Der Baum der Erkenntnis. - Scherz, Bern-München-Wien, 1987.

OSCHE, G. : Rekapitulationsentwicklung und ihre Bedeutung für die Phylogenetik - Wann gilt die „Biogenetische Grundregel"? - Verh. Naturwiss. Ver. Hamburg NF) 25, 1982, S. 5-31.

PRIGOGINE, I. & I. Stengers: Dialog mit der Natur. Neue Wege naturwissenschaftlichen Denkens. - Piper,München 1981.

REICHHOLF : Der Schöpferische Impuls, DVA, München, 1992.

REICHHOLF, J. Das Gleichgewicht in der Natur - eine Fiktion? - Kosmos 11, 1993, S. 54-56.

ROUX, W.: Der Kampf der Theile im Organismus. Beitrag zur Vervollständigung der mechanischen Zweckmässigkeitslehre. - W. Engelmann, Leipzig, 1894.

ROUX, W.: Einleitung zum Archiv für Entwicklungsmechanik der Organismen. - Arch. für Entwicklungsmech. Org.1, 1894, S. 1-42.

SATOURIS, E.: Gaia - Vergangenheit und Zukunft der Erde. - Insel, Frankfurt-Leipzig, 1993.

SERRA, A.: Breve trattato delle cause che possono far abbondare li regni di oro e d'argento. Neapel, 1613.

UEXKÜL,J.vUmwelt- und Innenwelt der Tiere. - Springer,Berlin, 1921.

UEXKÜLL, J. v. Theoretische Biologie. - Springer,Berlin, 1928.

UEXKÜLL, J. v.: Der Funktionskreis. - In: Kompositionslehre der Natur. Ullstein/Frankfurt/M., 1980, S. 226-290.

WEINGARTEN, M.: Organismuslehre und Evolutionstheorie. Historische und systematische Rekonstruktionen. – Inauguraldissertation, Philips-Universität Marburg/L., 1988.

WHITEHEAD, A. N.: Science and modern world. - Mentor, New York, 1956.

WHITEHEAD, A. N.: Concept of Nature. - Univ. Press, Cambridge, 1964.

WHITEHEAD, A. N.: Prozeß und Realität. - Suhrkamp, Frankfurt/M, 1984.

VOM GEFÄHRLICHEN FEHLEN DER SYSTEMTHEORIE IN DER MEDIZIN.

Peter Gathmann

Die Systemtheorie ist ein anerkanntes Denk- und Handlungsmodell mit probaten Antworten auf die in Einzelansätzen nicht beantwortbaren Fragen im Umgang mit zusammenhängenden Gruppen von interagierenden Einheiten. Sind diese zum Beispiel die Mitglieder einer Familie, so eröffnet die systemische Familientherapie Wege und Lösungen, die durch die Summe der einzelnen Behandlungen dieser Angehörigen nicht zu erzielen sind.

Systemische Familientherapie ist am 'Psychomarkt' ein Terminus technicus, für eine Techné, wie die Griechen sagten, einem Bündel an Handlungsanweisungen zur Lösung eines Problems. Sie ist in Zeiten des Psychobooms ein Club, genauso wie die Adlerianer, Freudianer, Jungianer, Transaktionalisten, Gestaltisten, Hippotherapeuten usw.

Nun ist das Wesen eines Clubs der Portier, der darüber wacht, daß nicht ein Clubfremder kritisches oder gar abfälliges über den Club sagt oder sonstwie stört. Nun gehöre ich zwar nicht dem Therapie-Club an, bin aber ein Kenner und Fan, da ich einerseits weiß, wie dieser Club funktioniert, andererseits überzeugt bin, daß kein moderner Wissenschafter ohne systemisches Denken auskommen kann. Der systemische Familientherapeuten-Portier also ließe mich aber trotz dieses Fan-Seins nicht eintreten, auch nicht zu jenen Aufräumarbeiten (wie Thomas Kuhn 1973 bemerkt), welche die Laufbahn der meisten Wissenschaftler das ganze Leben beschäftigen.

Gerne bereit allerdings bin ich, Sie gastlich in einem anderen Club willkommen zu heißen. Nämlich, und nach fast 30-jährigem psychotherapeutischen Hineingeworfen-Seins in den größten aller Clubs, den der Schmerzenden, Einsamen und Angstvollen, dem einzigen Club, wo Du nicht beim Hineinkommen zahlst, sondern, um hinauszukommen. Die dazu notwendigen heilenden Interaktionsmuster und Bewältigungsstrategien sollten hier unter der Logik der Systemtheorie dargestellt werden.

Die sich ergebenden praxisrelevante Überlegungen, die vielleicht an unser krankes System Medizin anwendbar wären, sind mir, nach langer theoretischer und praktischer Beschäftigung mit diesen Ansätzen ein besonderes medizinisches Anliegen.

Der sich professionalisierende psychotherapeutische Helfer erfährt folgende Stationen in seiner professionellen Sozialisation: Er geht den Weg von der eigenen Verwundung zur psychotherapeutischen Couch, von der Couch zurück zur eigenen Verwundung, dann zum sogenannten 'Normalen Erwachsensein'; von da zur Verwundung seines Patienten.

Station 1: Ganz am Anfang, im Bauch der Mutter, wo Fragen und Antworten sich erübrigen, das Paradies, das Dunkle, die große Einheit, wo wir herkommen, wo wir hinwollen - die Zeit der Nacht und der Träume - Aurea Aetas, das goldene Zeitalter.

Station 2: Nach der paradiesischen Erkenntnis im Geburtsakt die Vertreibung in die rauhe Wirklichkeit. Unser tägliches Erleben, vielleicht beim Aufwachen, nach dem Träumen, wiederholt dieses Übergangsgeschehen.

Station 3: Nach der nachgeburtlichen Symbiose noch eine Weile der idealen Einheit mit der Mutter. Danach beginnt die Wahrnehmung eines Du` s, eines Anderen, eines Getrennt-Seins - und damit die Möglichkeit oder gar der Beginn der Verwundung. (Diese Mutter-Kind-Stationen werden übrigens in der Therapie reinszeniert).

Entwicklungspsychologisch folgt nun die Triade - Eintritt des Vaters in die Zweierbeziehung Mutter - Kind. Nach dieser Triade die vorschulische und schulische Sozialisation, häufig kombiniert mit einer Wiederholung der ersten biographischen Verwundung. Schließlich, bei vielen medizinischen Helfern der Beginn der professionellen Identitätsbildung: Psychologie, Medizin, Psychotherapie als probate Mittel vielleicht die Verwundung doch in den Griff zu bekommen. Arzt, hilf dir selber! Und nach der Ausbildung der Weg zu einer Zwei-Personen-Medizin: Hie Leidender, Hie Helfer. Und hier auch der Beginn jener Sackgasse in der Medizin, aus der wir meines Erachtens nach ohne systemtheoretischer Kompetenz nicht herauskommen.

Nun ein Einblick in meinen beruflichen Wirklichkeitsausschnitt und in meine handelnde Erfahrung, aus der heraus ich diese Äußerungen nun mache. Ich verstehe die Handlung als ein Umgang mit der Welt. Als ein Sammeln von Daten und Generieren von Erkenntnis.

Mein Patient - wer ist er? Warum kommt er gerade zu mir? Der psychosomatische Patient, der zu mir kommt, ist ein behandlungsaufwendiger Patient. Meine Realität ist also geprägt von Patienten, die der Gemeinschaft teuer kommen wegen der Leistungen, die dieser Patient konsumiert. Also von der Konsultation beim Praktiker über Operationen und Frühinvalidität bis zum verfrühten Tod. Es ist ein Patient, der diese Dienstleistungen in einer Fülle von Vorkontakten gleichsam in einem Delegierungskreislauf konsumiert. Dieser Delegierungskreislauf kommt aus diagnostisch-therapeutischen Schwierigkeiten zustande, die unter anderem damit zusammenhängen, daß die medizinischen Helfer nicht systemisch denken und handeln können.

Dabei stellt sich eine Kardinalfrage: Welche Art von Therapie, verabreicht durch welchen Therapeuten, unter welchen spezifischen Bedingungen, hat welche Wirkungen, auf welche Patienten, mit welchen spezifischen Problemen und wodurch. Und wenn also systemische Familientherapie eingesetzt werden soll, bei welchen Erkrankungen? Bei welchen Patienten nicht? Welche kranken Systeme sollen von welchen gesunden Gegensystemen beeinflußt werden? Diese Fragen dürfen in der Analyse der Wirksamkeit von Therapien nicht verstummen, und meist hat der systemtheoretische Ansatz dazu einen Beitrag zu leisten.

Nun zum therapeutischen Setting, der Möglichkeiten und Grenzen der pychosomatische Ambulanz und Station hier im AKH, diesem Ship of Fools, einer modernen Arche Noah komplexester interagierender, undurchsichtigster Systeme.. Wie kommt unser Patient zur psychosomatischen Therapie? Die Patienten kommen zu uns, sehr häufig, weil sie etwas von uns gehört haben, und meistens nicht von ihrem Arzt. Und bis sie, nach oben erwähnten Delegierungskreislauf, zu uns kommen, seien mir einige Bemerkungen zur Interaktion Helfer und Patient erlaubt:

a) Zum Patienten:

1. Er weiß nicht, was ihn krank macht, daher
2. kann er nicht sagen, was er braucht. Es ist klar:
3. er bekommt nicht, was er braucht, um gesund zu werden.

b) Zum Helfer:

1. Er glaubt zu wissen, was den Kranken krank macht.
2. Er meint, dem Patienten klar zu sagen, was dieser braucht.
3. Er gibt es ihm, nur nützt es dem Patienten nichts, dieser kann es nicht gebrauchen.

Es muß davon ausgegangen werden, daß der Patient das Erlebnis seiner Verwundung reinszeniert.

Ist eben genannte tragische Reinszenierung nützlich? Dazu einige Hypothesen:
Hypothese 1: Der Patient kann erfahren, was ihn krank macht.
Hypothese 2: Der Helfer kann es vom Patienten erfahren, sofern er, der Helfer, im Winnicot'schen Sinne 'A Good Enough Mother' - eine ausreichend gute Mutter ist, also zuhört, versteht und reagiert. Ein gutes Teil unserer Sozialisierung als Helfer steht, bedauerlicherweise, dem im Wege!
Denn die Medizin hatte vor etwa 100 Jahren beschlossen, Naturwissenschaft zu werden! Danach hatte sie 200 Jahre des cartesianischen Dualismus und dessen Metaphysik hinter sich. Es überwogen Mediziner, wie Galen, Morgani und Virchow – (von dem der Ausspruch stammt: 'Habe-schon-viele-Leichen-seziert, ohne-je-eine-Seele anzutreffen!') die Erklärung für Krankheitssymptome in anatomischen Strukturen von Leichen suchten. Nennen wir also diese Mediziner einmal der Einfachheit halber Strukturalisten. Im Gefolge davon entstand das Paradigma der Maschine als Erklärung für Lebensvorgänge. Deren Reparateure: die Iatromechaniker. Die Konsequenzen des Maschinenparadigmas prägen den Körperbegriff der sogenannten modernen Medizin, der an zwei entscheidenden Punkten versagt:

1. Er reicht nicht aus, um Körpervorgänge als spezifische Lebensphänomene zu beschreiben.
2. Er kann nicht psychische und soziale Faktoren mit Körpervorgängen in Verbindung bringen.

So besteht in kafkaesker Absurdität heute eine Aufspaltung der Medizin in einerseits Ärzte und Kliniken für Körper ohne Seelen, und Therapeuten für Seelen ohne Körper.

Einstein weist zu Recht darauf hin, daß unsere Theorien darüber bestimmen, was wir sehen. Was die ärztliche Sozialisation betrifft, haben wir Mediziner folgsam die Systeme unserer uns prägenden Ausbildung verinnerlicht. In etwa also: Wir haben die Sprachen der Physik geschluckt und bei Chemie erbrochen. Die Vokale der Chemie bei der Histologie ausgespieen. Die Fremdwörter der Histologie beim Sezieren vergessen und in der Pathologie endlich die ganzen Organe kennengelernt. Dabei dient jedes System als Subsystem für das nächst höhere, also z. B. Physik für die Chemie, Histologie für Pathologie, diese für Physiologie, etc. Und hier, in dieser Systemreihe, erklärt die Systemtheorie, wie die Bertalanffy'schen Subsysteme zu neuen Übersystemen integriert werden, so daß ein Ganzes mehr ist als die Summe der Teile - also der Elemente oder Subsysteme. Ich bin mir mehr und mehr sicher, daß der durchschnittliche Mediziner die Tatsache, daß die neuen Systeme Eigenschaften besitzen, die die Subsysteme nicht haben, nicht begriffen hat. Wir sprechen hier von emergenten Eigenschaften, wie sie Popper und Medawar beschreiben. Die Sprachen der verschiedenen Wissenschaften, von der Physik aufsteigend bis zur Soziologie, lassen sich nicht ohne weiteres ineinander übersetzen.

Ich sprach vordem davon, daß die Strukturalisten seit dem 17. Jhdt. fest im medizinischen Denken und Handeln installiert sind und es bedauerlicherweise auch bleiben. Und hier beginnt das Nichtbegreifen fatale Folgen zu haben, und hier sind mit Wittgenstein die Grenzen einer Sprache, die Grenzen einer Welt. Wir Mediziner sind gefangen, sprachlos, unfähig, *von der Struktur zur Funktion* überzugehen. Machtlos, unsere digitalen und teilhaften Strukturen zugunsten der Integration und Emergenz in neue Systeme zu verlassen. Unsere Unreflektiertheit reicht so weit, daß wir nicht einmal wissen, daß wir am CGS – Zentimeter Gramm Sekunden - System kleben. Daß dies sehr zum Nachteil heilender Interaktionen oder Interaktionsmuster oder Bewältigungsmuster geschieht, soll erklärt werden.

Mit der Strukturalität eng verbunden sind lineare Kausaltätsmodelle, denen sich auch Freud, der große Psycho-Archäologe nicht entziehen konnte.

Freuds Analyse beinhaltet ein Suchen, ausgehend von einem Symptom durch biographische Schichten bis zu einer Causa prima, einer Erstursache der biographischen Verwundung, entsprechend dem wissenschaftlichen Modell des 19. Jhdts. Und noch heute ist die Medizin des 20. Jhdts. eine Naturwissenschaft des 19. Jhdts. geblieben. Unfähig die Notwendigkeit zu erkennen, daß zur Beschreibung selbst einfachster biologischer Vorgänge, lineare Modelle nicht ausreichen, sondern durch kreisförmige - oder zyklische, also Regelkreismodelle, ersetzt werden müssen. Und bei diesen hat es zu einer Berücksichtigung der Zeitachse zu kommen und dadurch zu einer Entwicklung zu spiraligen Modellen. Die Anwendung eines Regelkreismodells, z.B. auf einen banalen Ehestreit bezogen: 'Ich keife, weil Du so spät kommst!' - 'Ich komme zu spät, weil Du keifst!' - undurchbrechbar? Im systemischen Ansatz verläßt der Therapeut die je eigene Logik eines Ehepartners, in Richtung des Zweiersystems - und löst damit diesen sonst nicht auflösbaren Streit.

Als Basis der dualen therapeutischen Reinszenierung des neurotischen Traumas, hat das Minisystem der frühen Mutter-Kind-Beziehung zu gelten. Die frühe Mutter-Kind-Beziehung kann, oder vielleicht muß als frühes, prägendes Kommunikationssystem im Sinne eines kybernetischen sprachbildenden Regelkreises verstanden werden.

Die Bedürfnisse des Kindes, werden an die Mutter signalisiert; Mutter und Kind als System sind wiederum System eines größeren Systems, das sie auch beeinflußt, z.B. die Beziehung der Eltern der Mutter, der Beziehungspartner und seine Ursprungsfamilie, usw. und davon ist z.B. abhängig, wie die Mutter auf das bedürftige Kind reagiert.

Bei der 'Problemlösung Hunger' erlebt der Säugling seine Umgebung als Problemsituation, die nach angeborenen Programmen gedeutet und mit motorischer Unruhe beantwortet wird. Die Problemsituation des Säuglings kann nur durch die Mutter gelöst werden, die ihrerseits den unruhigen Säugling als ihre Problemsituation, ihre Umwelt erlebt und diese mit Trösten, Liebkosen, Wiegen, Stillen beantwortet. Mit diesem Verhalten löst sie gleichzeitig mit ihren eigenen Problemen die Probleme des Säuglings.

Diese Verhaltensweisen laufen zum Teil nach angeborenen, z.T. nach erlernten Programmen ab. Allerdings wo angeboren, da abgesichert, wo erlernt, da störanfällig.

Leicht kann ein frustrierender Verlauf durch eine nicht ausreichende Reaktion auf massive Signalisierung des Kindes zustande kommen. Dies kann, systemisch gesehen, z. B. durch den irritierenden Einfluß eines Partners geschehen. Darauf reagiert die Mutter mit einer zögernden oder fehlenden Antwort. Eine andere Reaktionsvariante besteht darin, daß zögernde Signale des Kindes in mütterlicher Übervorsorglichkeit 'überbeantwortet' werden. Hier penetriert gleichsam die Mutter das kindliche System. Mit Konsequenzen. Denn der sprech/sprachlose Säugling ist ja nicht kommunikationsunfähig. Er schreit, krampft, kotet oder näßt ein. Aber: liest die Mutter die Körpersprache, den Organjargon ihres Kindes richtig? Und wenn es um die Existenz geht, schalten sich jene Cannonschen Kampf- und Fluchtmechanismen (Flight- or Fightpatterns), vegetative Überlebensautomatismen ein, die, falls die Frustration eine länger dauernde ist, sich 'einüben' und den Beginn der psychosomatischen Erkrankung setzen.

Asthma als 'Cry For Help' , das Symptom als Mitteilung - aber für wen? Ist der Arzt fähig, eine korrektive, heilende Interaktion mit seinem Patienten einzugehen? Und ist er dazu Willens? Ist er bereit, eine Beziehung einzugehen? Wo uns doch im Laufe unseres Medizinstudiums dies ganz ordentlich ausgetrieben wird? Ist er bereit, die leidenschaftslose 'objektive Rolle' des das Objekt Patient Betrachtenden (Ich weiß, 'was Du brauchst') zu verlassen?

Womit wir wieder am Anfang angelangt sind, und zwar bei den Bemerkungen zu der Interaktion zwischen Helfer und Patient. Es gibt freilich in dieser häufig defizitär verlaufenden Reinszenierung einer einstmals ebenso – defizitär verlaufenden Kommunikation zwei oder drei weitere Erklärungsversuche, die alle dazu dienen sollen, aus einer frustrierenden Sprachlosigkeit herauszukommen.

Einer Sprachlosigkeit in der überhaupt keine Übereinstimmung in der Vorstellung welche Bedingungen dieser hier anzugehenden Erkrankung zugrunde liegen, keine Übereinstimmung in Verständnis 'Das macht mich krank!' besteht. Diese dritte Dimension, der noetischen, wie Frankl sie nannte, ist die des Sinnes. Und häufig stellen sich, besonders bei schwer behindernen oder lebensbedrohlichen Erkrankungen die Sinnfragen unserer conditio humana, das Woher- Wohin- Wozu, ein.

Zunächst einmal die 'deformation professionelle' , die berufliche Verformung - auch in dem, was wir wahrnehmen, was wir wahrnehmen wollen. Welche sind die Dimensionen unseres Sehens, unseres Erkennens? Ist es die somatische Dimension - 'Ärzte-als-Somatiker' ? Ist es die psychische, 'Vielleicht-Psychotherapeuten-als-Psychiker` ? Oder gar die 'Transzendental-Geistige' ? Die aus der somato-psychischen Ebene des psychosomatischen Phänomens und der interdisziplinären Kooperation, erst einen Raum macht! In der Medizin also erfahren diese drei Aspekte, nur eine Deutung.(Strukturalistischer Ansatz: Das Symptom ist die Folge einer lädierten Struktur. Kann diese repariert werden, wird das Symptom 'schweigen').

Andere Deutung: Psychodynamiker, Symptom als Äquivalent für maternale Defizite? Oder als Logo- und Existenztherapeut vielleicht? Oder Symptom als Zeichen einer Sinnkrise? Krankheit als- vielfach apostrophiert- 'Weg'? Ist das vielleicht die Folge der unbeantwortetem Frage 'Woher - Wohin – Wozu'? Obwohl schon diese Zusammenschau simpler Zusammenhänge nur schwer gelingt, wie soll die Erfassung eines trivialen, aber ständigen Zusammenhanges aller interdependenten Faktoren gelingen? (Wie es ja bei der Frage 'Wie entsteht diese Erkrankung' erfolgen müßte).

In einem Mehrursachenmodell! Bei diesem multifaktoriellen Modell, besteht ein zyklischer Zusammenhang zwischen Psyche und Körper. (Körperliches wirkt auf die Seele, Seelisches auf den Körper) Der Patient, in diesem Zusammenhang zwischen seelischer und körperlicher Bedingtheit, wird beeinflußt durch seine Vorerfahrungen, seinen biographischen Verwundungen und durch die Versuche, diese zu überwinden; diese 'individuellen' (In-dividuum, das Unteilbare) Erfahrungen sind aber bereits, wie erwähnt, im Minisystem Mutter- Kind gemacht worden. Es dient und ist unterworfen den Einflüssen des nächsthöheren Systems: die weitergefaßte Familie: die Eltern systemisch beeinflußt von der Gesellschaft.

Dieses multifaktorielle Modell ist auch implizit ein von Systemtheorie durchzogenes. Es ist für mich selbstverständlicher Ausgangspunkt des Verständnisses eines jeden Patienten. Ich meine auch, daß diese systemische Vernetzung im Verständnis des Krankwerdens, aber selbstverständlich auch des Gesundbleibens *nicht* Basis in Diagnose und Therapie unserer Medizin ist. Was sie, nämlich die Medizin, beginnt, langsam in eine Krise zu bringen, und die Patienten aus den Heilmöglichkeiten ausschließt, die dieses systemische Verständnis und dessen Handlungskonsequenzen birgt.

GESUNDHEIT UND PATHOLOGIE - SYSTEMTHEORIE NACH W. FEIGL

Elfriede Maria Bonet

Dieser Traktat ist das Transskript des Vortrages von W. Feigl, in dem die Entwicklung und der Aufbau systemtheoretischer Ansätze in Medizin, Biologie und Naturwissenschaft seit 1984 aufgezeigt wird. Es ist der „state of the art" 1998, also jenes Jahres, in dem die gleichnamige, 12 Jahre andauernde Ringvorlesung an der Medizinischen Fakultät aus äußeren Gründen enden mußte. Die Autoren sehen in den Bemühungen der Gesellschaft für organismisch-systemische Forschung und Theorie die gleiche Zielrichtung, die von den Autoren der Vorlesung an der Medizin behandelt wurde.

Aufgrund von Defiziten, die Feigl in der Pathologie festgestellt hatte, und zwecks deren Behebung bildete sich 1984 eine erste Gruppe, mit Doz. Peter Gathmann aus der Psychiatrie, DDr. Dieter Zabransky aus der Psychosomatik, und Prof. Locker. Diese Gruppe entwickelte sich weiter zu einer Vorlesung über Grenzgebiete in der Medizin. Eine erste Auflistung und Zusammenstellung der Ergebnisse wurde im Band „Systemtheorie in der Medizin - Theoretische Grundlagen für die Ganzeitsheitsmedizin" 1997 vorgelegt, erschienen in der Schriftenreihe der Ganzheitsmedizin unter der Ägide von Prof. Stacher. In gleicher Weise wie die Vorlesung ist dieser Band wie folgt gegliedert:

Teil 1 beschäftigt sich mit den medizinischen, naturwissenschaftlichen und geisteswissenschaftliche Grundlagen.

Teil 2 ist der „angewandten Medizin" gewidmet, mit der Frage, welche Richtungen sich noch damit beschäftigen; ein Interesse, das sowohl von Hörern, Studenten, aber auch bereits niedergelassenen Ärzten geteilt wurde.
Hier waren es zuerst die Akupunkteure, die zu der Gruppe stießen, Prof. Bischko, dann sein Nachfolger, Prof. Nissel. Weiter wurden die Homöopathie, und auch die vielzitierte Bioresonanztherapie diskutiert, die Palette reichte vom Placebo bis zum Risikofaktor Standort. Denn wenn man sich mit ganzheitlicher Medizin beschäftigt, passiert es durchaus, daß man mit Randgruppen in der Medizin in Berührung kommt, zum Teil auch mit Gebieten, wie z.B. der Akupunktur, die damals, als wir begonnen haben, um die Mitte der 80er Jahre, noch kaum ein Erklärungsmodell hatte, und heute schon eine von der Krankenkasse anerkannte Behandlungsmethode ist.

Teil 3 beschäftigt sich mit jenen Themen, die bereits in diesem Symposion behandelt wurden, z.B. DDr. Dieter Zabransky, der sein Thema allerdings mittlerweile weiterentwickelt hat. Unter den Referenten waren auch Prof. Wesiack aus Innsbruck. Prof. Pelikan und Prof. Spitzy.

Damit ist die Richtung und Genese dieser Bemühungen skizziert. Allerdings soll von einem anderen Blickpunkt aus begonnen werden. Gesundheit und Leben,

Krankheit und Tod stehen einander nicht nur gegenüber, sondern ergänzen einander, so daß auch ein Pathologe zum Begriff Gesundheit etwas zu sagen hat.

Systemtheorien im Überblick.

Hier ist eine Arbeit zu erwähnen, welche die Autorin gemeinsam mit FEIGL in der Wiener Medizinischen Wochenschrift 19891 publiziert haben, und die hier kurz referiert werden soll (FEIGL und BONET 1989). Zunächst haben wir zwei Hauptgruppen unterschieden.

Zuerst die klassische biologische Systemtheorie von Ludwig v. Bertalanffy als eine Wurzel der „General system theory" und die kybernetische Systemtheorie; die zur selben Zeit, seit den 40er Jahren, entwickelt wurden und zur Entwicklung der modernen EDV geführt haben, mit Namen wie W. R Ashby, C. Shannon, Norbert Wiener usw.

Die biologische Systemtheorie hat in der Schulmedizin, soweit verfolgbar, weder in der Krankheitslehre noch in der internen Medizin, noch in der Chirurgie eine Anwendung gefunden. Einzig der Pathologe Doerr in Heidelberg hat sich ein wenig mit Bertalanffy beschäftigt. Demgegenüber hat die systemische Familientherapie relativ bald in die Medizin Eingang gefunden hat.

Eine eigene systemische Evolutionstheorie hat Rupert Riedl entwickelt (s. Artikel „Die Ordnung des Lebendigen: Systemtheorie der Evolution" in diesem Band). Auch die „transklassische Systemtheorie" von Alfred Locker hat hier ihre Wurzeln. Allerdings hat sich dieser einer „transklassische Systemtheorie", als „Metatheorie" zugewandt, die mit dem Namen Güntert verbunden ist, wobei auch eine Beziehung zu von Foerster besteht.

Jede Einteilung hat ihre Schwächen, und die vorliegende Einteilung wurde nach Fachgebieten vorgenommen. Hier sind weiter zu erwähnen: Die Synergetik von Hermann Haken und die Hyperzyklus-Theorie von Manfred Eigen sind Systemtheorien, die in den 70er Jahren dazugekommen sind.

Die Systemtheorie von Bertalanffy scheint unabhängig von den Kybernetikern entwickelt worden zu sein, ebenso jene von Maturana und Varela, die das Hauptgewicht auf die „Autopoiese" legt; woraus sich wieder, so ist zu vermuten, der „radikale Konstruktivismus" in der Biologie entwickelt hat, mit Namen wie von Foerster, Glasersfeld, etc.

Die „psychologischen Systemtheorien", wozu wir die „Gestalttheorie" zählen (s. Vortrag Zabransky), sind mit den Namen Koffka, Wertheimer, Köhler, Metzger, Lewin etc. verbunden.

Leider konnte hier keinen Vertreter der soziologischen Systemtheorie gefunden werden. Zu erwähnen ist hier Luhmann, mit seiner sehr bekannten Theorie der sozialen Systeme, Vorläufer sind z.B. Miller und Buckley.

Mit eigenen Überlegungen war Feigl 1984 von Bertalanffy ausgegangen und dann 1987 mit der Gruppe von Riedl in Kontakt gekommen.

Systemtheorie in der Pathologie.

Wozu, so könnte man fragen, braucht ein Pathologe überhaupt eine Systemtheorie? Jeder Pathologe hat bei Nennung des Namens Virchow eine Verbeugung zu machen, der zu seiner Zeit den größten Einfluß auf die Medizin hatte. In seiner Ablehnung von „Seele“ und „Psyche“ steht er am Anfang des auch heute noch gültigen Paradigmas, der Zellular-Pathologie.

Eine kurze geschichtliche Skizze soll aufzeigen, worin das Revolutionäre seiner Ideen bestand. Auch schon zu Zeiten Virchows hatte man in der Anatomie und Histologie Vorstellungen davon, wie die Organe aufgebaut sind, man kannte bereits das Nieren-Glomerulum, Schwann hatte bereits Mitte der 30er Jahre des letzten Jahrhunderts die nach ihm benannten Scheidezellen entdeckt. Die Pathologen aber waren immer noch der Überzeugung, der Körper hat vier Säfte, die gelbe und schwarze Galle, etc. Von einer Theorie der Pathologie war keine Rede.

Virchow war Schüler des genialen Physiologen Johannes Müller, der seinen Schülern die Anwendung des Mikroskops nahelegte. Virchow, damals an der Charité in Berlin, hatte dann die Idee, auch pathologische Befunde, wie etwa eine pathologische Leber, Milz, etc. unter dem Mikroskop anzuschauen. Innerhalb kurzer Zeit schrieb er dann sein Haupt- und Lebenswerk, das 1858 herauskam, die berühmte „Zellularpathologie“, mit der er alle Krankheiten, die damals existierten, neu erklärt hat. Vordem war es beispielsweise nicht möglich, zwischen einem entzündlichen Tumor und einem neoplastischen zu unterscheiden. Erst das Mikroskop zeigte, daß sich die Zellen vermehrten und ihre Gestalt änderten. Auch wußte man nicht, was sich bei der Entzündung abspielt. Virchow aber sah, daß Zellen einwandern, Leukozyten, Lymphozyten etc., die für die Entzündung maßgeblich sind, und daß es zu einer Fibrose, also einer Faserbildung, kommt. All das war bis dahin in der Theorie der Medizin nicht vorhanden.

Seit Ende des vorigen, Anfang dieses Jahrhunderts und bis heute, ist diese Theorie grundlegend für die Medizin. Das ist gut so, vor allem, wenn dadurch alte, überholte Theorien, wie z.B. die Grasenlehre, „über Bord“ geworfen werden können. Interessanterweise hat z.B. in Wien der große Pathologe Rokitansky, der hauptsächlich makroskopisch tätig war, und zunächst lieber seziert hat, noch in den 60er Jahren eine „Allgemeine Pathologie“ herausgegeben, in der er noch die Grasenlehre als Erklärung verwendete. Virchow, der zur Rezension aufgefordert wurde, hat darüber eine vernichtende Kritik geschrieben, was Rokitansky dazu veranlaßte, diesen Passus in der nächsten Auflage zu streichen.

Die „Zellularpathologie“ hat aber einige kleine Schwächen, die Virchow selbst nicht auffallen konnten. Als überzeugter Demokrat sah er in den Anordnungen der Zellen in den Organen „demokratische Zellstaaten“, in denen alle Zellen gleichberechtigt sind und in der Summe das Organ bilden. Noch in den 60er Jahren, als Feigl seine Pathologie lernte, wurde dieses summative Prinzip gelehrt. Die Theorie von Virchow war darüber hinaus so gewaltig, daß sich Weiterentwicklungen in der Medizin nicht wirklich durchgesetzt haben.

Es gibt einige Beispiele dafür, z.B. ist älteren Medizinern noch das Ricker'sche Stufengesetz geläufig. Ricker war ein sehr streitbarer Pathologe der Zwischenkriegszeit und hat versucht, eine Theorie zu entwickeln, in der es um Kooperation zwischen den Zellen geht. Das ist seine „Relationspathologie", die komplett verschwunden ist und heute nur mehr in den Geschichtsbüchern nachzulesen ist; obwohl einiges daraus für „systemisches Denken" zu lernen gewesen wäre.

In Deutschland gab es dann noch den Pathologen Letterer, der in den 50er Jahren ein phantastisches Lehrbuch geschrieben hat, in dem er versuchte, systemisches Gedankengut einzubringen. Ferner hat der Internist Eppinger, Sohn eines Leberpathologen und an der nachmaligen Klinik Deutsch beschäftigt, etwas geschaffen, was er das „Betriebssystem" der Leber nannte; eine Vorstellung, die davon ausging, daß mehrere, unterschiedliche Zellen jeweils zu einer Einheit zusammengefaßt sind. Damit kommt er dem Systemgedanken, daß nämlich in Systemen immer neue Eigenschaften entstehen, sehr nahe, und er konnte damit auch Dinge erklären, die sonst nicht erklärbar waren.

Aber er konnte sich nicht durchsetzen, genauso wenig wie der berühmte Histologe Pischinger, der allen ein Begriff ist, die sich mit „Alternativmedizin" befassen, der das sog. „Grundsystem" entworfen hat. Auch dieses ist von der „scientific community" so gut wie nicht anerkannt, es gibt nicht einmal einen englischen Ausdruck dafür, und daher existiert es nicht - es ist und bleibt eine österreichisch-deutsche Produktion, die nach wie vor im Verborgenen blüht.

Der Grund dafür ist einfach: die Mediziner hatten ja ein Lehrgebäude. Beim gutartigen Tumor z.B. vermehren sich die Zellen, wenn sie entarten, wird es ein maligner Tumor. Mehr brauchten sie nicht. Und bei einer Entzündung treten Entzündungszellen aus, kommen ins Gewebe, das führt zu einem Ödem, zu einer Schwellung, dann kommen faserbildende Zellen usw., also ein relativ mechanistisches Bild.

Damit hat man gearbeitet, als Feigl studierte, man hat damit gearbeitet, als er promovierte, als er Pathologe, diagnostischer Pathologe wurde, als er sich habilitierte, das war Mitte/Ende der 70er Jahre. Von anderen Systemen war nicht die Rede.

Anfang der 80er-Jahre, als er die Universitätsklinik bereits verlassen und ein Primariat an der Poliklinik übernommen hatte, hatte er auch mehr Zeit zum Unterricht und versuchte, den Studenten bestimmte Kapitel näherzubringen, die sie in der Hauptvorlesung oder auch in Büchern nicht verstanden.

Der Begriff der Entzündung aus systemtheoretischer Sicht.

Eines dieser Kapitel war beispielsweise die Entzündung. Mitte der 70er Jahre gab es ein sehr beliebtes Buch, herausgegeben von Prof. Holzner, in dem folgende Definition der Entzündung zu lesen war: „Entzündung ist eine Reaktion auf einen

Reiz. Wenn dieser eine bestimmte Größe erreicht, kommt es zu einer „Strukturnekrose." Dieser Satz geisterte nicht nur durch die Lehrbücher von Prof. Holzner, sondern war in irgendeiner Form auch in allen anderen drinnen.

Ein anderes Lehrbuch, der schwedische Ipals, schreibt: *„Die Definition der Entzündung ist schwierig. Einige Lehrbücher definieren sie als die Antwort des Organismus auf einen Reiz."* Das ist eine Tautologie, weil gewöhnlich etwas als Reiz definiert wird, das eine Reaktion des Organismus hervorruft. Es gibt viele Reize, die Reaktionen hervorrufen, die man nicht als Entzündungen ansehen kann, Muskelkontraktion, Angst, sexuelle Erregung, psychische Depression usw. Aber das paßt auch für banale Entzündungen nicht. Auch jemand, der nicht Medizin studiert hat, weiß das. Denkt man z.B. an den Schnupfen, der ist die Absonderung eines entzündlichen Exsudats aus der Nase. Eine Nekrose aber ist ein schwerer Zelltod, und wenn ein Schnupfen auftritt, müssen dabei Gott sei Dank keine Strukturnekrosen auftreten.

Darüber haben sich schon früher andere, wie z.B. Ricker, Gedanken gemacht. Im Lehrbuch von Büchner steht:
„So alt die Abgrenzung entzündlicher Prozesse und Herdbildungen in der Medizin ist, so schwierig wurde es im Laufe der Zeit, insbesondere für die morphologische Pathologie, eine klare Abgrenzung entzündlicher Phänomene gegenüber anderen Erscheinungen der Pathologie vorzunehmen. Einige neuere Pathologen - das Buch erschien in den 50er Jahren - wie Aschoff und Ricker neigen dazu, den Entzündungsbegriff aufzugeben."
Und zwar wollte Ricker den Entzündungsbegriff deswegen aufgeben, weil in ihm Teleologie, Zielgerichtetheit, ist. Und eine solche hat in der Naturwissenschaft, so behauptete man jedenfalls in der Zwischenkriegszeit, nichts verloren. Worauf Ricker sich bereit erklärte, auf den Entzündungsbegriff zu verzichten. Büchner hingegen schreibt, es gehe nicht an, *„einen Begriff, um den sich zweitausend Jahre lang das Denken der Medizin intensiv bewegt hat, an dem sie sich immer wieder lebhaft 'entzündet' hat, fallenzulassen."*
„Entzündung" ist - und da hat Büchner recht - ein pragmatischer Begriff, und wenn man ihn aufgibt, dann fehlt ein Drittel des diagnostischen Repertoires. Man wüßte gar nicht, wie man als Mediziner weiterarbeiten sollte. So geht es also auch nicht. Aber man war sich bewußt, daß es bei der Entzündung bestimmte Erklärungsdefizite gibt.

Noch in den 80er Jahren kannte auch Feigl keine bessere Definition als „Reaktion auf einen Reiz", bis in einer Vorlesung, die er gemeinsam mit Prof. Locker, der lange Zeit im medizinisch-biologischen Bereich tätig war, hielt, sagte: „Entzündung ist eine Partialgesamtheit, die so lange aufrecht erhalten bleibt, bis der Entzündungsreiz beseitigt ist." Wir sind also wieder dort, wo Ricker seinerzeit gesagt hat, das wäre ein Zweck- bzw. Ziel-Denken, das ausgemerzt werden muß. Wenn man aber systemisch denkt, dann sind einem solche Überlegungen gar nicht einmal so fremd. Daß etwas eine Zeit lang besteht, ein Zustand eine Zeit lang aufrecht erhalten wird, und wenn der Entzündungsreiz beseitigt ist, dann hört der

Zustand wieder auf - das ist doch völlig logisch. Man kann also mit Systemtheorie einiges erklären, was für die Schulmedizin größere Probleme aufwirft.

Anwendung der Systemtheorie auf die Tumorgenese.

Ein noch größeres Problem war Mitte der 80er-Jahre die Frage: Was ist ein Tumor? Bzw. einem Studenten zu erklären, was ein autonomer Tumor wäre. Ein maligner Tumor, wie wir alle wissen, unterscheidet sich von anderen Tumoren dadurch, daß er malign transformiert wird. Die Zellen haben einen veränderten Kern, weniger Zytoplasma, das Chromatin wird mehr.

So weit ist das noch einfach. Aber was ist ein gutartiger, benigner Tumor? Wie kann man ihn definieren? Einen gutartigen Tumor kann man nur vom ursprünglichen Gewebe her differenzieren. So am Beispiel der Schilddrüse: Die Follikel der Schilddrüse sind normalerweise verschieden groß. Durch TSH-Anstieg, also eine vermehrte Hormonproduktion, vermehren sich die Follikel, werden etwas größer, was nicht wesentlich ist. Danach, wenn der Reiz noch stärker ist, geht es mit der Hyperplasie weiter, und irgendwann einmal kommt es dann zu dem Zustand, daß Tumoren nicht mehr der TSH-Rückkoppelung gehorchen. Aber es kann durchaus sein, daß ein Tumor noch dem ursprüngliche Organstrukturbild entspricht.

Und was unterscheidet ihn dann von der Hyperplasie? Die Antwortet lautet: Nur die sog. „Tumor-Autonomie". Was aber heißt „Autonomie" für ein Gebilde, das sich im Körper entwickelt?

Feigl erzählt von einer Begebenheit, als er anläßlich eines Rigorosums, einen - sonst sehr guten - Studenten fragte, was ein Tumor wäre. Und dieser erzählte brav etwas von benignem und malignem Tumor. Auf die Frage, was das Kennzeichen des benignen Tumors wäre, sagte er nach einigem Nachdenken: *„Das ist die Autonomie"*. Ohne weiter darüber nachzudenken, und auch, ohne selbst die Antwort zu wissen, fragte ihn Feigl daraufhin, was denn diese Autonomie wäre. Nach einigem Schweigen sagte er: „Er hat ein Autonomie-Gen", was heute - bei Ihnen und bei mir - Gelächter auslöst. Damals allerdings war man nicht so weit, und diese Antwort verursachte dem Prüfer Kopfzerbrechen und eine schlaflose Nacht, sodaß er am nächsten Tag Prof. Schnedl von der Physiologie, den damals wichtigsten Genetiker Wiens, anrief und ihn fragte, was ein „Autonomie-Gen" wäre. Er kannte es nicht.

Feigl aber hatte die Autonomie des Tumors vor mir und keine Erklärung. Was in ihm den Gedanken aufkommen ließ, daß Erklärungsdefizite bestünden. Wie kann man von Studenten verlangen, zu erklären, was ein benigner Tumor ist, wenn man nicht einmal weiß, wieso der autonom ist.

Diese Frage wurden dann einigen sehr gescheiten Pathologen vorgelegt, es gibt auch eine beachtliche Korrespondenz mit Deutschland. So wurde auch der jetzt bereits verstorbene Nestor der Pathologie, Prof. Doerr, angeschrieben. Und dieser schrieb dann zurück: „Lesen Sie Bertalanffy, und es werden Ihnen die Augen aufgehen." Dieen Rat befolgte Feigl, doch gingen ihm die Augen keineswegs auf. Schließlich erfuhr er von Prof. Spitzy, daß es in Wien einen Systemtheoretiker namens Locker gibt, mit dem bald Kontakt aufgenommen wurde. Dann lernte Feigl, wie er behauptet, ein wenig über Systemtheorie.

Vor allem, daß Systeme mehr als ihre Einzelteile sind. Wieder am Beispiel der Schilddrüse: Was im Übergang von der Hyperplasie zum benignen Tumor verlorengeht, ist die Struktur, die Strukturinformation; mit dem Verlust des geregelten Wachstums, der Steuerbarkeit. Letztendlich ist das der Grund für die Autonomie.

Dieses Modell wurde dann weiterentwickelt: Wenn ein chronischer Reiz auf eine Zelle einwirkt, egal, ob das die Schilddrüse, die Prostata oder ein Bronchialepithel ist, dann kommt es zunächst zu einer Hyperplasie, einer Vermehrung der Zellen, eventuell zu einer Metaplasie, dann ist die Organstruktur gestört. Obwohl die Struktur der Einzelzelle unverändert ist. Sobald die Organstruktur verlorengeht, geht offensichtlich irgendeine Information verloren - diese habe ich „Strukturin-formation" genannt -, und ab diesem Zeitpunkt ist der Tumor autonom.

Dieses Modell läßt sich noch weiter entwickeln: Wirkt der Reiz weiter, greift dieser Vorgang auf das Zellinnere über, und es kommt im Inneren der Zelle zu Veränderungen, zu Mutationen. Sobald die Zelle selbst ihre Form verändert, löst sie sich aus dem Einzelverband, es kommt einerseits zur Metastasierung, anderseits zur Zellveränderung, zur Polyploidie; zu all jenen Veränderungen, die typisch sind für einen malignen Tumor.

1987 nahm Feigl dann Kontakt mit der Arbeitsgruppe um Prof. Riedl aufgenommen, und versuchte gemeinsam mit der Autorin, diese Überlegungen mit Hilfe von Riedls Theorie zu erklären (Näheres bei BONET und RIEDL 1987).

Nimmt man das sog. Riedl'sche "Schichtenmodell" als Basis, ergibt sich, daß es zu wenig ist, nur eine Ursache zur Erklärung der Phänomene der Welt anzunehmen. Neben der „Wirk-Ursache" ist ebenso eine „Material-Ursache", eine „Form-Ursache" und eine „Zweck-Ursache" anzunehmen.

Wenn auch diese Überlegungen durch die moderne Genetik etwas überholt sind, seit man Supressor-Gene, Oncogene etc. kennt, haben diese Vorstellungen aber zum Verständnis der Pathologie mir und hunderten von Pathologiestudenten allemal geholfen. Im folgenden soll noch einmal in Kürze das zugrundeliegende Modell erläutert werden.

Die 4 Ursachen.

Um den Prozeß der Evolution formal beschreiben und daraus ein allgemeines Schema entwickeln zu können, nimmt Rupert Riedl in der „Spaltung des Weltbildes" (RIEDL 1985) Anleihen beim Vier-Ursachen-Schema des Aristoteles; dessen Anliegen ein analoges war: Prozesse der Veränderung zu beschreiben. Für die Beschreibung evolutiver Prozesse kann man den Kausalzusammenhang ebenfalls in 4 Ursachen zerlegen: Zwei Ursachen, die den Wandel erklären, und zwei Ursachen, die uns sagen, wieso es innerhalb dieses Wandels Inseln der Stabilität gibt, nämlich die Arten. Und so ist diese Anleihe legitim und fruchtbringend. Mittels dieser 4 Ursachen, so lautet die These, erfolgt eine hinreichende Beschreibung des Entstehens organismischer Prozesse und Strukturen. Denn nur wenn wir wissen, wie etwas entstanden ist, wissen wir auch, warum es in einer bestimmten Weise funktioniert. Es sollte aber nicht darauf vergessen werden, daß diese vier Ursachen nicht „frei herumlaufen", sondern daß es sich dabei um kognitive Denkhilfen handelt, in die der Kausalzusammenhang aufgeschlüsselt wird, damit er faßbar und systematisierbar wird.

Aristoteles spricht in diesem Zusammenhang von der *causa materialis*, der *causa efficiens*, der *causa formalis* und der *causa finalis*. Gemäß dem oben Gesagten sind nur zwei davon für den Wandel zuständig, die beiden anderen hingegen für die Beständigkeit. Und schon bei Aristoteles geben die *causa materialis* und *causa formalis* an, was bereits vorhanden ist, nämlich Materialien und Formen, beispielsweise Baumaterial und die Form eines Hauses, das gebaut werden soll. Damit dies möglich ist, bedarf es der Kräfte - *causa efficiens*. Verläuft alles nach Plan, entsteht ein Haus, in dem gewohnt werden kann; der Zweck – *causa finalis* - ist erfüllt.

Ausgehend vom sog. „Mesokosmos", der Welt der „mittleren", der Wahrnehmung zugänglichen Phänomene, ging die Erschließung dieser Phänomene und ihrer Gesetzmäßigkeiten in zwei Richtungen: zum einen in den Mikrokosmos, zum anderen in den Makrokosmos, bis zu den kleinsten Einheiten, den Quarks, und der größten Einheit, dem Kosmos. Sodaß man von „Unter-"- und „Oberschichten" sprechen kann.

Hat man das Modell in dieser Form vor sich, lassen sich zwei Gesetzmäßigkeiten ablesen: eine Graduierung insofern, als, der Geschichte des Systems folgend, die Komplexität zunimmt. Das bedeutet, daß die Zahl der Systeme insgesamt abnimmt, die Zahl der an der jeweiligen Komplexitäts-Schichte beteiligten Sub-Systeme aber zunimmt. z. B. setzt sich ein Würmchen aus 10^{20}, wir hingegen setzen uns aus 10^{30} wohlorganisierten Quanten zusammen. Und es ergibt sich ein Zusammenhang insofern, als sich zeigt, daß neu entstehende Systeme bzw. deren Merkmale immer als Einschübe zwischen bereits bestehenden Schichten entstehen. Wie kommt das bzw. welche Konsequenzen hat diese Einsicht?

Dieses Modell muß nun für die Evolutionstheorie adaptiert werden. Die Evolutionstheorie ist eine umfassende Theorie, die auch die physikalische, chemische und soziale Evolution mit einbezieht. Und so muß ein solches Modell auch die Prozesse und Strukturen auf diesen Ebenen mit einbeziehen.

Um die Fülle der Phänomene, um die es geht, überschaubar zu machen, bedient sich Riedl einer weiteren kognitiven Denkhilfe, die dem Vorgehen der Wissenschaften entspricht: er zerteilt den „Kuchen" der Phänomene in Schichten. In

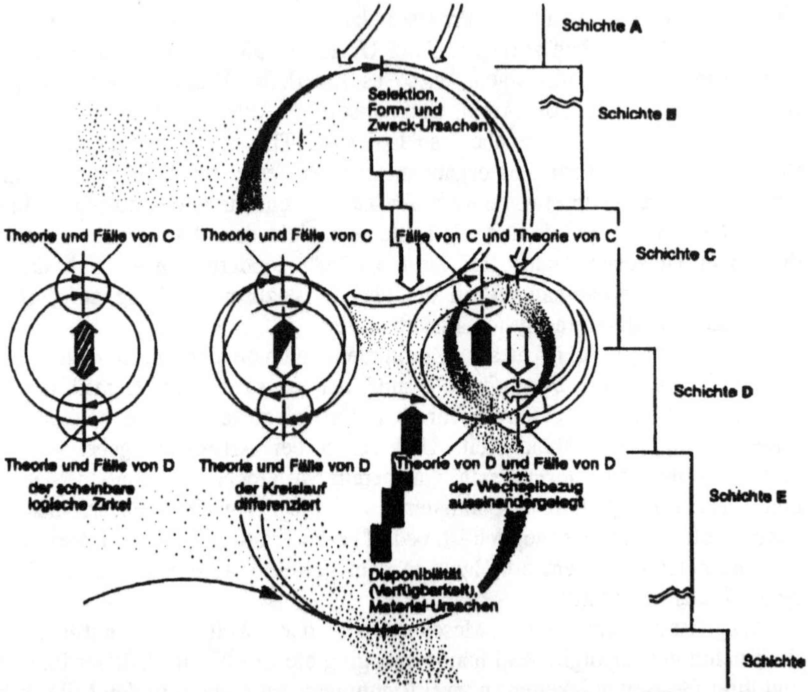

diesem „Schichtenbau" spiegelt sich auch die Geschichte dieser Wissenschaften wider.

Abb. 1: Entflechtung des hermeneutischen Zirkels; dargestellt in drei Phasen. Links die Antinomie: > erkläre C aus D sowie D aus C <. Mitte die Differenzierung der Vorgänge nach Induktion und Deduktion, Fällen und Theorien. Rechts die Vorgänge räumlich zerlegt und als Teile der symmetrischen Subsumptions-Zusammenhänge (Theorie C als Fall von Theorie B; Theorie D als Fall von Theorie E usf.). (Aus Riedl 1985).

Glauben wir den Physikern und akzeptieren die Urknall-Theorie, so entstanden als erste Materieteilchen die Quanten. Mit diesen zugleich - durch einen sog. „Symmetriebruch" - entstanden auch die Quantenkräfte. Die Beziehung zwischen diesen beiden wird von den Quantengesetzen beschrieben. Die Quantenkräfte wirken nun einerseits stabilisierend, und dort, wo sie stabilisierend wirken, entsteht das, was wir Materie nennen; *causa materialis.*

Anderseits reichen diese Kräfte aber auch über die jeweilige Schichte hinaus und wirken auf Veränderung; *causa efficiens.* Stabilisierend wirken diese Kräfte gewissermaßen nach „außen", gegenüber dem bereits gebildeten System. „Freiheit" gibt es nur nach „innen“, in Richtung auf den Zusammenschluß zu größeren Einheiten, in Richtung auf höhere Komplexität. Auf diese Weise bewirken diese Kräfte die Entstehung neuer Systeme, als da sind: Atome, Moleküle, Zellen, Organe, bis hinauf zu den Zivilisationen. Und mit dem materiellen Entstehen dieser Systeme entstehen auch jeweils andere Kräfte, deren Bezüge zu den ihnen zugehörigen Strukturen durch jeweils zugehörige Gesetze bzw. Gesetzmäßigkeiten beschrieben werden. Und so sprechen wir nicht nur von physikalischen, sondern auch von chemischen, biologischen, sozialen usw. Gesetzen.

Berücksichtigten wir allerdings nur diese beiden Ursachen aus den „Unterschichten“, hätten wir keine hinreichende Erklärung dafür, wieso dieser Prozeß zunehmender Komplexität nun auch noch eine Richtung hat; jenes Phänomen, das wir Hierarchie nennen. Damit ist die Tatsache gemeint, daß die verschiedenen Komplexitätsschichten in einem inneren Zusammenhang stehen, indem sie aufeinander aufbauen. Dazu bedarf es nun zweier weiterer Ursachen, die auf dieselbe Weise wirken. Und diese gewinnen wir aus den „Obersystemen“.

Wie kommt es nun zur Bildung dieser „Obersysteme“? Folgen wir weiter der Geschichte, die uns - zunächst - die Physiker erzählen.

Im ersten Symmetriebruch entsteht neben den Teilen - den Materiepartikeln und den ihnen zugehörenden Kräften - auch ein Ganzes. Dieses Ganze nennen wir Kosmos, und die allgemeinen Beziehungen, die in ihm herrschen, werden von der Relativitätstheorie beschrieben, und zwar als eine Beziehung zwischen Masse und Energie. Zunächst entsteht dieser Kosmos als ein Gravitationsfeld, mit ihm wieder eine zugehörige Kraft, die Schwerkraft. Die Beziehung zwischen dem Kosmos und der Gravitation wird vom Gravitationsgesetz beschrieben. Dieses Gravitationsfeld, obwohl es dem Gesetz der Schwerkraft unterliegt, war nun nicht stabil; es veränderte sich. Mit der Anhäufung von Materie verdichtete es sich, die schweren Quanten fingen die leichten ein - die ersten Atomkerne entstanden. Durch die Verdichtung erhöhte sich die Temperatur und führte zu Kernumwandlungen: neben dem Wasserstoff entstanden die anderen Elemente. Durch deren Verteilung im Raum entstehen nach und nach die Galaxien, aber auch die Moleküle, das Sonnensystem und die Planeten. Mit dem Auftreten der ersten Biomoleküle entsteht die Biosphäre, die dann, mit dem Auftreten der Organismen, zu deren Lebensraum wird.

In unser Modell übersetzt, bildet der stabile Teil des Kosmos, also die Masse, die dritte Ursache, die *causa formalis*, die Form-Ursache; die nun stabilisierend wirkt. Bezögen wir allerdings nur diese dritte Ursache mit ein, ergebe sich eine Merkwürdigkeit: wir erhielten dann ein völlig statisches, unveränderliches System: einen Kosmos, der nicht mehr weiter evoluieren könnte und würde. Eine Vorstellung, die ja lange Zeit unser Weltbild geprägt hat. Wir brauchen also noch eine vierte Ursache, die uns nun sagt, wieso es Veränderung, und zwar wieder evolutive Veränderung, gibt und geben kann, eine Veränderung, die nicht beliebig ist, sondern eine Richtung hat.

Diese vierte Ursache steht der *causa efficiens* in selber Weise symmetrisch gegenüber wie die *causa formalis* der *causa materialis* und muß ihr in selber Weise „Paroli" bieten wie diese. Und so läßt sich sagen: während die *causa efficiens* den Antrieb für die Veränderung bildet, läßt die *causa finalis* Veränderung zu. Wir erinnern uns: für den Kosmos ist es die Schwerkraft, die einerseits dafür sorgt, daß er nicht ungebremst „auseinanderfliegt", anderseits aber so geartet ist, daß sie auch den neu entstehenden Einheiten Zusammenhalt bietet. Und so müssen sich auch die Galaxien nach den Bedingungen des Kosmos richten, haben aber die „Freiheit", weitere Gebilde, wie Sonnen oder Planeten hervorzubringen. Und Planeten müssen sich an den Bedingungen ihrer Galaxien orientieren, haben aber z.B. die Freiheit, Leben hervorzubringen. Die *causa finalis* ist also jene Ursache, die „nach außen", gegen das jeweils übergeordnete System, stabilisierend wirkt, „nach innen" aber Veränderung ermöglicht. Diesen Vorgang nennen wir Differenzierung.

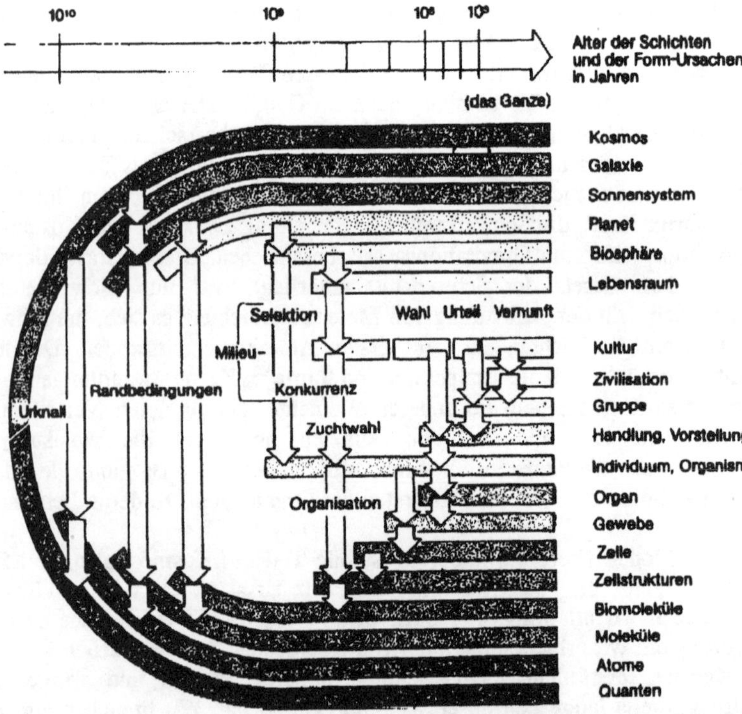

Abb. 2. Scherma der Entwicklung der Formursachen. Die Differenzierung des Kosmos, wie der Biosphäre und der Organismen entsteht durch neue Einschübe stets zwischen den Teilen und dem Ganzen. Und der Teil wie das Ganze gehen auseinander hervor.

Die Länge des Pfeils ist bedeutungslos (und nur eine Konsequenz der Graphik), ihre Reihenfolge ist auf den Zeitablauf bezogen (die Material-Ursachen liefen den Formursachen entgegen. (Aus RIEDL 1985).

Auf diese Weise läßt sich erklären, wieso alle neu entstehenden Systeme als „Einschübe" zwischen den bereits vorhandenen Unter- bzw. Oberschichten entstehen, nämlich als ein Wechselbezug zwischen den Teilen und dem Ganzen. Die Wirkung aus der jeweiligen Oberschicht, also *causa formalis* und *causa finalis*, nennen wir „Selektion", die Wirkung aus der jeweiligen Unterschicht, also *causa materialis* und *causa efficiens*, „Disposition". Dieser Begriff ist ja auch in der Medizin geläufig und bezeichnet den jeweiligen Ausgangszustand eines Systems.

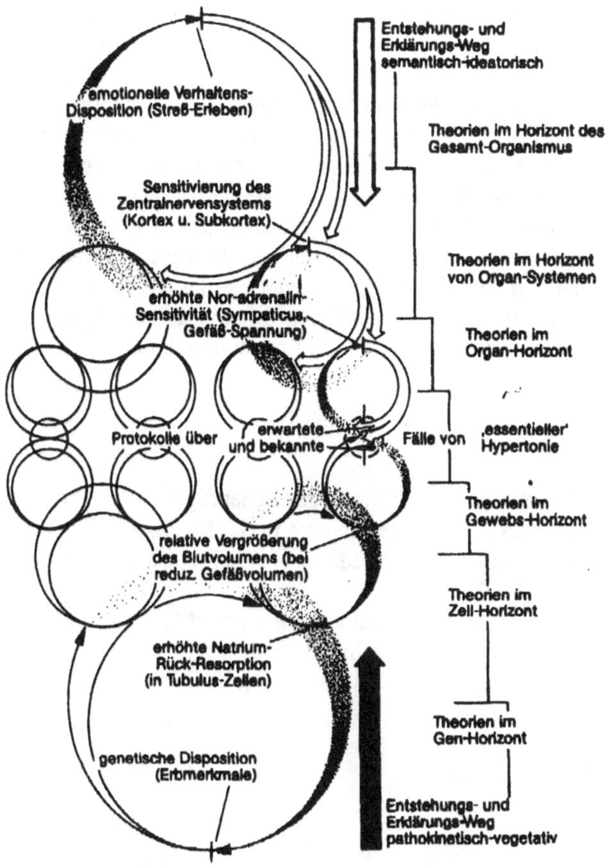

Abb. 3. Die Symmetrie des Erklärungszusammenhangs in der Medizin; am Beispiel der

Bedingungen einer häufigen Form von Blut-Hochdruck. Die Erklärung aus den Obersystemen wird bis auf die Theorien des bewußten Erlebens des Menschen als Ganzer zurückgehen; die Erklärung aus den Untersystemen hingenen bis auf die Bedingungen der genetischen Ausstattung der am Phänomen beteiligten Zellen. (Aus RIEDL 1985)

Was hier so theoretisch klingt, sind höchst reale Vorgänge; Vorgänge, denen ein lebendes System sowohl seine Herkunft als auch sein Funktionieren verdankt. Auf der Ebene der Funktion sprechen wir von „dissipativen", „offenen" Systemen, die mit ihrer Umgebung Materie und Energie austauschen, auf der Ebene des Entstehens davon, wie Komplexität entsteht, die zu hierarchischer Gliederung führt.

Denn so wie die Materie und ihre Kräfte in den Organismus „hineinwandern", indem sie sich zu immer komplexeren Einheiten zusammenschließen, wandert auch das Milieu in den Organismus hinein. Im positiven Sinn trägt dieses Milieu zur Erhaltung des Systems bei, durch Materie, Energie usw., im negativen Sinn führt es zu dessen Störung, etwa durch Krankheitserreger, bzw. zu Eliminierung, etwa durch Freßfeinde.

Die Erweiterung gegenüber der geläufigen Systemtheorie, zusammenfassend formuliert, besteht vor allem darin, daß zu den Beziehungen zwischen den Elementen auch der Bezug zum jeweiligen Ganzen oder übergeordneten System in Betracht genommen wird. Damit erhalten wir eine andere Art von Kausalität, die man, in Abgrenzung zur „kybernetischen", eine „hermeneutische" nennen könnte. Denn es ist die Wissenschaft der Hermeneutik, die vom einzelnen Element auf den Kontext schließt und aus dem Kontext wieder auf das Einzelelement.

Als praktisches Beispiel, das auch dem Mediziner zugänglich ist, zuletzt noch eine Anwendung dieses Schemas auf die Entstehung der essentiellen Hypertonie.

Literatur

BONET, E. und R. RIEDL: Die Ordnung des Lebendigen. – In: FEIGL, W., BONET, E. M. und ZABRANSKY, D.: Systemtheorie in der Medizin – Theoretische Grundlagen für die Ganzheitsmedizin. – Facultas-Universitätsverlag Ges. m. b. H. Wien, Wien 1997, 53-70.

FEIGL, W. und BONET, E. M.: Systemtheorie in der Medizin. Wiener Medizinische Wochenschrift. 1989, Heft 5, Jahrg. 139, 87-91.

RIEDL, R.: Die Spaltung des Weltbildes. Verlag Paul Parey. Berlin und Hamburg, 1985.

VON DER DIALOGIK ZUM KONSTRUKTIVISMUS IN DER MEDIZIN

Karl H. Spitzy, Baden/Wien

Eine Philosophie der Medizin versteht sich heute praktisch ausschließlich als Naturwissenschaft und auch die Erweiterung durch Psychosomatik und Sozialmedizin hat das nicht geändert, denn auch diese Fächer haben sich den Methoden der naturwissenschaftlichen Forschung angeschlossen. In der medizinischen Forschung hat die Molekularbiologie praktisch alles an sich gerissen und läßt einer klinischen Forschung kaum mehr Platz. Michel Foucault, der sich mit seinem Werk „Die Geburt der Klinik" einen wesentlichen Platz in der Medizingeschichte gesichert hat, wies in seiner Inauguralrede in Paris am 2. Dezember 1970 bereits darauf hin, daß seit dem 19. Jahrhundert ein Satz nicht mehr als medizinisch gelten darf und als individuelle Einbildung oder als volkstümlicher Aberglaube anzusehen ist, wenn er zugleich *metaphorische, qualitative und substanzielle Begriffe* enthält. Begriffe wie Verstopfung, Verkühlung, Auszehrung u.ä. werden durch andere, allerdings ebenso metaphorische ersetzt wie Reizung. Entzündung, Dekompensation, Spezifität, Degeneration etc., die sich einem anderen Modell, nämlich dem der funktionellen physiologischen oder heute molekularbiologischen Theorie einzufügen haben. Man muß, wie Foucault Georges Canguilhem zitiert, *im Wahren seiner Epoche sein* (FOUCAULT 1994).

Wenn man nicht bereit ist, sich den Regeln des gerade modernen Diskussionsstiles zu unterwerfen und neuerdings das Wagnis unternimmt, zu versuchen, ein wenig Ordung in das unaufhörlich chaotische Rauschen der ordungslosen Diskussionen und der immer wieder neu angebotenen Theorien und Begriffe zu bringen, muß man damit rechnen, mißverstanden, ausgegrenzt und belächelt zu werden. Bestenfalls erreicht man ein wenig Applaus nach der Story aus dem italienischen Schützengraben, aus dem der Offizier mit erhobenen Säbel heraussspringt und seine Soldaten sich in den schützenden Graben ducken, aplaudieren und rufen: „Bravo Capitano!"

Natürlich hat die naturwissenschaftliche Medizin ungeheure Erfolge gebracht und bringt sie einschließlich der so gefeierten und mit Nobelpreisen überhäuften Molekularbiologie immer noch. Natürlich war das Abgehen von den Aphorismen des Hippokrates, des Galen, des Paracelsus und die Zuwendung zu den "Sedibus et causis morborum" eines Giovanni Batista Morgagni (1682-1771), des Begründers der Pathologischen Anatomie, und die Hinwendung zum klinischen Fall durch Thomas Sydenham (1624-1689), Arztfreund des Philosophen und Vaters der Empirie John Loke,und andere für den Fortschritt der Medizin von entscheidender Bedeutung. Doch welchen Preis zahlen wir dafür?

Der Kranke ist zum Fall geworden. Ein Fall im statistischen Kollektiv der Spezialfächer. Sind es noch die *Kranken*, die wir auf der Klinik behandeln oder behandeln wir nur mehr *Krankheiten*? Wo ist die einmalige, unverwechselbare Identität der *Person* des Kranken, wie sie Hermann Nothnagel vor über hundert Jahren als Vertreter der Wiener Medizinischen Schule beschworen hat, geblieben? (SPITZY 1993). Sicher, die Patienten finden zum größten Teil die Ärzte und das Pflegepersonal als fürsorglich und menschlich, die Ärzte führen nach wie vor die Beliebtheitsskala an. Es verbleibt nur die Frage, ob sich diese Bewährung in der Praxis auch in der Theorie wiederspiegelt und ob nicht die Tendenz der streng objektivierenden medizinischen Wissenschaft, wie in der Philosophie das Subjekt in Frage stellt, wo es sich doch in der Medizin nicht nur um *eines* sondern um *zwei* Subjekte handelt - den Arzt und den Patienten.

Auf der Suche nach einer adäquaten Philosophie, die eine Grundlage für die spezielle Kommunikation zwischen Arzt und Patient zu begründen vermag, stößt man zuerst auf die Subjektphilosophie des jungen Johann Gottlieb Fichte. Frau Edith Düsing hat sich mit dieser Frage beschäftigt und zitiert Fichte aus seiner 1794/95 gehaltenen Vorlesung "De officiis eruditorum" (DÜSING 1986).

Von seinem verehrten Lehrer Kant heftig angegriffen, erklärt Fichte ausdrücklich die Abhängigkeit des Ichs vor dem Du, wobei keineswegs ein Asymmetrie gemeint ist, sondern stets *gegenseitige Aufforderung und Anerkennung* notwendig ist Das Subjekt wird sich lediglich erst durch ein Ansprechen des Du seiner selbst und seiner Freiheit bewußt. Das Ich als Geist des Menschen sieht Fichte als *immanent* an. Es schafft erst Raum, Zeit und Kausalität und kommt damit dem *Ding an sich* Kants wieder näher oder sogar darüber hinaus. Eine mögliche Asymmetrie von Ich und Du taucht erst wieder bei Hegel im dialektischen *Herr-Knecht-Verhältnis* und in den *Abstufungen des Fremdverstehens* auf (DÜSING 1986).

Eine klare intersubjektive Trennung und gleicherweise eine Verknüpfung der geistigen und der materiellen Welt von Ich und Du vollbringt der in Wien geborene jüdische Religionsphilosoph Martin Buber (1878-1965) und mit ihm gleichzeitg und unabhängig der Volksschullehrer aus Gablitz in Niederösterreich, Katholik und Sozialist Ferdinand Ebner (1882-1932). Ohne auf weitere wichtige Vertreter des *dialogischen Prinzips,* wie Rosenzweig, Lèvinas, Marcel, und viele andere, näher einzugehen, wollen wir vorerst dem Konzept Bubers in seiner Auswirkung auf ein neues Konzept für die Medizin folgen.

Das dialogische Prinzip in der Medizin (SPITZY 1995)

Martin Buber sieht die Welt des Menschen in einer zwiefältigen Haltung. Sie ist zwiefältig nach der Zwiefalt der beiden Wortpaare Ich-Du und Ich-Es (BUBER 1983). Das Ich hat also zwei Wertigkeiten: eine gegenüber einem Du und eine gegenüber einem Es. Das Es kann auch ein Er oder eine Sie sein. Für unsere Ableitung ist es wesentlich festzustellen, daß Buber die Ich-Du-Beziehung vollstädig kategorienlos sieht. Alle Kategorien, wie Zeit, Raum und Kausalität, die zur Erfahrung beitragen, wie auch im Wahrnehmen, Empfinden, Vorstellen,

Wollen, Fühlen oder Denken. Sie machen das Reich des Es aus. Wenn auch das gesamte Es-Reich im Du-Reich eingeschlossen ist, so sind die beiden Reiche nie zur Deckung zu bringen, denn das Ich-Du kann nur *mit dem ganzen Wesen* gesprochen werden, während das Ich-Es nie mit dem ganzen Wesen gesprochen werden kann. Während die Ich-Es-Welt die Erfahrung der Welt darstellt, stiftet die Ich-Du-Welt die Welt der Beziehung. Das wirkliche Leben findet in der Begegnung statt, die ich erfahre. Beziehung ist mehr als Begegnung, wo alle Mittel zerfallen und allein das *Innewerden* möglich wird (BUBER 1984).

Die kategorienlose Ich-Du-Beziehung liegt in einer anderen Ebene als die in Zeit, Raum und Kausalität stattfindende Ich-Es-Begegnung. Die Ich-Du-Beziehung ist unmittelbar und *zwischen Ich und Du liegt steht keine Begrifflichkeit, kein Vorwissen und keine Phantasie*. Der Zeit- und Raumbegriff liegt nur insofern der Beziehung und Begegnung zu Grunde, als es sich um die *Gegenwart* handelt. Alle Erfahrung an Dingen findet in der Vergangenheit statt, alle Kausalitäten weisen in die Zukunft, nur das *kategorienlose Innewerden* ist eine *gegenwärtige Er-innerug*, hat Gegenwart und damit Ewigkeitswert als Analogen des Verhältnisses von Liebe und Treue.. Es kommt nur darauf an, daß ich den Anderen "*annehme*" (BUBER 1984).

Wenn sich Arzt und Patient begegnen, stehen sich zwei autonome Subjekte gegenüber, die sich *annehmen*. Man muß sich die Frage stellen, ob eine Ich-Du-Beziehung im Sinne Bubers überhaupt stattfinden kann, soll oder muß. Oder ob nicht eine Begegnung im Ich-Es-Bereich völlig ausreichend ist. Das wäre dann eine Begegnung zwischen einem Kranken, dessen Krankheit fachmännisch behandelt werden soll. Und zwar ganz so wie ein Automobil, das in eine Reparaturwerkstätte gebracht wird, wo der Schaden erst diagnostiziert und dann repariert wird oder Ersatzteile eingebaut werden. Zum Beispiel ist D. RITSCHL durchaus dieser Meinung. Er ließ sich im Krankenhaus eine Gallenblase herausschneiden und machte dem freundlichen Chirurgen nach gelungener Operation auf dessen Freundschaftsangebot ("Sie waren mein Patient, jetzt sind sie mein Freund") klar, daß er nur den Experten gesucht habe und nicht einen Freund (RITSCHL 1992). Mag sein, daß heute eine Gallenoperation zu den Routineeingriffen gehört, doch sollte sich Herr RITSCHL doch überlegen, ob er nicht doch Angst vor der Narkose hatte, ob er sich nicht doch vor möglichen Komplikationen fürchtete und sich dabei der Macht des Arztes und dessen persönlich-menschlichen Einsatz bewußt wurde. *Vertrauen* und eine aus der nötigen Aufgeklärtheit entspringende Selbstbestimmung und damit *Verantwortung* muß er wohl verspürt haben. Es ist zu hoffen, daß er auch *Dankbarkeit* empfunden hat. Lauter persönliche Werte, die eine Ich-Du-Beziehung zur Voraussetzung haben.

Nicht von ungefähr kommt die Zuwendung vieler Patienten und damit auch vieler Ärzte zu einer sogenannten Ganzheitsmedizin. Ihr gegenüber gestellt wird eine ebenso sogenannte Schulmedizin. "*Es gibt nur eine Medizin, und die kann gut oder schlecht sein*", sagte der jüngst verstorbene langjährige Dekan Otto Kraupp.

Wenn also Buber sagt, daß nur der ein Mensch sei, der einer Ich-Du-Beziehung fähig ist, so gilt das ganz bestimmt für den Arzt und seinen Patienten.

Die Diskussion um das Arzt-Patient-Verhältnis kann nicht ausschließlich auf das widersprüchliche Verhältnis von Autonomie des Patienten zur Paternalität des Arztes reduziert werden (KAMPITS 1996). BUBER muß insofern kritisiert werden, daß er die Arzt-Patient-Beziehung als notwendig asymmetrisch angesehen hat. Er meint, daß die heilende Beziehung in dem Augenblick ende, wo es dem Patienten *beifiele und gelänge, seinerseits Umfassung zu üben und das Geschehen auch am ärztlichen Pol erleben* würde (BUBER 1983). BUBER ist eben kein Arzt und so weiß er nicht, daß ein Arzt nie *heilen* kann sondern nur *kurieren*, das heißt, er kann nur um die Selbstheilung des Patienten *besorgt* sein (cura = die Sorge) und nicht mehr. Auch die vom Chirurgen zugefügten Wunden muß die Natur heilen. und die neue Situation den Lebensnotwendigkeiten anpassen. Auch Penicillin *heilt* nicht die Lungenentzündung, sondern reduziert lediglich den Angriff der Bakterien.

Jeder erfahrene Arzt weiß, daß er sich allererst in den Patienten hineindenken muß. Schon Rufus von Ephesus, Arzt in Alexandria um 100 n.Chr., stellte fest, daß der Arzt darauf achten müsse, w i e ein Patient seine Leiden mitteile, nicht w a s er zu erzählen hätte (GÄRTNER 1962). Aus der modernen Psychoanalyse wissen wir, wie sehr sich der Arzt bei der Befragung zurückziehen müsse. Die volle Entfaltung des Patienten als autonome Person kann nur durch ein Sichzurückziehen des Arztes, eine Anerkennung eines Du, gewährleistet werden. Da zeigt sich am deutlichsten der Wert des dialogischen Prinzips zusammen mit einer durchaus symmetrischen Gegenseitigkeit in der Medizin. "*Medizin soll als Umgang in Gegenseitigkeit mit unmöglichen Mitteln gestaltet werden*", sagt Viktor v. WEIZSÄCKER, ein Dialogiker-Freund von Martin Buber (v. WEIZSÄCKER 1987).

Mit dem Ausdruck "unmöglich wirklich" und seiner Erläuterung vermittelt Weizsäcker bereits den Gedanken an die zwei Ebenen in der Medizin. Eine, die der klassischen Logik entspricht und einer, die ihr nicht entspricht. Auf die Frage eines Studenten, ob er denn an Geister glaube, antwortete Weizsäcker: "*Ich glaube nicht an Gespenster, aber ich habe welche gesehen*". Ausdrücklich anerkennt er eine in sich widersprüchliche Ebene in der Auseinandersetzung zwischen Medizin und Logik (v. WEIZSÄCKER 1987).

Die konstruktive Darstellung einer Medizin-Dialogik

Die Voraussetzung für eine Anpassung der Medizin an das dialogische Prinzip, wie es Buber entworfen hat, macht ein Anerkennen von zwiefältigen Gedankenebenen notwendig: einer kategorienlosen - entsprechend der Ich-Du-Beziehung - und einer kategoriellen in Zeit, Raum und Kausalität - entsprechend einer Ich-Es-Begegnung In seinem Beitrag "*Der kreative Zirkel. Skizzen zur Naturgeschichte der Rückbezüglichkeit*" aus dem Jahr 1981, in den von Paul Wazlawick herausgegebenen "Beiträgen zum Konstruktivismus", hat Varela vorgeschlagen, den *circulus vitiosus* des Lebendigen als *circulus virtuosus* zu bezeichnen, denn der Zirkel der Selbstorganisation des Lebendigen erscheint nicht als *deletärer*, wie der der Materie nach dem 2.Hauptsatz, sondern als *kreativer* Zirkel (VARELA 1990).

Varela sieht in diesem Zirkel ein Grundgesetz des Lebens und geht von einem Phänomen aus, das zweifellos am Beginn der Enwicklung von Lebensformen gestanden hat. Um zu überleben und sich weiterzuenwickeln, mußte sich schon die erste probiotische Zelle mit einer Membran umgeben. Ohne eine solche wäre jeder Stoffwechsel unmöglich und sie müßte zugrunde gehen. Er stellt die Bildung von Zellmembranen der Zelldynamik gegenüber. Moleküle stellen die Membrangrenze her und die Membrangrenze macht die Herstellung von Molekülen erst möglich. Solche Selbstbezüglichkeiten finden sich in den bekannten Paradoxien, in der Gödelschen Schleife, in den Fraktalen und schließlich im gesamten Nervensystem.

In der Festschrift für Heinz von Foerster beschreibt Francisco Varela gemeinsam mit Jean-Pierre Dupuy 1991 die Möglichkeit von zeichnerischen Konstruktionen von Rückbezüglichkeiten *für eine Vielfalt von kreativen Phänomenen - vom Leben als solchem bis hin zum Sozialen* (DUPUY und VARELA 1991).

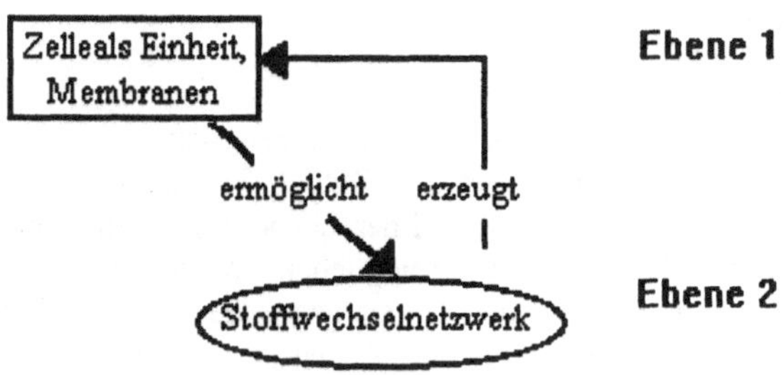

Abb. 1 aus Varela und Dupuy (S.252)

Es wird in *zwei Ebenen* - als Bemühung die Autonomie des Lebens zu ergründen - die *Autopoiesis* als offensichtlich paradoxe Schleife angenommen:

Die Logik der Zelle ist die einer Selbsterzeugung mittels einer zirkulären Entscheidung zwischen ihren Grenzen und ihrer Dynamik, die die Grenzen sowohl erzeugt als auch durch sie möglich wird (S.252)"

Auf den ersten Blick erscheinen die zwei Ebenen in hierarchischer Beziehung (die Zelle als Einheit und in ihrer chemischen Dynamik), sie sind aber unausweichlich miteinander verknüpft. Man muß sie trotzdem getrennt darstellen und zur Kenntnis nehmen. Eine weitere Schwierigkeit liegt in der Inkommensurabilität der Begriffe in den beiden Ebenen. Varela drückt dies durch die Umrandung in der Ebene 1 als Rechteck und in der Ebene 2 als Ellipse aus. Sofern man aber die zwei geometrischen Figuren als inkommensurabel ansieht, ist eine Verbindung zwischen den beiden Ebenen auch als "operationelle Schließung" nicht möglich. Die Ebene 1 kann nicht auf die Summe ihrer Einzeleile der Ebene 2 reduziert werden und ist auch nicht von deren Produktion abhängig .

Es mag daher eine Variation der Konstruktion erlaubt sein. Diese besteht in einer Umkehr der Figuren. In Ebene 2 erscheint eine Ellipse mit zwei Schwerpunkten zur Andeutung zweier sich mehr oder weniger auf widersprüchliche Zwiefältigkeit beziehender Begriffe oder als Ausdruck einer gegenseitigen Beziehung. Zur Berechnung wird die Einführung der *irrationalen* Zahl ; notwendig. In der Ebene 2 erscheint dann das Rechteck, bei dem zur Berechnung *rationale* Zahlen genügen.

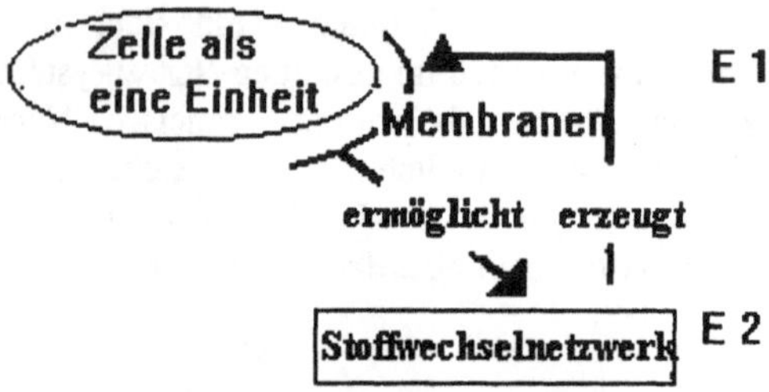

Abb2. modifiziert nach Varela (Abb.2)

In der Ebene 1 liegt die Zelle als Einheit mit ihrem selbstbezüglichen paradoxen Programm im Fließgleichgewicht zwischen Input und Output. Sie "*transformiert*" als primäre Einheit ihre Möglichkeiten in den Zirkel der Ebene 2, in dem sich die Membranen bilden, das Stoffwechselnetzwerk ermöglichen, rückbezüglich die Membranen erzeugen und durch den Ablauf des Zirkels gegen den Uhrzeigersinn auch immer wieder im Transformationsfeld der Ebene 1 kontrolliert und gegebenenfalls auch repariert werden. Alle Zielstrebigkeit geht von der Zelleinheit aus, sie fungiert sozusagen als Lebensspender und -aufrechterhalter. Das Leben selbst spielt sich im Zirkel der Ebene 2 ab.

Zur Konstruktion des dialogischen Prinzips kann die Modifikation des kreativen Zirkels nach Varela verwendet werden (Abb.4)

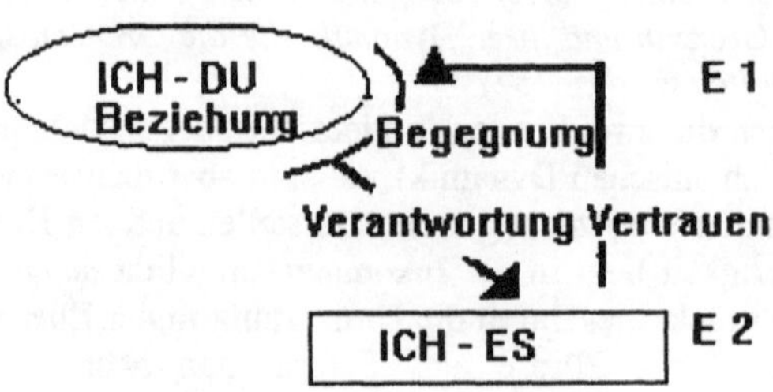

Abb. 3 Kreativer Zirkel der Dialogik

In der Ebene 1 (E1) findet sich die kategorienlose Ich-Du-Beziehung. Sie transformiert sich vom Zwischen zwischen Ich und Du in der Ebene 1 in die Ebene 2 und erscheint dort als Begegnung in den Kategorien Raum, Zeit und Kausalität. In dieser Ebene kann zwischen zwei Personen die Übernahme einer gegenseitigen Verantwortung stattfinden. In dieser Ebene wird Ich und Du unweigerlich zum überprüfbaren Ich-Es. Auf Basis der Überprüfung wird um gegenseitiges Vertrauen gerungen. Es wird neuerlich in das Transformationsfeld der Begegnung eingesteuert, dort kreativ akzeptiert, verifiziert oder falsifiziert und tritt als das neuerlich in den Zirkel ein. Die Verantwortung kann nun übernommen, oder abgelehnt werden. Durch neue Informationen aus dem Ich-Es kann das Vertrauen verstärkt oder geschwächt werden. Jedenfalls muß es aber in der Dynamik des Zirkels immer wieder neu erworben, geschenkt oder zurückgewiesen werden.

Der konstruktiv-dialogische Weg zu einer neuen Wissenschaftstheorie der Medizin

Eine neue Wissenschaftstheorie der Medizin müßte nach dem Gesagten eine Ebene miteinschließen, die über die Physik hinausgeht, eine metaphysische Ebene. Eine solche *transzendental* zu erreichen, hat Kant in seinen "Prolegomena zu einer jeden künftigen Metaphysik, die als Wissenschaft wird auftreten können", vor über hundert Jahren vorgedacht. Fichte hat sie *ontologisch* erweitert und so die Dialogik vorbereitet. Bertrand Russen hat diesen Ansatz als *Wahnsinn* bezeichnet und Michel Foucault zählt die *Ausgrenzung des Wahnsinns* zu den drei Ausschließungssystemen, die den Diskurs treffen. Dazu gehören dann noch: das verbotene Wort und der *Wille zur Wahrheit.* Solange der *Wille zum Wissen* allein das Feld der Wissenschaft beherrscht, kann jede Einbeziehung von metaphysischen Begriffen nur dazu führen, eine Bemühung um eine Wissenschaftstheorie für die Medizin zum Scheitern zu verurteilen. Die Heilkunde würde wieder zur Heilkunst. Die Medizinische Fakultät gehörte ja auch einmal zu den Artisten.

Andererseits wiederum haben die naturwissenschaftlichen Mutterfächer wie Mathematik und Physik längs darauf verzichtet, nur meßbare und eindeutig vorstellbare Dinge als wissenschaftlich zu tolerieren. Längst werden Widersprüche zugelassen und durch Konventionen, wie z.B. für das Licht, einfach in ihrer Gegensätzlichkeit festgelegt. Selbst Schrödinger spricht von der überphysikalischen Gesetzmäßigkeit des Lebendigen (SCHRÖDINGER 1989) und Hans JONAS läßt sich, wenn auch seines diesbezüglichen öffentlichen Mißerfolges bewußt, auf Metaphysisches ein (JONAS 1992). Warum sollte man es also nicht wagen, die Medizin auf eine philosophische Grundlage zu stellen, die dem Arzt alltäglich begegnet und angeblich als unwissenschaftlich abgelehnt werden muß.

Zu den alltäglichen Konfrontationen zwischen Arzt und Patient gehört die Compliance, das heißt, die Übereinstimmung zwischen den Empfehlungen des Arztes und dem, was der Patient befolgt. Eine vollständige Übereinstimmung kann es nicht geben, daher entzieht sich schon der Begriff der Compliance jeder faßbaren Definition. Gemessen und statistisch beurteilt kann nur die Non-Compliance werden (Abb. 4).

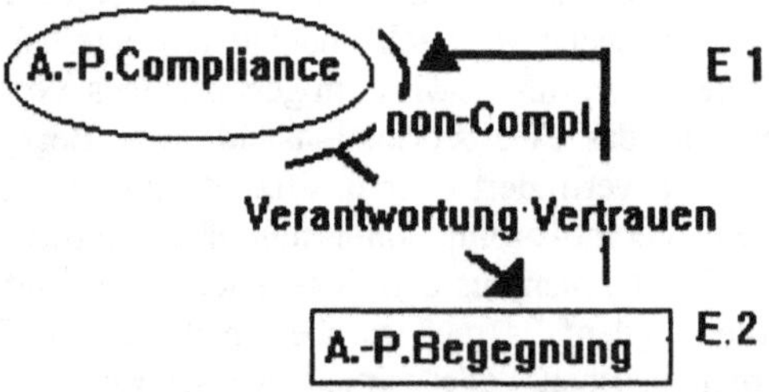

Abb. 4 Kreativer Zirkel der Non-Compliance

Die Compliance selbst ist ein Zielbegriff, der nie voll zu erreichen ist, denn stets bleibt ein Rest von Vorschriften, die der Patient aus welchen Gründen immer - und da gibt es viele - nicht befolgt oder nicht befolgen kann. Mit seinen Vorschriften übernimmt der Arzt und auch der Patient Verantwortung und ebenso benötigt die Arzt-Patient Begegnung gegenseitiges Vertrauen. Das Bemühen im kreativen Zirkel wird es sein, die Non-Compliance so klein wie möglich werden zu lassen.

Ein weiteres Beispiel liefert eine Geschehen, mit dem der Arzt täglich konfrontiert ist. Es ist der *Placeboeffekt*. Die Literatur über das Thema "Placebo" ist sehr umfangreich, bestätigt aber, daß eine Definition des Placebos und seiner Wirkung außerordentlich schwierig ist (SPITZY 1984). Fest steht, daß es wirksam ist, feststeht auch, daß es das am häufigsten gegebene Medikament oder die am häufigsten verordnete Maßnahme ist und die mit wenigen und reversiblen Nebenerscheinungen belastet ist. Die Placebowirkung kommt jeder ärztlichen Maßnahme zu und wird dadurch statistisch kaum faßbar, weil das post oder propter eines Erfolges nie eindeutig ausgesagt werden kann.

Die Arzt-Patient-Beziehung findet in einem Umfeld statt, das Langer "aura curae" genannt hat (LANGER 1987) (Abb.5).
Das Placebo sollte ein Nichts sein, daher wird es auch als *nicht wirkendes* Präparat im statistischen Vergleichsversuch bei Medikamenten im Blindversuch mit dem Verum verglichen.

Das Gegenüber des Placebos ist aber stets die aura curae, der healing context, in der der Arzt selbst, die Erwartungshaltung u.a. auslösende Faktoren sind. Diese Aura kann, wie alle Meta-Begriffe, auch negativ wirksam sein und das transformiert dann Nebenerscheinungen, die beim Verlassen des Milieus wieder abklingen. Im Zirkel von Verantwortung und Vertrauen entsteht und verändert sich die Placebowirkung (SPITZY 1997).

In jeder Medizintheorie spielt das Zustandekommen der Diagnose, der Therapie und der Prognose eine entscheidende Rolle.

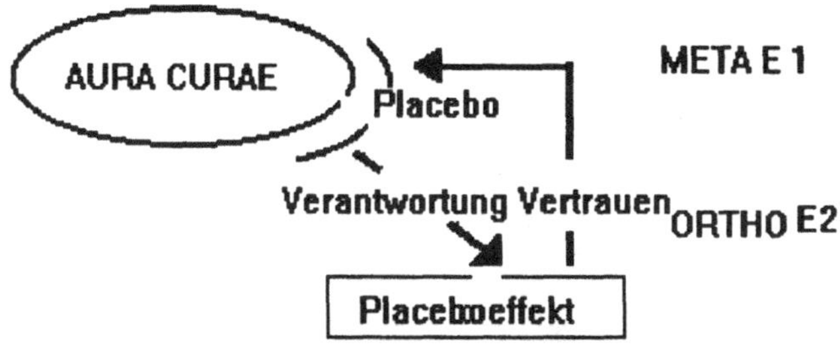

Abb. 5 Kreativer Zirkel des Placeboeffektes

Die Diagnose beruht einerseits auf dem Befinden und andererseits auf den Befunden des Patienten. Man stellt, wie es in der Wiener Medizinischen Schule zumindest seit Nothnagel üblich ist, nach der Befragung und körperlichen Untersuchung eine vorläufige Diagnose, so basiert diese einerseits auf der Herstellung eines Verantwortungs- und Vertrauensverhältnisses zwischen dem Untersuhenden und dem Untersuchten im Sinne des Dialogischen Prinzips und zweitens beruht die Vermutungsdiagnose auf dem Erkennen von Symptomen, die einem Krankheitsbild zugeordnet werden können. Um zu dieser Vermutungsdiagnose zu kommen und die notwendigen Befunde auszuwählen,, ist ärztliche Erfahrung notwendig, diese ist komplementär zum ärztlichen Blick. Das Transformationsverhältnis von ärztlichem Blick zur Erfahrung und umgekehrt von der Erfahrung zum ärztlichen Blick umfaßt das Befinden des Patienten unter Einschluß der erhobenen Befunde, so daß aus der vorläufigen Diagnose eine gefestigte Diagnose werden kann. Aus dieser Diagnose kann kann eine Therapie abgeleitet werden. Diese Therapie ist wiederum nur eine vermutlich wirksame und soll zu einer Prädiktion führen. Damit ist gemeint, daß, so weit dies möglich ist, die Therapie an den Patienten so eng angepaßt, geradezu angeschneidert ist, daß der Patient zum Einzelfall wird. Im kreativen Zirkel, in dem immer wieder der Erfolg der Therapie und die Richtigkeit der Diagnose durch Untersuchungen des Falles überprüft werden, erweiert sich die Erfahrung und schärft den ärztlichen Blick (SPITZY 1997) (Abb. 6)

Eine Medizintheorie, die auf dem dialogischen Prinzip in konstruktivistischer Form beruhen würde, könnte ein Leitfaden für den Arzt sein, in wie weit die strikte Naturwissenschaft, die nur direkt oder statistisch Meßbares in einer Ortho-Ebene zuläßt, durch ein Darüberhinausgehen in eine nicht meßbare, aber stets vorhandene Meta-Ebene, nicht nur praktisch sondern auch theoretisch erweitert werden könnte. Jeder Zweifel an der Wissenschaftlichkeit könnte durch eine analoge Entwicklung in der Physik entkräftet werden (SPITZY 1998).

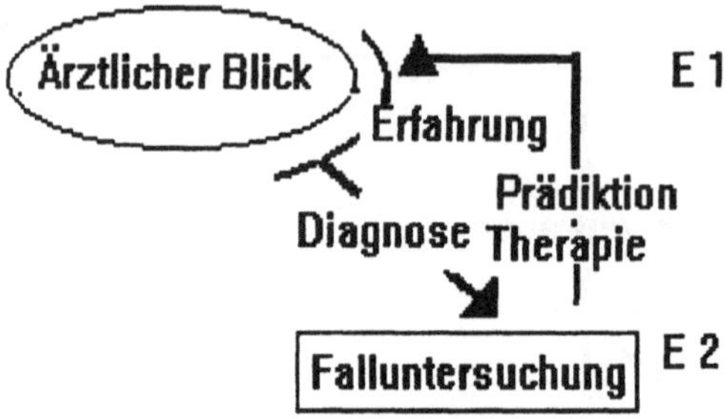

Abb. 6 Kreativer Zirkel des ärztlichen Blicks

Ärztliche Ethik aus dialogisch-konstruktivistischer Sicht

Die weltweiten Diskussionen um eine Bioethik und speziell um eine ärztliche Ethik, die sich in zahlreichen Publikationen, Symposien, Kongressen und Gründungen von Gesellschaften niederschlagen, kranken vor allem daran, daß der Begriff Ethik nicht eindeutig genug abgegrenzt wird. Schon die formale Einteilung in utilitaristische, Pflicht-und Diskursethik zeigt das Auftreten eines ziemlichen Durcheinanders. Wenn Ethik auf dem dialogischen Prinzip aufgebaut ist, kann sie nur der Ich-Du-Beziehung zugeordnet werden. Rutscht sie, wie am deutlichsten die utilitaristische, in die Ich-Es-Begegnung ab, verliert sie vollends ihren Wertbegriff. Als Zeugen dieser Notwendigkeit der Zuordnung der Ethik zur Person *unabhängig von jeder Institution*, können vor allem Pythagoras, Sokrates, Kant, Fichte, Spinoza, Schopenhauer, Kierkegaard, Lévinas, Jonas, Kampits und direkt auf medizinischen Gebiet vor allem V.v.Weizsäcker, Jaspers, Krehl, Rothschuh angeführt werden. Trotz dieser erdrückenden Zeugnisse wandeln wir heute vorwiegend auf den Spuren der Utilitaristen vor allem Benthams, Mills, James und nicht zuletzt Nietzsches. Kein Wunder, wenn sich bei den Diskussionen ethisch relevanter medizinischer Entscheidungen *Ratlosigkeit* breitmacht (SPITZY 1995). Peter Kampits weist neuerdings deutlich auf die Notwendigkeit einer Grenzziehung hin:

"Jenseits von Paternalismus und Autonomie könnte eine sich den Prinzipien dialogischen Denkens verpflichtet wissensde Medizin wiederum ihren ethischen Ursprung entdecken ... Ein klares Bewußtsein von solchen Grenzen für die medizinische Forschung und das ärztliche Handeln wäre ein guter Anfang für ein neues Ethos der Medizin" (Kampits 1995).

Jenseits von Paternalismus und weit mehr als in Richtung auf Autonomie muß die Ethik - und nicht nur die ärztliche Ethik - im Bereich der Ebene 1, also kathegorienlos gesehen werden. In diesem Begriff ruht die *Verantwortung für den Anderen* (Lévinas, Jonas). Sie manifestiert sich dann in der Ebene 2 als eine *Haltung* gegenüber dem Anderen .

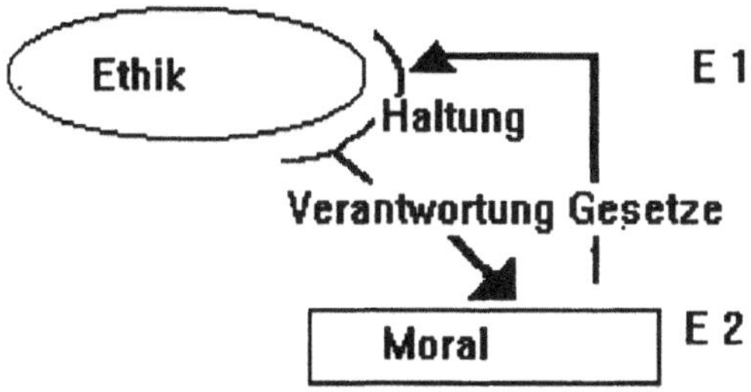

Abb. 7 Ethik und Moral

Bekannlich ist die Autonomie, die persönliche Freiheit durch die Freiheit des Anderen eingeschränkt, jedoch niemals aufgehoben. Der Staat schränkt die Freiheit des Einzelnen durch *Gesetze* ein und vermeint damit eine öffentliche Moral herzustellen und zu schützen. Der Bürger kann sich daher seiner Autonomie keineswegs erfreuen ohne gegen Gesetze zu verstoßen. Der Arzt hat diesbezüglich Privilegien, denn er muß manchmal gegen Gesetze verstoßen. Dabei bleibt ihm nichts anderes übrig als das Risiko des Erwischtwerdens auf sich zu nehmen.

Als Beispiel kann die sogenannte Sterbehilfe gelten. Der Arzt ist gar nicht so selten gezwungen die Dosis eines Schmerzmittels so weit zu erhöhen, daß er bewußt das Leben seines Patienten verkürzt. Die derzeit laufenden ratlosen Diskussionen zeigen deutlich, daß der Gesetzgeber gar nicht in der Lage ist, Gesetze zu machen, die dem Arzt Straffreiheit in einer solchen Situation zusichern, ohne daß einer bewußten Tötung (und sei es auch auf Verlangen), sei sie aktiv oder passiv, Tür und Tor geöffnet wird. Dem Arzt muß klar sein, daß bewußte Tötung des Anderen, welcher Art und aus welchem Motiv auch immer, M o r d ist, mit dem er leben muß. Es ist die schwerste Verantwortung, die den Ärzten zugemutet wird und ihnen durch n i e m a n d e n abgenommen werden kann, durch keine Institution, keine Kommission, keinen Richter, aber auch nicht durch den betroffenen Patienten selbst oder gar durch deren Angehörigen. Es muß klar sein, daß der Mensch, der behauptet, seinen Tod zu wünschen, sich etwas wünscht, das er nicht kennen kann und dessen Vorstellung ihm verschlossen ist. Solch ein Todeswunsch wird extrem selten ausgesprochen, und wenn, dann ist er praktisch immer nicht der Autonomie des Menschen entsprungen sondern von außen beeinflußt. Schon Kant hat sich mit diesem Problem befaßt und schrieb im "*Streit der philosophischen mit der medizinischenFakultät*":

"Lasst den Hospitalkranken Jahre lang auf seinem Lager leiden und darben, und ihn oft wünschen hören, dass ihn der Tod je eher je lieber von dieser Plage erlösen möge; glaubt ihm nicht, es ist nicht sein Ernst. Seine Vernunft sagt es ihm zwar vor, aber der Naturinstinkt will es anders" (KANT 1838).

Dieser von Kant beschriebene Naturunstinkt ist nich nur der Selbsterhaltungstrieb, der im Selbstmord als *die Wirkung eines bis zum Wahnsinn exsaltierten Affekts*26, überwunden wird, sondern die ganz normale *Hoffnung*, ohne die der Mensch nicht leben kann. Es ist bemerkenswert, daß Kant den Selbstmord als eindeutig krankhaft beschrieben hat. Die uralten orphischen Urworte stellen dem *Daimonion* (Schicksal) die *Elpis* (Hoffnung gegenüber. Die beiden werden durch den *Eros* (Liebe) verbunden (SPITZY 1993).

Literatur

BUBER, M.: Ich und Du. - Schneider, Heidelberg 1983.

BUBER, M.: Das dialogische Prinzip. Zwiesprache. - Schneider, Heidelberg 1984.

DÜSING, E.: Intersubjektivität und Selbstbewußtsein. - Dinter Köln 1986.

DUPUY, J.-P., VARELA F.: Kreative Zirkelschlüsse: Zum Verständnis der Ursprünge. - In: WATZLAWICK P., P. KRIEG U. FOUCAULT M.: Die Ordnung des Diskurses. Fischer, Frankfurt/M. 1994.

GÄRTNER, H.: Rufus von Ephesos. Die Fragen des Arztes an den Kranken. - Akademie-Verlag, Berlin 1962.

JONAS, H., "Philosophische Untersuchungen und metaphysische Vermutungen", Insel, 1992.

KAMPITS, P. (Hrsg.):Dialogisches Handeln in der Medizin und seine philosophische Bedeutung. - Landesakademie, Krems 1995.

KANT, I.: Sämmtliche Werke. herausgegeben von Rosenkranz u. Schubert. - Voss, Leipzig 1838.

KAMPITS, P.: Das dialogische Prinzip in der Arzt-Patient-Beziehung. - Rothe, Passau 1996.

LANGER, G.: Placebo: Jenseits von Schein und Störgröße. - Wiener Klein. Wschr. 99/1987, Suppl.175.

SCHRÖDINGER, E.: Was ist Leben?. - Piper, München 1989.

RITSCHL, D.: Zum 'dialogischen Prinzip' als Träger der Arzt-Patient-Beziehung. - Wiener med.Wschr. 142, 23/24, 1992, S.548

SPITZY, K.H.: Das Placebophänomen. -In: Kuemmerle, Hitzenberger und Spitzy: Klinische Pharmakologie. Ecomed, Landsberg/Lech 1984, II / 2 / 13

SPITZY, K.H.: Die Arzt-Patient-Beziehung und das Placebophänomen". - Imago hominis, Wien IV/1 1997

SPITZY, K.H.: Archäologie des ärztlichen Blicks. - Spektrum Augenheilkd 11/5 1997.

SPITZY, K.H.: Klinische Philosophie, Bd.3: Ärztliche Wissenschaft. - Maudrich, Wien 1998 (im Druck).

SPITZY, K.H.: Klinische Philosophie, Bd.2 : Ärztliche Ethik. - Maudrich, Wien 1995.

SPITZY, K.H.: Dämon und Hoffnung. - Hasel/Maudrich, Wien 1993.

SPITZY, K.H.: Klinische Philosophie,Teil 1: Ärztliche Dialogik. - Maudrich, Wien 1995.

VARELA, F.: Der kreative Zirkel. - In P. Watzlawick (Hrsg.): Die erfundene Wirklichkeit. Piper, München 1990.

WEIZSÄCKER, V.v.: Gesammelte Schriften, Bd.7. - Suhrkamp Frankfurt/M. 1987.

LUDWIG VON BERTALANFFYS SYSTEMTHEORIE UND DIE „WIRKLICHKEIT“ PSYCHOLOGISCHER KONZEPTE

Giselher Guttmann

Meine erste persönliche Begegnung mit Ludwig von Bertalanffy verdanke ich Viktor Frankl. Er war es, der zu einem Treffen eingeladen hatte, auf dem - zu meiner damaligen Überraschung - Kongruenzen im Denken dieser beiden Forscher diskutiert wurden, die ich zuvor nicht vermutet hätte. Die formal-naturwissenschaftlich orientierten Konzepte Bertalanffys scheinen mir nämlich von Frankls philosophisch-antropologischem Programm weit entfernt zu liegen. Doch ich erfuhr, daß die Äquifinalität eine für Frankl wichtige Brücke war, über die er sein Konzept der Sinnfindung mit biologischen Konstrukten zu verbinden versuchte. Erst viele Jahre später stiess ich auf Arbeiten, in denen von BERTALANFFY (1967) schon zum Zeitpunkt dieses Zusammentreffens vor mehr als drei Jahrzehnten auch über die Problematik der *Wirklichkeit wissenschaftlicher Konstruktionen* wegweisende Aussagen getroffen hatte. So stellte er in seiner Arbeit „Robots, Men and Minds“: *"Man is not a passive receiver of stimuli coming from an external world, but in a very concrete sense creates his universe. ... Perception is not a passive mirroring of a world outside like a color photograph; rather, incoming informations are, by a creative act, organized into a universe."* Und an anderer Stelle: *"We have to remember what science - representation of the „given" in suitable conceptual constructs - actually means. Science, with the expansion of empirical knowledge and increasing concep-tual refinement, undergoes a process of progressive deanthropomorphization".*

Bemerkenswert ist die Einsicht, daß die Modellvorstellungen über einen Realitätsbereich weitgehend von den Methoden bestimmt werden, mit denen dieser erforscht wurde: *„If you manipulate a dog according to Pawlov, a cat according to Thorndike, or a rat according to Skinner, you will obtain the results described by these authors. That is, you select, out of their behavioral repertoire, such responses as may be controlled by punishment or reward, you make the animals into stimulus-response machines or robots. The same, of course, is true of humans."* Die experimentell-laborhaft arbeitende Psychologie verwandelt ihre Versuchstiere in Reiz-Reaktions-Automaten und Menschen in „subhumane Automaten. *„However, in so doing, you de-rattisize rats and de-humanize humans. That is, you remove everything that may interest a rat in its natural habitat, or you bring a cat into a ''surrealistic universe'' (Koestler) such as Thorndike's device. We don't know what a rat feels in a Skinner box, and what consequences the experiment has for its mental well-being."*

Alltagserfahrung wird durch Konstrukte von zunehmender Abstraktheit und Komplexität ersetzt. Eine Einsicht, die für alle Wissenschaften gilt, die jedoch - wie Bertalanffy in dieser Arbeit aufzeigt - für die Psychologie von ganz besonderer

Bedeutung ist. Zweifellos ist für jedes Fach die Frage der Wirklichkeit seiner Konstruktionen entscheidend. Doch wenn beispielsweise ein Zoologe die verwandtschaftliche Nähe verschiedener Gruppen einzuschätzen und ein Klassifikationssystem zu erstellen sucht, geht er von konkret existierenden Individuen aus und stehen jedenfalls die Objekte seines aktuellen Forschens ausser Streit. Wie aber steht es in der Psychologie mit den „Objekten" ihres Forschens? Wie viele Geschmacksqualitäten, Gefühle, Triebe, Intelligenzfaktoren - die Aufzählung lässt sich beliebig fortsetzen - gibt es „wirklich" und mit welchen Verfahren können ihre Verwandtschaftsbeziehungen studiert oder Grenzziehungen zwischen ihnen begründet werden?

Seit der Jahrhundertwende werden derartige Fragen - die nicht nur von akademischem Interesse sind, sondern höchst praxisrelevante Konsequenzen haben - im Hinblick auf die *Struktur der menschlichen Intelligenz* gestellt. Ist Intelligenz als eine einfache, homogene Begabungsdimension anzusehen, deren Ausprägungsgrad dafür entscheidend ist, daß jemand unterschiedlichste Probleme mehr oder weniger gut zu lösen vermag, oder gibt es mehrere, voneinander unabhängige Begabungskomponenten? Verbleiben wir bei diesem Beispiel, weil uns in dieser Frage tatsächlich seit der Jahrhundertwende eine ganz besonders grosse Zahl von widerstreitenden Ansichten begegnet: So stellte Spearman eine g-Faktor-Theorie auf, die alle Unterschiede im intelligenten Handeln von Menschen auf eine einzige Begabungsdimension zurückführt. In den 30er-Jahren konnte Thurstone erstmals diese schon bald vielfach angezweifelte Behauptung empirisch widerlegen und nachweisen: Nicht eine einzige, sondern sieben Begabungsdimensionen sind es, die - von einander unabhängig - unser intelligentes Verhalten bestimmen. Wer also beispielsweise im Faktor „Sprachbeherrschung" gut ausgestattet ist, wird imstande sein, feinste Nuancen von sprachlichen Formulierungen zu erkennen. Davon wird aber seine Ausstattung im Faktor „Raumvorstellung" unabhängig sein, also der Fähigkeit, Aufgaben zu lösen, bei denen mit räumlichen Beziehungen operiert werden muss, Doch in der Folgezeit trafen laufend weitere Vorschläge über die „wirkliche Anatomie der Intelligenz" ein und der gegenwärtige Rekord für die Zahl der Begabungsfacetten, die wir zu unterscheiden haben, liegt in Guilford's Modell bei 120. Es besteht also offenkundig nicht einmal in der bescheidenen Frage Einigkeit, wie viele unterschiedliche „Objekte" wir in diesem wichtigen Teilbereich der psychologischen Forschung zu betrachten haben.

Viele unterschiedliche Mikrowelten stehen also, mit einer Formulierung des konstruktiven Realismus ausgedrückt, zur Auswahl und jeder darf sich für die ihm am tauglichsten erscheinende entscheiden, wobei jeder Anbieter für sein Produkt auch viele empirische Daten liefern wird, welche die Richtigkeit seiner Lösung unter Beweis zu stellen scheinen. Bleiben wir bei diesem Beispiel und betrachten wir die zwei genannten Begabungsdimensionen 'Sprachbeherrschung' und 'Raumvorstellung', die sich wohl auch aus der Alltagserfahrung als zwei unterschiedliche, „wirklich" unabhängige Begabungsdimensionen anzubieten scheinen.

Denn damit sind wir bei der entscheidenden Frage angelangt: Welche Wirklichkeit ist mit dieser Formulierung gemeint? In unmissverständlicher Klarheit wurde schon zur Jahrhundertwende ausgesprochen, daß unser Erleben ein „Bewußtseinsstrom“ ist und unsere Vorstellung von verschiedenen „psychischen Funktionen“ das Ergebnis einer von uns vorgenommenen Abstraktion. So sagt etwa Friedrich JODL (1903) in seinem Lehrbuch der Psychologie: *„daß es keine Erregung des Bewußtseins gibt, bei welcher nicht sämtliche Vermögen der Sinne, wenn auch in verschiedenem Grade mitwirkten, indem nicht nur Fühlen und Wollen, sondern auch Vorstellen, Denken und Wollen einander wechselseitig voraussetzen und in fliessender Reihe in einander übergehen.“* Und im Anschluss an seine Klassifikation der Bewußtseinstätigkeiten in Empfindungen, Gefühle und Strebungen macht er die bemerkenswerte Aussage, daß diese lediglich *"...drei verschiedene Formen und Erscheinungsweisen des allgemeinen Vorganges primärer psychischer Reaktionen sind, von denen bald die eine bald die andere Seite von uns zum Zwecke wissenschaftlicher Betrachtung und logischer Abstraktion speziell herausgehoben wird".* Ohne Zögern deklariert er somit seine eben sorgsam aufgebaute Klassifikation ausdrücklich als Konstrukt. Warum ist diese Betrachtungsweise in Vergessenheit geraten? Ist es die Angst, dadurch in Beliebigkeit unterzugehen? Der Wunsch, auch in der Psychologie Verbindlichkeit herstellen zu können?

Es hat in der Psychologie tatsächlich ein bemerkenswertes Programm gegeben, dessen Ziel das Erreichen von Verbindlichkeit war und das gerade durch die Wiener Schule von Hubert ROHRACHER (1937), einem Pionier der Erforschung der hirnelektrischen Phänomene, besonders konsequent verfolgt wurde. Er konnte nämlich schon wenige Jahre nach der Erstbeschreibung des Elektroenzephalogramms durch Hans BERGER (1929) wegweisende Arbeiten über die psychologische Bedeutung der hirnelektrischen Aktivitäten publizieren und damit der Vision von Gustav Theodor Fechner (1889) näherkommen, der in den „Elementen der Psychophysik“ meinte, daß es in ferner Zukunft möglich sein würde, über die biologischen Grundlagen des Psychischen - „Innere Psychophysik“ - einen Zugang zum Erleben zu erschliessen. Diesen „objektiven Blick ins Fremdpsychische“ suchte Rohracher, um mit Hilfe des EEGs eine „objektive Psychologie“ mit naturwissenschaftlichem Fundament und verbindlichen Modellvorstellungen begründen zu können.

Ich habe die Faktoren ‘Sprache’ und ‘Raumvorstellung’ deshalb als Beispiel gewählt, weil bei uns im Wiener Institut in den letzten Jahren von Herbert BAUER und Oliver VITOUCH (1997) einige Studien über hirnelektrische Aktivitäten beim Lösen von Aufgaben in eben diesen beiden Leistungsbereichen durchgeführt wurden. Dabei interessierte uns allerdings nicht das konventionelle EEG, sondern die kortikale Gleichspannung. Unser Gehirn ist nämlich, einer Batterie vergleichbar, elektronegativ aufgeladen, wobei dieses Gleichspannungspotential (DC-Potential) ein sensibler Indikator für die Erregbarkeit der betreffenden Hirnrindenzone ist, der ihre aktuelle Funktionsbereitschaft anzeigt.

Bauer hat in jahrelanger Entwicklungsarbeit neue Verfahren zur Registrierung, Verstärkung und Darstellung dieser Potentiale entwickelt, mit deren Hilfe nun die aktuellen Erregungsmuster des Gehirns bei verschiedenen kognitiven Aktivitäten beobachtet und Zonen von erhöhter bzw. herabgesetzter Erregbarkeit sichtbar gemacht werden können. In einer dieser Arbeiten wurden nun Raumvorstellungsaufgaben vorgegeben, wobei jeweils von zwei Würfeln mit unterschiedlich bemalten Seitenflächen zu entscheiden war, ob diese nach einer geeigneten Rotation - welche die Versuchsperson in der Vorstellung vollziehen musste - dieselbe Ansicht bieten würden. Die „Erregungslandkarte" des Gehirns zeigte dabei, daß im Augenblick der Problemlösung in genau dem für die Raumorientierung zuständigen Bereich der rechten Hemisphäre eine deutliche Negativierung auftrat.

Ein ganz andere Bild bot sich hingegen, wenn denselben Personen (ausschliesslich Rechtshänder) sprachliche Aufgaben von der Art:

Vogel : Nest = Mensch : Wohnung

mit dem Auftrag vorgegeben wurden, ihre Richtigkeit zu beurteilen. Unter dieser Bedingung trat während der Lösung eine eng begrenzte linkshemisphärische Aufladung in genau der Region auf, in welcher das Sprachzentrum lokalisiert ist.

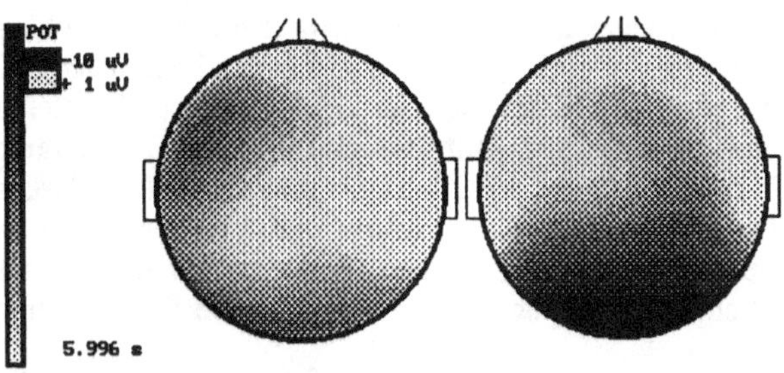

Abbildung 1: Die Verteilung der Gleichspannungspotentiale beim Lösen von sprachlichen Aufgaben (linkes Bild) und beim Bearbeiten von Problemen, die Raumvorstellung erfordern (rechtes Bild). Die dunklen Zonen zeigen Bereiche mit hoher elektronegativer Aufladung an.

Wir haben also auf einer biologischen Realitätsebene Informationen gesammelt, die sich völlig mit den aus dem psychometrischen Bereich stammenden Modellannahmen Thurstone's decken und können mit Staunen und Befriedigung eine perfekte Isomorphie von zwei höchst unterschiedlichen Realitätsebenen zur Kenntnis nehmen. Mit von Bertalanffys Worten: *"If both mental and behavioral or physiological events can be described by the same models, this means isomorphism between them."* Doch was folgt aus dieser Korrespondenz? Haben diese beiden

Intelligenzdimensionen durch diesen Befund gleichsam einen höheren Grad an Wirklichkeit erhalten?

Mit Fritz WALLNER (1992) gilt es, durch Verfremdung zu erproben wie sich eine Mikrowelt unter verschiedenen Bedingungen bewährt. In diesem Sinne können wir den neuropsychologischen Zugang als gutes Beispiel für eine nutzbringende Verfremdung ansehen, durch welche wir uns für dasjenige von mehreren möglichen Modellen entscheiden, für welches wir zwischen dem Bereich der Neurobiologie und der Ebene des Erlebens optimale Korrespondenzen feststellen können. Dieses kann somit als das geeignetste angesehen werden, das die brauchbarsten und verlässlichsten Vorhersagen liefern wird, ohne in die Feststellung zurückfallen zu müssen, daß es „wirklich" die beiden Intelligenzfaktoren „Sprachbeherrschung" und „Raumvorstellung" gibt. Damit wird Beliebigkeit aufgehoben, ohne gleichzeitig die überkommene Vorstellung einer universell verbindlichen Wahrheit bemühen zu müssen.

Ich möchte diese überaus wichtige Position mit Heinz von FOERSTERS (1985) Relativitätspostulat illustrieren, zu dessen Veranschaulichung er sinnvolle und zulässige Annahmen über das Rotationszentrum unseres Planetensystems abzuwägen vorschlägt: Ist die Position von Ptolemäus „richtig", der meinte, daß die Erde der Mittelpunkt des Universums ist, um den die Sonne und alle Planeten kreisen oder hat Kopernikus recht, für den die Sonne im Mittelpunkt steht? Und warum sollten wir nicht einen anderen Mittelpunkt, etwa den Mars, vorschlagen? Es müsste ja sowohl dem Mars- wie auch dem Erdbewohner das Recht zugestanden werden, ein Modell zu entwerfen, in dem jeweils *sein* Planet zum Mittelpunkt erklärt wird. Und an diesem Denkspiel kann die entscheidende Einschränkung aufgezeigt werden, daß zwar die *Wahl* des Zentrums zunächst beliebig ist, aber Erde und Mars von einer Gemeinschaft der Mars- und Erdenbewohner *nicht gleichzeitig* zum Mittelpunkt erklärt werden kann. Somit ist für diese nur *eine* Modellvorstellung, nämlich die Annahme eines heliozentrischen Systems sinnvoll und zulässig.

Vermutlich könnte dieser Auffassung für den psychologischen Bereich ein Grossteil der gegenwärtigen Fachvertreter durchaus zustimmen. Es gibt allerdings <u>ein</u> Problem, bei dem die Psychologie dieselben Schwierigkeiten hat, wie die Philosophie seit altersher, nämlich das Ich-Erleben. Daß da draussen eine Aussenwelt exisitiert, die ich wahrnehme und erlebe wird - in der naiven Einschätzung unserer Lebenswelt wie auch in den meisten wissenschaftlichen Reflexionen - als eine unbestreitbare Tatsache angesehen, die überhaupt nicht zur Diskussion zu stellen ist, sondern die Basis aller weiteren Überlegungen darzustellen hat. DESCARTEs 'cogito ergo sum' ist das solide Fundament, dessen Unbestreitbarkeit von zahlreichen anderen kritischen Denkern betont wird, wie etwa von John LOCKE (1769): *„For nothing can be more evident to us, than our own Existence ... If I doubt of all other Things, that very Doubt makes me perceive my own Existence, and will not suffer me to doubt on that".*

Mit dieser für die Alltagssicht unserer Lebenswelt zweifellos nützlichen Position hat sich freilich gerade die Psychologie eine Fülle von Problemen geschaffen, die uns meist unter dem Oberbegriff „Leib-Seele-Problem" begegnen und deren Lösung man sich neuerdings besonders von den Neurowissenschaften erhofft. Durch eine eingehendere Betrachtung des Gehirns und seiner Feinstrukturen sollte nämlich endlich klar werden, wie „aus Materie Psychisches entsteht".

Gerade in dieser kritischen Frage, welche der Psychologie eine Fülle von Scheinproblemen beschert und viel Forschungsenergie gebunden hat, nimmt auch von Bertalanffy eine bemerkenswerte Position ein: Er bekennt sich nämlich ganz unmissverständlich zu jener kleinen Minderheit, die diese Dualisierung nicht als eine fundamentale Selbstverständlichkeit ansieht, sondern vielmehr als das Produkt eines Entwicklungsprozesses: *"Our direct experience is, of course, of things outside in space: chairs, tables, houses, stars seen in the telescope and cells in the microscope, etc., and a perceiving, feeling, thinking, willing self. But this is not a simple and ultimate 'given'. The experienced universe is the outcome of innumerable factors and processes by which a primitive 'stream of experience' is organized and differentiated into 'outside worlds' and 'self'."*

Bei der Diskussion der Genese des Ich-Erlebens bezieht sich von Bertalanffy auch auf Jean PIAGET (1985), einen der wenigen Psychologen, der in dieser Frage gleichfalls eine klare Position bezogen hat und betont: " ... *our experienced world is the product of a long evolution, cultural history, and individual learning of the child. As psychiatrists say, the 'ego boundary' is established slowly and in complex (but widely known) processes; and may again be obliterated in psychopathology".* Und an anderer Stelle: *„From a state of primary adualism (to use Piaget's term) ... eventually the differentiation of objects and subject, material things and immaterial self arises, as experienced by the adult European."*

Die Dualisierung unserer Weltsicht nicht als ein Faktum anzusehen, das jenseits jeglicher Diskussion zu stehen hat verursacht allerdings nicht lediglich Unbehagen. Diese Position ist auch nur mit Mühe sprachlich vermittelbar und wird meist eher Verständnislosigkeit als Zustimmung auslösen. So muss Josef MITTERER (1993), der in seinem bemerkenswerten Werk "Das Jenseits der Philosophie. Wider das dualistische Erkenntnisprinzip" den Versuch unternahm, eine nicht-dualisierende Redeweise zu entwickeln, im Vorwort feststellen: "... *diese Abhandlung wurde im wesentlichen in den Jahren 74-78 geschrieben, die Reaktionen schwankten zwischen Verständnislosigkeit, freundlicher Ablehnung und einen Jux will er sich machen".* Ludwig von Bertalanffy liefert uns einen Ansatz, mit dessen Hilfe auch vor und jenseits einer Dualisierung Mikrowelten geschaffen werden können, in denen wir nicht stillschweigend Setzungen vorgenommen haben, um deren Konsequenzen später unbemerkt wieder als Fragestellungen aufzugreifen. Sagt doch von Bertalanffy selbst über seine übergreifende, systemtheoretische Deutung: *"It is the beauty of systems theory that it is psychophysically neutral, that is, its concepts and models can be applied to both material and nonmaterial phenomena."*

BERGER, H.: Über das Electroencephalogramm des Menschen. 1. Mitteilung. - Archiv Psychiatrisches Nervenkrankenhaus, 87, 1929, 527-570.

BERTALANFFY, L. v.: Robots, Men and Minds. Psychology in the Modern World. George Braziller, New York, 1967.

FECHNER, G. T.: Elemente der Psychophysik. - Leipzig, Breitkopf und Härtel, 1889.

FOERSTER, H. v.: Entdecken oder Erfinden? Wie lässt sich Verstehen verstehen? - München, Oldenburg Vlg.,1985.

JODL, F.: Lehrbuch der Psychologie. - Stuttgart und Berlin, J.G. Cotta'sche Buchhandlung,, 1903:

LOCKE, J.: Essay concerning Human Unterstanding. - London, 1769.

MITTERER, J.: Das Jenseits der Philosophie. Wider das dualistische Erkenntnisprinzip. - Wien, Edition Passagen 1993.

PIAGET, J.: Meine Theorie der geistigen Entwicklung. Fischer, Frankfurt, 1985.

ROHRACHER, H.: Die gehirnelektrischen Erscheinungen bei verschiedenen psychischen Vorgängen. - Academia Scientiarum "Commentationes", 1, 1937, 89-133.

ROHRACHER, H.: Die gehirnelektrischen Erscheinungen bei Sinnesreizen. – Zeitschr. F. Psychologie, 140, 1937, 274-308.

VITOUCH, O., H. BAUER, G. GITTLER und M. LEODOLTER: Cortical activity of good and poor special test-performers during spatial and verbal processing studied with Slow Potential Topography. - Intern. J. of Psychophysiology, 27, 1997; 183-199.

WALLNER, F.: Acht Vorlesungen über den Konstruktiven Realismus. - Wiener Univ. Verl., 1992.

GESTALTTHEORIE UND PSYCHOSOMATIK

Dieter Zabransky

Als Psychologe, Psychotherapeut und Mediziner an einem Allgemeinen Krankenhaus und in freier Praxis haben mich systemtheoretische Ansätze und ihre Anwendungen besonders interessiert, da sie wieder zu einer Zusammenschau unterschiedlicher wissenschaftlicher Disziplinen beitragen können und damit einer zunehmenden Spezialisierung entgegenwirken. Bekanntlich ist ja ein Spezialist jemand, der von immer weniger immer mehr weiß, bis er am Schluß von nichts alles weiß. Darin ist durchaus eine Gefahr zu sehen.

Eine psychosomatische Sichtweise von der Entstehung und Heilung von Störungen und Erkrankungen hingegen verlangt nach übergreifenden wissenschaftlichen Ansätzen, die in der rein naturwissenschaftlich orientierten Schulmedizin bis in die heutige Zeit nur wenig Bedeutung erlangt haben. In ihrer wissenschaftlichen Methodik folgt diese meist dem allgemein gültigen naturwissenschaftlich-mechanistischem Paradigma, nach dem allen Vorgängen im Menschen kausale, am liebsten monokausale, Gesetzmäßigkeiten zugrundezulegen sind.

Der berühmte Pathologe Virchow, der als namhafter und einflußreicher Vertreter dieser Denkrichtung gelten kann[1], soll sinngemäß einmal den Ausspruch gemacht haben, daß er schon so viele Leichen seziert habe, eine Seele habe er bisher jedoch nicht finden können.

Darin kommt die deutliche Skepsis gegenüber der Bedeutung psychischer Vorgänge im Menschen unverhohlen zum Ausdruck. Psychische Phänomene und psychologische Aspekte haben aus dieser Sicht in der Medizin folgerichtig wenig Platz; wir finden sie eher in Randgebieten der Medizin angesiedelt, wie in der Psychiatrie oder in der Psychosomatik. Selbst die Einfüh-rung des Lehrfaches der Medizinischen Psychologie im Rahmen des Medizinstu-diums macht nur deutlich, daß hier ein Lehrfach einfach zusätzlich eingeführt, also dem bestehenden Lehrplan quasi aufgepropft wird, was jedoch für angehende Me-dizinerinnen und Mediziner keineswegs zu einer grundlegenden psychosoma-tischen Sichtweise von Erkrankungen führen kann. Umgekehrt muß aber auch gesagt werden, daß die Theorienbildung in der Psychologie und Psychotherapie ebenfalls häufig einseitig von den psychischen und psychologischen Phänomenen ausgeht, wobei hier wieder die Gefahr besteht, daß die somatische Seite in der Theorienbildung vernachlässigt wird.

Integration tut Not. Zur Einbeziehung umfassenderer Integrationsebenen bedarf es alternativer wissenschaftlicher Denkansätze, wie wir sie bereits in der ersten Hälfte dieses Jahrhunderts im Bereich der Biologie in der *Allgemeinen System-*

---

[1] Vgl. dazu auch den kritischen Beitrag von E. BONET in diesem Symposionband, der sich u. a. mit Virchows wissenschaftlichem Ansatz in der Zellpathologie beschäftigt.

theorie v. Bertalanffys und in der Psychologie in der *Gestaltpsychologie* oder *Gestalttheorie* finden können.

Mit dem Begriff der *Psychosomatik* werden heute sehr unterschiedliche theoretische Modelle und Denkansätze über den Zusammenhang von somatischen und psychischen Vorgängen verbunden. In erster Linie denken wird hier an die „heiligen Kühe" der Psychosomatik, also an typische Störungs- und Krankheitsbilder, wie die der Magersucht, Magen- und Darmgeschwüre, *Colitis ulcerosa*, usw. Hier ist mit „psychosomatisch" die psychische Verursachung somatischer Symptome gemeint, psychogen bedingte Erkrankungen; in der Genese der Erkrankung werden also psychische Ursachen als ausschlaggebend angenommen. Im Gegensatz zu den ausschließlich durch Stoffwechsel- oder anderen organischen Störungen erklärbaren Erkrankungen, also den somatogen bedingten. Bei der Untersuchung der Ursache-Wirkung-Beziehung bei der Entstehung und Ausformung der Krankheitsbilder geht es dann häufig um die Frage der Bedeutung der einzelnen Faktoren, die dabei beschrieben werden können (somatische Faktoren, Umweltfaktoren), darüber hinaus werden auch psychische Faktoren als verursachend miteinbezogen. Letzendlich geht es bei dieser Fragestellung aber zumeist darum, inwieweit eine Störung oder Erkrankung somatisch *oder* psychisch bedingt ist, ob der eigentlich verursachende Faktor in dem einen oder dem anderen Bereich zu suchen ist.

Grundsätzlich ist an diesem Ansatz zu begrüßen, daß er versucht, möglichst viele Aspekte in die Überlegungen miteinzubeziehen, sodaß auch die Rolle der Psyche Beachtung findet. In diesem Denkansatz fällt aber auch auf, daß möglichst isoliert betrachtete organische Funktionen und Störungen mit ebenfalls möglichst isolierten psychischen Ursachungsfaktoren in Verbindung gebracht werden sollen[2], sodaß dieser theoretische Ansatz einem ganzheitlichen Verständnis vom Menschen sicherlich nicht gerecht werden kann.

Ganzheitliche Ansätze von Psychosomatik und psychosomatischer Medizin sehen den Menschen als untrennbar psychophy-sisches Ganzes, wobei also bei der Erklärung für die Entstehung und Ausformung von Erkrankungen somatische *und* psychische Faktoren zu berücksichtigen sind.

Als einer der namhaftesten Vertreter zieht hier Thure von UEXKÜLL (1963) als Beispiel für eine ganzheitliche Sichtweise den Hygieniker Pettenkofer heran, der aus Verärgerung über die Vertreter einer engstirnigen, einseitig bakteriologisch orientierten Medizin ein Glas mit Cholerabazillen trank, um damit nachdrücklich zu beweisen, daß der Erreger allein noch keine Choleraerkrankung ausmacht (nach KÄSTL 1996).

Die Gestalttheorie, genauer die Berliner Schule der Gestaltpsychologie, hat bereits in den zwanziger und dreißiger Jahren die wissenschaftliche Grundlage für eine umfassende ganzheitliche psychosomatische Sichtweise gelegt. Sie stellt dem mechanistischen Weltbild der traditionellen Schulmedizin und Schulpsychologie

---

[2] WALTER (1995) spricht hier von einem „*Kurzschluß-Automatismus*".

ein ganzheitliches Weltbild gegenüber, in dem sowohl Körperliches wie Seelisches gleichermaßen berücksichtigt wird.

Da der Begriff der *Ganzheitlichkeit* heute ein Modewort geworden ist und sehr Unterschiedliches damit bezeichnet wird, möchte ich diesen Begriff aus gestalttheoretischer Sicht näher bestimmen. Er meint insbesondere zweierlei (METZGER 1954):

1. Im Gegensatz zu atomistischen Ansätzen in der Psychologie werden leibseelische Vorgänge als ganzheitliche Prozesse aufgefaßt, die "nicht-summenhaft" sind. D.h., daß unser Verhalten und Erleben nicht als summative Aneinanderreihung einzeln gelernter Schritte, wie aneinander gereihte Reflexe (wie bei Pawlow) oder wie einzelner Verhaltensweisen (wie bei den Behavioristen und Lerntheoretikern) angesehen wird, sondern es wird als sinnvoller Teil eines komplexen Handlungsganzen des Organismus aufgefaßt. Sonst haben wir, um mit Goethe zu sprechen, die Teile zwar in der Hand, „es fehlt leider nur das geistige Band". Mit anderen Worten: es ordnen sich die Teile einem übergeordnetem Ganzen unter. Sie werden erst in ihrer speziellen Stellung, in ihrer speziellen Funktion im Ganzen sinnvoll. Eine bestimmte Handlung bekommt erst ihren Sinn in einem konkreten Bezugsystem und konkreten Handlungsganzen.
2. Ganzheitliche Sichtweise heißt aber auch, das Verhalten und Erleben des Menschen in einer bestimmten Lebenssituation (z.B. bei einer entstehenden Erkrankung) in seiner Einbettung in umfassendere Zusammenhänge zu sehen: die Lebenssituation, in dem der Betroffene erkrankt, seine gegenwärtige leibseelische Verfassung, sein soziales und ökologisches Umfeld, seine Lebensperspektive, all seine Hoffnungen für sein zukünftiges Leben, aber auch seine Befürchtungen - all das sind wesentliche Aspekte, die aus der gegenwärtigen Sicht des Erkrankten sein bisheriges Leben ausgemacht haben, gerade ausmachen und vermutlich ausmachen werden und zur Gesundung oder Verschlechterung seines Zustandes beitragen.

Zur Verdeutlichung der wissenschaftstheoretischen Position der Gestalttheorie ist auf den *Kritischen Realismus* zu verweisen. Im Kritischen Realismus wird die These vertreten, daß die gesamte vorgefundene Welt zu unserer anschaulicherlebten, d.h. phänomenalen Wirklichkeit gehört (= Wirklichkeit im zweiten Sinn). Diese ist streng von der erlebensjenseitigen (=transphänomenalen oder physikalischen) Welt zu unterscheiden (Wirklichkeit im ersten Sinn), die uns niemals unmittelbar anschaulich gegeben ist, sondern nur indirekt erschlossen und in Form von theoretischen Modellen, z.B. in physikalischen oder physiologischen Theorien, abgebildet werden kann.

Die Wirklichkeit im ersten und zweiten Sinn läßt sich weiter differenzieren: die physikalische Welt in die physikalische Umgebung (1) und in den physiologischen Organismus (2); die phänomenale Welt (3) in das wahrgenommene Körper-Ich (4) und die wahrgenommene Umgebung. Erlebnisfähig sind ausschließlich die phänomenalen Vorgänge, welche im sog. *Psychophysischen Niveau* (5), einem hypothetisch angenommenen Ort im Zentralnervensystem, im Großhirn, verarbeitet werden (siehe. Abb. 1).

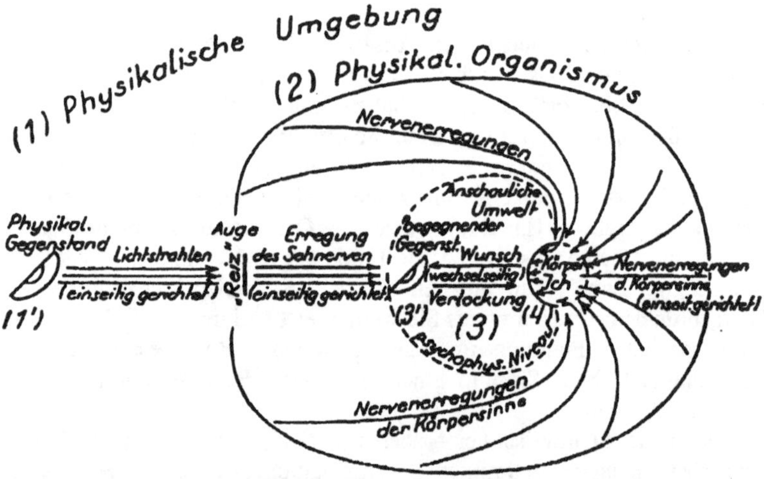

Abb. 1. Beziehung des Organismus zur Umgebung und Differenzierung der Wirklichkeit

Fragen nach dem Zusammenhang zwischen physischen und psychischen Vorgängen wurden traditionell in der Philosphie, Psychologie und psychosomatischen Medizin im Rahmen des *Leib-Seele-Problems* behandelt:

Nach der hier beschriebenen Auffassung von Ganzheitlichkeit wird die *Parallelismus-Hypothese* abgelehnt, wonach seelische und körperliche Vorgänge einfach nebeneinander parallel verlaufen. Folgt man dieser Sichtweise, so erscheint die isolierte Untersuchung des Menschen plausibel, hier der organische Bereich mit seinen gesunden, aber auch gestörten Abläufen, dort der psychische Bereich mit seinen eigenen, davon unabhängigen Gesetzmäßigkeiten. Diese Auffassung findet heute noch weite Verbreitung, wenn wir im Gesundheitswesen an die deutliche Trennung in der Behandlung von körperlichen und psychischen Störungen und Erkrankungen denken und an die hohe Spezialisierung und Distanz zwischen den Experten für die Behandlung der jeweiligen Disziplinen.

In den *Wechselwirkungstheorien*, einem weiteren Erklärungsansatz des psychophysischen Problems, wird von kausalen Zusammenhängen von körperlichen und psychischen Vorgängen ausgegangen. Nach diesem Verständnis stehen physische und psychische Gegebenheiten in einem unmittelbaren Interaktionsverhältnis und wirken wechselseitig aufeinander ein. Danach lassen sich körperliche Wirkungen seelischer Prozesse ebenso beobachten wie seelische Wirkungen von bestimmten

Stoffen, die eingenommen werden, z.B. Psychopharmaka. Dieser Ansatz stützt sich auf die Beobachtungen, wie physiologische Veränderungen mit bestimmten Gefühlen einhergehen, etwa Erröten bei Scham, Herzklopfen bei Wut, Zittern und Schwitzen bei Angst. Auf der anderen Seite soll es ja auch schon vorgekommen sein, daß ein psychisch Verwirrter irrtümlich auf Grund der Entgleisung seines Blutzuckers auf die Psychiatrie eingewiesen worden ist, einfach weil nicht erkannt worden ist, daß er schwerer Diabetiker ist.

Nach Wolfgang METZGER, einem der namhaftesten Gestalttheoretiker, *„kann (man) sich die Wechselwirkung zwischen unserem Innersten und unserem Leib nicht innig genug vorstellen. Unser Innerstes ist zwar gegenüber dem Leib als Sonderbereich mehr oder weniger stark abgesetzt; gleichwohl bildet er mit ihm zusammen ein dynamisch aufs engste, und zwar auf vielerlei Weise, kommunizierendes Ganzes, in welchem der Zustand jedes Teils und jeder Stelle von den Zuständen an allen anderen Teilen und Stellen mitgetragen wird und seinerseits sie mitträgt, so daß grundsätzlich nirgends sich etwas ändern kann, ohne daß es an jedem anderen Teil des Ganzen Folgen hat. Leib und Seele stehen, mit anderen Worten, im Gestalt-Zusammenhang."* METZGER 1975.

Dieser Gestaltzusammenhang drückt sich speziell im Verhältnis zwischen psychischen und hirnphysiologischen Prozessen aus. Hier geht die Gestalttheorie von einer Strukturidentität dieser Prozesse aus. Dieser Sachverhalt wird im Gestaltansatz Wolfgang KÖHLERS als *Isomorphiethese* bezeichnet. Es wird in dynamischer Hinsicht strukturelle Identität zwischen subjektiven Erlebnisphänomenen und neurophysiologischen Vorgängen im Großhirn angenommen (*Identitäts-Hypothese*).

Die heute wieder sehr beachtete Ganzheitstheorie des Neurologen und Gestalttheoretikers Kurt GOLDSTEINS versteht den Organismus als lebendige Einheit von Leib und Seele, wobei Leib und Seele dabei lediglich unterschiedliche Anschauungsweisen eines einheitlichen Phänomens darstellen. GOLDSTEIN (1963) verzichtet auf den Begriff der Psychosomatik gänzlich, da seine Theorie die von ihm als überwunden geglaubte Dualität von Psychischem und Somatischen impliziert. Psychische und physiologische Vorgänge müssen in ihrer Beziehung und in ihrer Bedeutung zum Ganzen gesehen werden, wobei dem Organismus eine Tendenz zu geordnetem Verhalten eigen ist und damit das Prinzip der Selbstorganisation im Psychischen wie im Somatischen seine Gültigkeit besitzt.

Diesem ganzheitlichen Ansatz folgend, kommt WALTER (1994) zu dem Schluß, daß sich eine grundsätzliche Trennung zwischen der Behandlung körperlicher und psychischer Störungen geradezu verbiete. Es *„genügt nicht"*, so schreibt er, *„einer „klassischen" Medizin eine „psychosomatische" Medizin hinzuzufügen und eventuell, in nochmaliger Abgrenzung, eine auf „rein" psychische Störungsphänomene begrenzte Psychotherapie, vielmehr ist jede Störung und jede Heilung psychosomatischer Natur"*.

Durch die Annahme einer dynamischen Einheit von leib-seelischen Prozessen eröffnet sich die Möglichkeit des Eingreifens in somatische Vorgänge beim

Menschen durch psychische Veränderungen; und damit auch die Möglichkeit der Besserung und Heilung von psycho-somatischen Erkrankungen durch psychologische und psychotherapeutische Methoden. Für das Krankheitsverständnis und die Gestalttheoretische Psychotherapie bedeutsam ist die daraus ableitbare Folgerung, daß massive Barrieren und Abspaltungen in der phänomenalen Welt des Menschen nicht nur zu Störungen des erlebten inneren Gleichgewichts und des körperlich-seelischen Wohlbefindens führen, indem sie die Fähigkeit zur Selbstorganisation behindern, sondern daß bei langanhaltenden und tiefergehenden Konflikten auch Auswirkungen im physiologischen Organismus in Form von funktionellen und schließlich morphologisch-organischen Erkrankungen zu erwarten sind (ZABRANSKY 1997).

So müssen wir uns beispielsweise bei einem Herzinfaktpatienten auch fragen, welche belastenden Erlebnisse in seinem Leben die Erkrankung begünstigt haben. Wie ist dieser Patient bisher mit seinen Lebensschwierigkeiten umgegangen, daß er einen Herzinfarkt entwickelt hat? Und welche anderen Möglichkeiten der Konfliktbewältigung in seiner Lebenssituation können von ihm schließlich entdeckt und entwickelt werden? Wenn wir jemand in seiner Erkrankung verstehen wollen, müssen wir seine Erlebniswelt verstehen lernen. Wir müssen lernen, uns in andere einzufühlen, d.h. subtil Phänomenologie zu betreiben. Der angesehene Internist Viktor v. Weizsäcker meinte dazu, daß ich meine Krankheit nicht nur bekomme und habe, sondern auch mache und gestalte. Daß ich meine Krankheit nicht nur dulde und fortwünsche, sondern auch brauche und will. Er spricht damit die Selbstverantwortung des Menschen für seine Gesundheit oder Krankheit an, sowie das bekannte Phänomen des Krankheitsgewinns. Gesund zu werden, bedeutet eben auch etwas aufgeben und ändern zu müssen, eine Leistung, die der Patient nur selbst erbringen kann.

Da der Begriff der *Gestalt* häufig sehr unscharf verwendet wird, ist in diesem Zusammenhang zu klären, was unter dem Gestaltbegriff im gestalttheoretischen Sinn eigentlich zu verstehen ist. Eine Gestalt zeichnet sich darin aus, daß sie sich von ihrem Hintergrund, Kontext oder Bezugsystem als mehr oder weniger geschlossenes, in sich gegliedertes Ganzes abhebt. Der Hintergrund, das Bezugsystem, wird dabei zumeist nicht bewußt. Unser Erleben wird in sinnvolle Gestalten organisiert: in Wahrnehmungsinhalte, Gefühle, Gedanken, Phantasien, Träume, usw. Selbst Wahrnehmungsgegenstände stellen aus dieser Sicht keine passiven Abbilder physikalischer Körper dar. Sie sind Gestalten, die durch Ordnungstendenzen (Prinzip der Selbstorganisation) in einem komplexen Figur-Hintergrund-System organisiert werden (METZGER 1975).

Den Gestaltbegriff führte Christian v. Ehrenfels im Jahre 1890 mit seinem Artikel *"Über Gestaltqualitäten"* in die Psychologie ein. Anhand des Beispieles der 'melodischen Gestalt' erläuterte er damals das Gestaltprinzip, welches das Verhältnis zwischen einem Ganzen und seinen Teilen charakterisiert: So ist die Melodie - als ganzheitliches Phänomen - nicht aus der Summe ihrer Teile erklärbar (z.B. 5 c, 2 e und 3 fis usw.); das bezeichnete Ehrenfels als *Übersummativität*. Die melodische Gestalt tritt neben den einzelnen Tönen als eine eigene neue Qualität hinzu. Dies wird am Beispiel der *Transponierbarkeit* einer Melodie deutlich: eine Melodie bleibt auch dann erkennbar, wenn sie als Ganzes in eine andere Tonart transponiert worden ist, selbst wenn kein einziger Ton der alten Melodiefolge in der neuen enthalten ist. Daraus schloß er: *"Komplexe psychologische Wahrnehmungen und Erlebnisse besitzen Eigenschaften, die nicht aus der Funktion der Teile her erklärbar sind"* (Ehrenfels).

Als historischer Beginn der Gestalttheorie wird gewöhnlich die Veröffentlichung der Arbeit von Max WERTHEIMER aus dem Jahre 1912 *„Experimentelle Studien über das Sehen von Bewegung“* in der Zeitschrift für Psychologie angesehen. In dieser Arbeit konnte er zeigen, daß unter bestimmten Wahrnehmungsbedingungen Scheinbewegungen auftreten (Wertheimers *Phi-Phänomen*), die nicht allein durch die vorgegebenen physikalischen Versuchbedingungen erklärbar sind, sondern auf Gestaltprozesse verweisen, die selbstorganisatorisch ablaufen.

Selbstorganisatorische Vorgänge sind - dem Kritischen Realismus entsprechend - sowohl im psychischen Feld, also im Erleben des Menschen, als auch im physiologischen Organismus[3] anzunehmen. Als grundlegendes selbstorganisatorisches Prinzip wird die *Tendenz zur guten Gestalt,* auch *Prägnanztendenz* genannt, beschrieben. METZGER (1975) beschreibt darin die allgemeine Tendenz, Gestörtes in Ordnung zu bringen. Sie wurde in eine Vielzahl verschiedener Gestaltgesetze differenziert, z.B. in das Gesetz der Geschlossenheit, das der Nähe, der Symmetrie, usw. Auf Grund der Wechselwirkungen des Ganzen und der Teile des menschlichen Systems eine innere Dynamik, welche aus sich selbst heraus zielgerichtetes frei geordnetes Geschehen organisiert und ermöglicht. Diese ermöglicht es dem Organismus, einerseits die auf ihn eintreffende Fülle von Informationen möglichst einfach und klar zu ordnen; andererseits wird damit das Handeln effektiv organisiert, um in der Umwelt gut zurechtzukommen.

Aus dieser Sicht kann der behandelnde Arzt bei allen somatischen Heilvorgängen bloß günstige Randbedingungen setzen, unter denen die selbstorganisatorischen Vorgänge des Organismus unterstützt werden. Er muß sich auf diese Prozesse verlassen und auch die notwendige Zeit der Heilung abwarten, die nicht beliebig verkürzt werden kann. Auf die „Tendenz zur guten Gestalt“ kann aber auch der Psychologe und Psychotherapeut ins seiner Arbeit vertrauen. Er kann grundsätzlich darauf bauen, daß bei allen psychischen Vorgängen die Prägnanztendenz wirksam wird, die heilsame selbstregulative Prozesse in Gang bringt (WALTER 1985).

Ein psychologisches Persönlichkeitsmodell, in dem die „Tendenz zur guten Gestalt“ eine zentrale Rolle spielt ist das *Lebensraummodell* von Kurt LEWIN (1963). LEWIN hat darin die Erlebniswelt des Menschen als ein Feld betrachtet. Nach der Definition Eisteins ist ein Feld eine Gesamtheit gleichzeitig bestehender

---

[3] Wolfgang KÖHLER spricht hier von *physischen Gestalten..*

Tatsachen, die als gegenseitig voneinander abhängig begriffen werden (analog dem Gravitationsfeld oder dem Magnetfeld). Das Konzept des Lebensraumes postuliert nun, daß im psychischen Feld einer bestimmten Lebenssituation zu einem gegebenen Zeitpunkt alle *Feldkräfte* beinhaltet sind, die die Handlungen eines Menschen bestimmen. LEWIN spricht von Feldkräften als Kraftvektoren, die als positive oder negative Valenzen eine bestimmte Situation ausmachen (*Aufforderungscharakter*). Diese können bewußt oder unbewußt sein, wirksam müssen sie sein.. Gerade die verdrängten unbewußten Feldkräfte können sich massiv störend auswirken. Verdrängte starke Gefühle oder Motive können sich in mannigfachen seelischen oder auch körperlichen Störungen äußern.

In der Psychotherapie psychosomatischer Störungen und Erkrankungen sollen schöpferische Kräfte im Menschen gefördert werden. Die Therapiesituation soll ein Ort *Schöpferischer Freiheit* (METZGER 1962) werden, um in dieser Haltung bewußten und unbewußten Felkräften nachzuspüren und sie reintegrieren zu helfen. Der Gestalttheoretische Psychotherapeut versteht sich dabei als Randbedingung des Lebensraumes bzw. des psychischen Feldes seines Klienten. Er greift nicht direkt in die transphänomenale Welt des Klienten ein, er enthält sich der Ratschläge und nimmt seinem Klienten keine Entscheidungen ab, um dessen Selbstverantwortung zu fördern. Seine Aufgabe ist es, seinen Klienten zu Einsichten in die eigene Lebenssituation zu verhelfen und Anstöße zur Umstrukturierung des psychischen Feldes seines Patienten zu geben. Sie sollen ihm ermöglichen, aus eigener Kraft aus festgefahrenen Strategien (*Sackgassen*) zu neuen Lebensperspektiven zu gelangen. Dem Klienten wird es dadurch wieder möglich, seinen Bedürfnissen entsprechend sein Leben zu gestalten und nicht im Leiden am Leben in eine Krankheit auszuweichen (vgl. WALTER 1994 und 1996).

Literatur

BERTALANFFY, L.v.: Allgemeine Systemtheorie. - Dt.Universitätszeitg. 12, 1957.

GOLDSTEIN, K.: Fotomechanischer Nachdruck von 1934: Der Aufbau des Organismus. Einführung in die Biologie unter besonderer Berücksichtung der Erfahrungen am kranken Menschen. - Den Haag, 1963.

KÄSTL, R.: Gestalttheoretische Grundlagen der Psychosomatik. Vortrag auf dem 1. Internationalen Weltkongreß für Psychotherapie, Wien, 1996.

KÖHLER, W.: Werte und Tatsachen. - Heidelberg-Berlin-New York, 1968.

LEWIN, K.: Feldtheorie in den Sozialwissenschaften. - Berlin 1963.

METZGER, W.: Grundbegriffe der Gestaltpsychologie. - Schweiz. Psychol., 13 1954.

METZGER, W.: Schöpferische Freiheit. - Frankfurt/M., 1962.

METZGER, W.: Psychologie, Die Entwicklung ihrer Grundannahmen seit der Einführung des Experiments. - Darmstadt 1975.

UEXKÜLL, T v.: Grundfragen der psychosomatischen Medizin. - Reinbeck 1963.

WALTER, H.-J.: Gestalttheorie und Psychotherapie, Ein Beitrag zur theoretischen Begründung der integrativen Anwendung von Gestalt-Therapie, Psychodrama, Gesprächstherapie, Tiefenpsychologie, Verhaltenstherapie und Gruppendynamik. - Stuttgart 1977; 2. erw.Aufl., Wiesbaden 1985, 3. erw. Aufl. Opladen 1994.

WALTER, H.-J.: Gestalttheorie als klinisch-psychologische Theorie der Selbstorganisation. - Gestalt Theory, Vol. 7 1985.

WALTER, H.-J.: Angewandte Gestalttheorie in Psychotherapie und Psychohygiene. - Opladen 1996.

WERTHEIMER, Max: Experimentelle Studien über das Sehen von Bewegung. - Zeitschrift für Psychologie, 61 1912.

ZABRANSKY, D.: Gestalttheoretische Psychotherapie als systemtheoretischer Ansatz. - In: Systemtheorie in der Medizin - Theoretische Grundlagen für die Ganzheitsmedizin. - Schriftenreihe der Wiener int. Akademie für Ganzheitsmedizin, Band 18. Hg.: FEIGL, W., BONET, M. & ZABRANSKY, D., Wien, S. 191 - 211 1997.

ANTHROPOLOGISCH-PSYCHOLOGISCHE ASPEKTE DES MENSCHENBILDES BEI LUDWIG VON BERTALANFFY

Günther Fleck

Gegenwärtig erleben wir einen Wiederaufschwung reduktionistischer Bilder vom Menschen, die beinahe schon als überwunden galten. Einerseits entwickelt sich ein wachsender Konsens darüber, daß die Hoffnung für ein Verstehen und Behandeln von psychischen Problemen am besten in der Forschung auf den Gebieten der Genetik, Biologie und Neurowisschenschaften zu suchen ist (s. PEELE, 1981). Andererseits gewinnt die Computer-Metapher vom menschlichen Geist immer mehr an Bedeutung. Demnach besteht zwischen den Informationsverarbeitungsprozessen, die im Computer ablaufen im Vergleich zu denen des menschlichen Gehirns prinzipiell kein Unterschied.

Trotz massiver kritischer Einwände gegen beide Reduktionismen (z.B. BECK, 1976; BRUNER, 1990; PEELE, 1981; WEIZENBAUM, 1977) gewinnen diese zunehmend mehr an Bedeutung in der Wissenschaft, aber auch im alltäglichen Leben. Dabei geht es nicht darum, daß die Biologie und die Computerwissenschaften als solche grundsätzlich in Frage gestellt werden, sondern vielmehr um die Zurückweisung reduktionistischer Erklärungsansprüche.

Die Gefahr, die mit diesen Reduktionismen aufzutreten vermag, besteht darin, daß in bezug auf den Menschen inadäquate Methoden entwickelt und angewandt werden, und daß es hierbei zu einer Verdinglichung des Menschen kommt. Sehr oft führt dies zu zwischenmenschlicher Gleichgültigkeit bzw. Verachtung. Es erübrigt sich, hierzu Beispiele anführen zu müssen.

Im Jahr 1967 veröffentlichte Ludwig von BERTALANFFY seine Monographie *Robots, Men and Minds. Psychology in the Modern World.* In diesem Buch sowie in anderen Arbeiten (z.B. BERTALANFFY, 1956; 1975) kritisierte BERTALANFFY die Auffassung vom Menschen als Roboter, ein Bild des Menschen, das den Hauptströmungen der Naturwissenschaften in der ersten Hälfte dieses Jahrhunderts als Ausgangspunkt für theoretische Überlegungen und Forschungsfragen diente. Das Roboter-Modell des Menschen hat seinenen Ursprung in der Philosophie René Descartes`, der in seinem Werk „Traité de l`homme" (1632) die Lehre vom Menschen als Maschine begründete.

Wesentliche Merkmale der mechanistischen Sicht sind die Betonung der Trennung zwischen dem erkennenden Subjekt und dem zu erforschenden Objekt sowie die Gleichbehandlung der unbelebten und belebten Natur. Diese extrem reduktionistische Sicht vom Menschen, wie sie u. a. von einer am Exaktheitsideal der klassischen Physik orientierten naturwissenschaftlichen Psychologie propagiert wurde, attackierte BERTALANFFY und stellte ihr seine organismische Auffassung gegenüber. Er verwarf die Metapher von der Welt und vom Menschen als Maschine und betonte den grundsätzlichen Unterschied zwischen belebter und unbelebter

Natur. Dies allein wäre einer besonderen Würdigung kaum wert, da es an Kritikern der mechanistischen Auffassung nicht mangelte. Insbesondere Vertreter der Humanistischen Psychologie wie Charlotte Bühler, Erich Fromm, Abraham Maslow und Carl Rogers haben Modelle menschlichen Wachstums entwickelt und biologische bzw. physikalische Reduktionismen als für den Menschen inadäquat zurückgewiesen (s. QUITMANN, 1985). Das Besondere an BERTALANFFY jedoch, das es hervorzuheben gilt, ist, daß er als prominenter Biologe und Begründer der Allgemeinen Systemtheorie (BERTALANFFY,1950; 1968) radikal einen biologischen Reduktionismus ablehnte und das spezifisch Menschliche herauszuarbeiten versuchte.

Damit rückt BERTALANFFY in die Nähe der „anthropologischen Psychologie",einem heterogenen Gebiet, dem u.a. so unterschiedliche Autoren wie Ludwig Binswanger, Viktor E. von Gebsattel, Arnold Gehlen, Karl Jaspers, Dieter Wyss und Jürgen Zutt zugerechnet werden. Nach REVERS (1970) ist ..."mit "anthropologischer Psychologie" (...) eine Psychologie gemeint, die auf den Menschen anwendbar ist, auf den Menschen, wie er wirklich ist, die das eigentümlich Menschliche am Menschen nicht vernachlässigt, sondern zu ihrem Zentralproblem macht. Eine solche Psychologie darf sich weder damit begnügen, den Menschen als komplizierten Mechanismus noch auch als beliebigen lebenden Organismus zu betrachten. Sie darf sich auch nicht darauf beschränken, ihn als eine besondere Tiergattung oder als tierisches Individuum aufzufassen. Gegenüber der Individualität des Tieres hat der Mensch eine Individualität besondere Art: Er ist sich seiner Individualität bewußt und er ist sogar selbst der entscheidende Miturheber seiner Individualität. Und das ist das Tier gewiß nicht." (64 f.). Diese Position findet sich auch bei BERTALANFFY wieder,was im Folgenden an Hand zweier Zitate aus seinen Arbeiten illustriert werden soll. BERTALANFFY (1975) charakterisierte das Roboter-Modell folgendermaßen:

„A very fundamental and widespread concept may be termed the robot model of behavior or, more precisely, the reactive model of the psychophysical organism. According to this the "psychophysical apparatus" - to use Freud's expression- is essentially a machine reacting to external stimuli. It does not make any difference whether this apparatus is considered as a "classical" machine built of reflex arcs, or as a self-regulating cybernetic machine with inbuilt feedback systems producing homeostatic control. The robot model views the basic elements of human behavior as "drives" or "instincts", ultimately as biological mechanisms of the nervous system, to which the various types of human behavior are to be reduced. Behavior futhermore appears as homeostasis, i.e., as tension reduction and need graticifation. Changes in behavior are explained as conditioning, whether in the form of Pavlov's conditioned reflexes, as Skinner's operant conditioning, or as early childhood conditioning according to Freud. From this follows the theory of environmentalism: Human behavior is exclusively shaped by environmental influences. The behavior of rats and pigeons is taken as fully analogous to that of

man and the democratic principle of equality before the law becomes the biological-psychological principle of the genetic equality of all individuals. " (111 f.).

Dieses Bild vom Menschen wies BERTALANFFY als unzureichend, einseitig und reduktionistisch zurück und entwickelte eine organismische Sicht vom Menschen, die vor allem das für diesen Einzigartige mitzuberücksichtigen hatte. Das Spezifische des Menschen sah BERTALANFFY (1975) in der Fähigkeit zur Symbolisierung und in der Bildung von Werthaltungen gegeben:

„*As a biologist I have found that the specificity of human behavior can best be formulated by means of the concept of symbol and symbolic activities. This puts me in the company of philosophers like Cassirer, of prophetic seers like Goethe and Spengler, of leading psychiatrists, and others. An animal's world consists of stimuli or, at best, of objects; of food, sex partner and, in the case of social animals, of fellow group members. Man, however, lives in a world of symbols. Human language is an immense system of symbols; a bank note is a symbol for work perfomed or for available utilities; technical products are materializations of symbolic inventions; nation, religion, art, and science are symbols and symbolic systems; and so forth ad infinitum. It can easily be proved that all criteria of specifically human behavior ultimately can be traced back to the invention of a symbolic world. This is what distingiushes human history from biological evolution and thiniking from manipulation. The goal-directedness of our actions is made possible by the symbolic anticipation of an as yet non-existent future. The logical functions and the algorithmic character of language, of thought, and of science would be impossible without symbolic representations. In contrast to the biological values of self-preservation and of preservation of the species in the struggle for existence, man's values are those of morality and religion. Even human insanity and delusion are only possible on a symbolic basis, due to the existence of unreal ideas. The phenomena of war and human self-destruction are not forms of the biological struggle for existence but result from a false reification of symbols, be they called democracy, communism, political economy, religion, or ideology.*" (124).

Die Fähigkeit zur Symbolisierung wiederum stellt eine wichtige Voraussetzung für die Möglichkeit zur kritischen Selbstreflexion dar. Bertalanffy (1955) vertat epistemologisch gesehen einen Perspektivismus, ohne dabei jedoch einer relativistischen Beliebigkeit zu verfallen. Die Fähigkeit des Menschen zu erkennen, daß das eigene Weltbild letztlich eine subjektive Konstruktion ist und daß grundsätzlich alternative Weltbilder erzeugt werden können, wird heute als wichtiges Element persönlichen Wachstums erachtet (s.z.B. LEVENSON & CRUMPLER, 1996; MAHONEY, 1995; METCALFE & SHIMAMURA, 1994).

Insbesondere in den Wissenschaften, die den Menschen zum Forschungsobjekt haben, ist eine kritische Selbstreflexion der eigenen Erkenntnishaltung dringend geboten, um der Denaturierung des Menschen entgegenzuwirken, die in der heutigen Zeit erschreckende Ausmaße angenommen hat (Fleck, 1999; Gott-schlich, 1998). Trotz der großen Erfolge und Errungenschaften der verschiedenen wissenschaftlichen Disziplinen darf der Blick für das Ganze nicht verloren gehen, auch nicht für das am Menschen Einzigartige. Hier gebührt Bertalanffy als Mahner und Kritiker auch heute noch Anerkennung.

Literatur

BECK, L. W. 1976. *Akteur und Beobachter. Zur Grundlegung der Handlungstheorie.* München: Alber.

BERTALANFFY, L.v. 1950. An outline of general system theory. *British Journal of Philosophy of Science 1*,134-165.

BERTALANFFY, L.v. 1955. An essay on the relativity of categories. *Philosophy of Science 22*, 243-263.

BERTALANFFY, L.v. 1956. A biologist looks at human nature. *Scientific Monthly 82*, 33-41.

BERTALANFFY, L.v. 1967. *Robots, men and minds. Psychology in the modern world.* New York:Braziller.

BERTALANFFY, L.v. 1968. *General system theory: Foundations, development, applications.* New York: Braziller.

BERTALANFFY, L.v. 1975. *Perspectives on general system theory. Scientific-philosophical studies.* New York: Braziller.

BRUNER, J. 1990. *Acts of meaning*. Cambridge: Havard University Press.

FLECK, G. 1999. *Erkenntnishaltungen und ihre affektive Seite: Eine psychologische Analyse.* In Löffler, W. & Runggaldier, E.(Hrsg.) Vielfalt und Konvergenz der Philosophie. Wien: Hölder-Pichler-Tempsky, 140-144.

GOTTSCHLICH, M. 1998. *Sprachloses Leid. Wege zu einer kommunikativen Medizin. Die heilsame Kraft des Wortes.* Wien: Springer.

LEVENSON, M. R. & CRUMPLER, C. A. 1996. Three models of adult development. *Human Development 39*, 135-149.

MAHONEY, M. J. 1995.(Ed.). *Cognitive and constructive psychotheapies.Theory, research, and practice*. Washington, DC: Springer.

METCALFE, J. & SHIMAMURA, A. P. (Eds.).1994. *Metacognition. Knowing about knowing.* Cambridge, MA: MIT Press.

PEELE, S. 1981. Reductionism in the psychology of the eighties. Can biochemistry eliminate addiction, mental illness, and pain? *American Psychologist 36*, 807-818.

QUITMANN, H. 1985. *Humanistische Psychologie*. Göttingen: Hogrefe.

REVERS, W. J. 1970. *Das Musikerlebnis*. Düsseldorf: Econ.

WEIZENBAUM, J. 1977. *Die Macht der Computer und die Ohnmacht der Vernunft.* Frankfurt a.M.: Suhrkamp.

NATÜRLICHE; KÜNSTLICHE UND FIKTIVE WELTEN

Friedrich G. Wallner

Einleitung

Diese Abhandlung könnte in vieler Hinsicht zu Verständnisproblemen führen, da durch sie die Aporien des Umweltbegriffes herausgearbeitet und an Hand einer neuen Wissenschaftstheorie auf deren Lösung verwiesen werden soll. Wenn wir den Umweltbegriff betrachten, so scheint er - als Alltagsbegriff - zunächst unproblematisch. Er ist ein Sonderbegriff und Sonderfall von Welt. Wie bekannt ist, wurde dieser Begriff als Terminus früh von der Biologie aufgegriffen.

Im Kontext der Biologie ist sein Charakteristikum die Rolle der Lebewesen, die quasi das Zentrum ihrer jeweiligen Umwelt darstellen, was immer man dabei unter Umwelt verstehen mag. Folgerichtig hat jedes Lebewesen auch seine spezielle Umwelt.

Der Mensch kann und muß seine Umwelt nun per definitionem in seinem spezifischen Menschsein wählen. Wie allgemein bekannt ist er von vornherein in keine bestimmte, spezifische Umwelt hineingeboren.

Der Umweltbegriff und seine Relevanz

Genauere Untersuchung des Umweltbegriffs weist auf einen interessanten Widerspruch. Die Umwelt erscheint jedem Lebewesen vorgegeben, dieses ist aber auf der anderen Seite zweifellos konstruiert. Zur Umwelt kommt ein Lebewesen also in gewissem Sinn, und es hat sie gleichzeitig. Dieser Zwiespalt wird problematisch, sobald der Umweltbegriff im ökologischen Kontext verwendet oder für politische Entscheidungen im Sinne der Ökologie zugrundegelegt wird, weil politische Entscheidungen dann sehr unsicher werden können. Man kann sich fragen, woran man sich orientieren solle: An einer konstruierten Umwelt, oder an einer, die schon in größerem Ausmaß vorgegeben ist? Soll man nur bewahren, konservieren, oder soll man verändern? Beide Möglichkeiten können aus dem Umweltbegriff herausgelesen werden.

Die Forderung nach Bewahrung unserer Umwelt ist also vor diesem Hintergrund schwer zu verstehen. Dieser Widerspruch, die Paradoxie, daß Bewahrung sowohl Konservieren als auch bewußtes Konstruieren bedeuten kann, bewirkt größtenteils die immer wieder zutagetretenden politischen Probleme der sogenannten Grünen Bewegung.

Ehe nun der hinter diesen Erwägungen stehende Wissenschaftsbegriff expliziert wird, muß der spezielle Sinn des Terminus Konstruieren bzw. Konstruktion klar sein.

Konstruktionsbegriffe

Im Hinblick auf Lebewesen oder auf den Menschen können zumindest drei Konstruktionsbegriffe unterschieden werden.

Erstens die allgemein geläufige Naturkonstruktion. Das Lebewesen konstruiert seine Umwelt, etc. Hier überhaupt von Konstruktion zu reden, ist in mancher Hinsicht bedenklich. Es handelt sich um eine Konstruktion, die keine Einsicht voraussetzt.

Die zweite Möglichkeit ist die soziale Konstruktion. Wie allgemein bekannt, stellt der Soziale Konstruktionismus in der Gegenwartsphilosophie und Wissenschaftstheorie vor allem in Amerika und Europa eine große Bewegung dar, die alles, auch die Wissenschaft und nicht nur die Gesellschaft, durch Konstruktion zu erklären versucht. Bei dieser Art Konstruktion, weil ist aber unklar, wie sie bewußt, in welchem Sinn sie bewußt und in welchem Sinn sie geplant ist bzw. wer sie plant.

Einen ganz anderes gearteten Fall stellt die Wissenschaftskonstruktion dar. Sie ist freiwillig gewählt und unbegründet. Die Wissenschaft ist also zunächst keine begründete Konstruktion. Man kann, wenn man ihre Geschichte untersucht oder den Wissenschaftsbetrieb betrachtet, immer wieder feststellen, daß sich Forschergruppen ohne im traditionellen Sinne hineichende Begründung für ein bestimmtes Paradigma oder für eine bestimmte Strategie entscheiden und danach auch ihre wissenschaftlichen Konstrukte erzeugen.

Das Wesentliche in der wissenschaftlichen Weltkonstruktion, und dies muß noch näher ausgeführt werden, ist also zunächst einmal ihre Beliebigkeit. Ohne Beliebigkeit gibt es eigentlich gar nicht das, was wir unter Wissenschaft verstehen. Wer Wissenschaft etwa auf biologische Konstruktionen zurückführt, weil dies für die Legitimation der Wissenschaft brauchbar erscheint, mißversteht die Wissenschaft von vornherein.

Kehrt man nach diesem begriffstheoretischen Exkurs wieder zum Ausgangspunkt der Erörterung zurück, stößt man auf die bereits herausgearbeitete Tatsache, daß die moderne Wissenschaft bzw. die Politik im Hinblick auf den Umweltbegriff sonderbarerweise in einen Widerspruch führt: In den Widerspruch zwischen Konservieren und Konstruieren, man könnte auch sagen: Erneuern.

Dieser Widerspruch zieht einen weiteren nach sich: Die übliche Auffassung von Wissenschaft ist, daß die Wissenschaft doch irgendwie die Welt beschreibt. Im Grunde herrscht darüber immer noch Einvernehmen unter den Durchschnittsmenschen und auch Durchschnittswissenschaftlern.

Vordergründig müßte daraus die Konsequenz gezogen werden, daß die Wissenschaft, richtig oder besser angewandt bzw. verbessert, keine Gefahr für die Umwelt bedeuten dürfte. Unter diesen Voraussetzungen müßte die ökologische Bewegung alles daran setzen, eine verbesserte Wissenschaft zu begründen, und nicht, wie es manche Repräsentanten der Grünen tun, auf eine Reduktion und Einschränkung der Wissenschaft hinzuarbeiten, etwa durch den Ruf nach Kommissionen, die vorschreiben, wo Wissenschaft betrieben werden, wo geforscht werden dürfe, und wo nicht. Dieser wesentliche Widerspruch löst sich in der üblichen Auffassung von Wissenschaft nicht auf, die meint, daß eine Verbesserung von Wissenschaft, wenn sie nach der üblichen Auffassung wissenschaftlich ist, auch der Ökologie oder der Umwelt zugute kommen müßte.

Fundierung der Wissenschaft

In anderen Kulturen, die sich mit der westlichen Wissenschaft auseinander-setzen, trifft dieses Problem auf absolutes Unverständnis. Es gab in der Vergangen-heit lange Diskussionen mit buddhistischen Gelehrten, die meinten, daß ohnehin ausreichende Modelle und Methoden zur Verbesserung der Welt zur Verfügung stünden. Man müsse nur richtig an die Probleme herangehen. Und genau hier liegt das Problem. Denn wie macht man es richtig? Wie entscheidet man sozusagen hinter der Wissenschaft?

Die Frage führt zum sog. paradoxalen Umweltbegriff. Er wird dann relevant, wenn man nicht annimmt, daß alle Entscheidungen willkürlich zu treffen seien und verlangt scheinbar eine Instanz, die über oder jenseits der Wissenschaft steht.

Gibt es also eine Instanz, die jenseits oder hinter der Wissenschaft steht und die so aussieht und strukturiert ist, daß sie die Wissenschaft argumentativ leiten kann? Solch eine Instanz kann nicht gefunden werden. Früher erfüllte vielleicht die Philosophie diese Funktion, doch beruhte auch dies immer schon auf einer Illusion.

Auf einer Illusion aber nur deshalb, weil diese Funktion der Philosophie auf einer stillschweigenden Übereinkunft über eine Einheit des Geistes bestand, die sowohl das menschliche Denken als auch die Struktur der Natur umfaßte. Kurz gesagt, man ging von scheinbaren strukturellen Affinitäten des menschlichen Denkens zur Natur aus. Für diese ließ sich am leichtesten unter der Annahme argumentieren, daß die Natur von einem vernünftigen Wesen geschaffen ist.

Unter dieser Voraussetzung konnte nämlich angenommen werden, daß der Mensch als vernünftiges Wesen die Natur, wenn auch schwer, so doch langsam und schrittweise, geistig erschließe. Diese betörende Ideologie, die meinte, man könne zu einer Einheit des Wissens kommen, die eben letztendlich alles Wesentliche erklärt, war noch vor wenigen Jahrzehnten nichts Auffälliges. Obwohl man sie bei C. F. v. Weizsäcker, um einen berühmten Autor zu erwähnen, und selbstverständlich bei den meisten anderen großen Philosophen bis heute nachlesen kann, kam sie uns aber in den letzten Jahrzehnten abhanden, weil sie sehr eng mit dem Christentum verbunden war.

Wenn nun rational nicht zu entscheiden ist, wie die Umwelt bewahrt werden kann, könnte der Diskurs an dieser Stelle enden. Es könnte also - und diese Konsequenz wird manchmal gezogen - auf rationale Entscheidungen verzichtet und irrational, nach Gefühlen und aufgrund unmittelbarer Begegnung vorgegangen werden. Genau diese Einstellung beobachten wir ja auch bei den sogenannten

Grünen sehr häufig. Sie ist in deren intellektuellem Kontext völlig logisch: Wenn es schon keine rationale Instanz gibt, wo wendet man sich eben wieder der unmittelbaren Weltbegegnung zu. Wir haben es dabei mit einer neuen Unmittelbarkeit zu tun, die man heute neben dem Relativismus der Wissenschaften und der Abwertung der Bedeutung der Wissenschaften findet. Diese neue Unmittelbarkeit, die darauf verzichtet, irgendwie zu wissen oder anzugeben, wohin der Zug fährt, scheint in der momentanen Situation auch die einzige politisch gangbare Lösung zu sein: Wenn die Grünen in Deutschland einen Benzinpreis von fünf Mark pro Liter verlangen, ist dies wohl auch richtig. Es gibt aber kein Argument, mit dem eine solche Forderung abdeckbar wäre.

Die konstruktive Wende

Glücklicherweise trat in diesem Jahrhundert in der Philosophie und in der Wissenschaft die konstruktive Wende ein, die wohl die bedeutendste intellektuelle Wende dieses Jahrhunderts darstellt. Sie durchzieht nicht nur die Wissenschaftstheorie und Philosophie, sondern auch die Kunst und andere Bereiche des Lebens.

Die Konstruktive Wende ist auf den Verlust der Verbindlichkeit des Glaubens an eine absolute Instanz und an ein absolutes Wesen zurückzuführen. Durch diesen Verlust wird offenbar, daß bestimmte Annahmen, die bislang als selbstverständlich galten, durchaus nicht selbstverständlich sind. Hier können natürlich die Argumente für diese Wende nicht im Detail erörtert werden. Es sei nur folgendes herausgestrichen: Erstens kann davon ausgegangen werden, daß aus dieser Wende konkrete Anweisungen für die Ökologie abgeleitet werden können, von denen später eine vorgeführt werden soll. Zweitens soll diese Wende nur soweit dargestellt werden, als sie im Hinblick auf die Anwendungen in der Ökologie interessant ist. Der wesentliche Gesichtspunkt der Wende der Wissenschaftsphilosophie ist, daß man nun - im Unterschied zu früher, zum Beispiel zu den Zeiten des Wiener Kreises - davon ausgeht, daß die Wissenschaft nicht die Welt beschreibt, sondern Konstrukte herstellt. Diese Annahme erscheint im ersten Moment paradox. Wie kann etwas, das Wahrheitsanspruch erhebt, auf willkürlichen Konstruktionen beruhen?

Wenn man nun nach einer Vermittlung zwischen der Einsicht, daß Wissenschaft konstruiert, und dem Anspruch der Verbindlichkeit der Wissenschaft sucht, muß man einen besonderen Weg des Konstruktivismus gehen. Um diesen Weg beschreiten zu können, soll zunächst die für ihn nötige Terminologie diskutiert werden. Dann soll dargestellt werden, wo die Pointe liegt, und inwiefern der Wahrheitsanspruch gestellt werden kann. Von einem konstruktivistischen Stand-punkt aus kommt man dabei zu Ergebnissen, die der landläufigen, wenig reflektierten Meinung widerspricht.

Mikrowelten

Wenn man die Konstruktionen der Wissenschaft kritisch betrachtet, kann man, wie aus der Wissenschaftsgeschichte hervorgeht, feststellen, daß es meist verschiedene alternative Konstrukte gibt, die im engeren Sinn eigentlich nie widerlegt werden.

Wissenschaft kann zwar scheitern, aber sie wird nicht widerlegt. Sie wird unbrauchbar und uninteressant, bietet nicht mehr die Lösungsansätze, die man von ihr erhoffte.

Der Konstruktivismus dieser Art fühlt sich deswegen veranlaßt, für diese Konstrukte den wissenschaftstheoretischen Terminus Mikrowelt einzuführen. Mikrowelten sind nicht ganz kleine Welten, wie der Name leider irreführend sagt, sondern Welten mit wenigen Eigenschaften im Verhältnis zur gegebenen Welt. Die gegebene Welt stellt eine unübersehbare Vielzahl von Eigenschaften dar. Die Mikrowelten weisen eine übersehbare Anzahl von Eigenschaften auf. Werden die Eigenschaften einer Mikrowelt plötzlich unübersehbar, kommt die ihr entsprechende Wissenschaft in Probleme.

Eine Mikrowelt ist, um es an einem schönen klassischen Beispiel zu zeigen, die Newton'sche Mechanik. Sie ist ein Weltkonstrukt mit wenigen Eigenschaften, vor allem unter Reduktion der Bewegung auf die gleichförmig geradlinige Bewegung, ein Prinzip, von dem das alles bestimmt wird.

Diese Mikrowelt ermöglicht es, sowohl die Bewegungen der Planeten als auch die von fallenden Steinen oder die Bewegungen im Alltag, wenn man sie rein physikalisch versteht, auf ein Prinzip zurückzuführen. Es ist wohl klar, daß diese Mikrowelt nicht beanspruchen kann, was mit menschlicher Bewegung zum Ausdruck gebracht wird, irgend wie erklären zu können. Eine solche Mikrowelt kann, um ein historisches Beispiel zu bringen, den Prager Fenstersturz nicht erklären. Sie ist jedoch in der Lage, wie wir aus der Newton'schen Mechanik wissen, alle Bewegungen in ihren Eigenschaften so zu reduzieren, daß sie mit gewissen Abweichungen doch in diese Welt hineinpassen.

Es ist bekannt, daß Newton einige Zugeständnisse irrationaler Art machen mußte. Zum Beispiel das Zugeständnis, daß die Anziehungskraft zwischen den Planeten instantan, ohne Zeitdifferenz wirkt. Daß dies eigentlich ein ganz und gar unphysikalischer Gedanke ist, wurde Newton schon zu Leibniz' Zeiten entgegengehalten. Aber unter diesen Zugeständnissen funktioniert Newtons Mikrowelt. Ernst Mach versuchte schließlich ernsthaft zu erklären, wie eine Wirkung ohne Zeitdifferenz funktioniert.

Man kann der späteren Entwicklung der Physik entnehmen, und deshalb wurde dieses Beispiel auch gewählt, daß die Annahmen der klassischen Mechanik sehr wohl verzichtbar sind. Die Relativitätstheorie funktioniert unter Verzicht auf die Gravitation sogar besser. Eine Mikrowelt wird hier durch eine andere ersetzt.

Die Entwicklung der Wissenschaft besteht also nicht aus einer Verbesserung von Beschreibungen, sondern aus einer Ablösung von Mikrowelten durch andere, die beistimmte Aufgaben übernehmen und diese besser ausführen können, als die früheren.

Es gibt eindrucksvolle Experimente - oder eigentlich Beobachtungen - die Einstein in den 20er Jahren durchführte, und die zu dem Schluß zwingen, daß die Relativitätstheorie als Mikrowelt der bewegten Welt besser geeignet ist als die klassische Mechanik. Sie hat, wie aus den bisherigen Ausführungen folgt, keinen höheren Wahrheitsgehalt. Denn sie beruht ebenfalls auf willkürlichen Annahmen wie etwa der Konstanz der Lichtgeschwindigkeit.

Man könnte nun folgende Frage stellen: Was macht den Wahrheitsgehalt und Wahrheitsanspruch der Mikrowelten aus, wenn sie alle willkürlich konstruiert sind? Vor jeder Diskussion darüber sollte aber aufgezeigt werden, welche Funktion die Mikrowelten in der Physik bekommen bzw. womit sie als physikalische Entitäten vergleichbar sind.

Eine Mikrowelt im bisher dargestellten Sinn kann durchaus als technisches Konstrukt verstanden werden. Sie hat auch die selbe Struktur wie technische Konstrukte. Ihre Relation zur Natur ist nicht die der Beschreibung, sondern der Ersetzung. Wo der Mensch mit solchen Konstrukten arbeitet, ersetzt er die natürliche Bewegung durch jene Art von Bewegung, welche die Physik vorgibt.

Es gibt gute Gründe, sie sehr oft zu ersetzen. Die gesamt Weltraumfahrt etwa wäre unmöglich, hätte man auf die Differenziertheit der Bewegungen Rücksicht genommen. Sie wäre auch unmöglich, wenn man sich uns weiter bei Ptolemäus aufgehalten hätte. Ptolemäus hatte deshalb nicht unrecht. Man kann auch eine Mikrowelt erzeugen, die in seinem Sinne funktioniert. Nur hat sie andere Ansprüche. Sie ist geometrisch konstruiert und versucht so etwas wie Anschaulichkeit vorzugeben.

Wird nun - und das ist ein wichtiger Punkt für die Ökologie - der Gedanke, daß Mikrowelten die Welt ersetzen, übertragen, führt das zu einer Unterscheidung, die man unbedingt in der Ökologie anwenden sollte, nämlich einer Unterscheidung zwischen der gegebenen Welt, von deren Strukturen wir nichts wissen und nichts wissen können, und der Kunstwelt, deren wir uns bedienen.

Die Unterscheidung zwischen der gegebenen Welt und der Kunstwelt, der Mikrowelt, wirft die Frage auf, welchen Wahrheitsanspruch Mikrowelten haben. Hier kann man jedoch nicht darauf rekurrieren, daß Mikrowelten so wie die gegebene Welt funktionieren, denn eigentlich ist über die gegebene Welt so gut wie nichts wirklich bekannt. Alles, was man sie weiß, ist bereits Abstraktion und hängt mit Erfahrungen zusammen, die systematisiert wurden. Dies bedeutet, daß keine Mikrowelt besser als eine andere ist. Sie unterscheiden sich nur durch ihre verschiedene Eignung in einem bestimmten wissenschaftlichen Kontext.

Noch einmal sei die Frage gestellt: Wo liegt dann der Wahrheitsanspruch? Der Relativist würde sagen, er benötige und stelle gar keinen. Es ist aber zu vermuten, daß diese Antwort zu kurz gegriffen wäre, denn es zeigt sich, daß man durch eine Mikrowelt eigentlich fast nichts über die Natur selber lernen kann.

Selbstverständlich kann man metaphysisch spekulieren und zu der Aussage kommen, das Funktionieren einer Mikrowelt sage *das* und *jenes* über die Welt aus. Man könnte etwa, wie es uns die klassische Mechanik sagt, schließen, in der Welt gäbe es Bewegung. Doch nicht einmal dieser Schluß ist zulässig. Alle Aussagen über die Welt als eine gegebene, der Mikrowelt vorausgesetzte Welt sind metaphysisch, spekulativ und nicht argumentierbar. Mit ihr kann also keine Mikrowelt verglichen werden. Es wäre irreführend zu behaupten, die Relativitätstheorie sei der Welt näher als die klassische Mechanik.

Wahrheitsansprüche von Mikrowelten

Unter anderen Bedingungen ist es hingegen legitim, über Wahrheitsansprüche von Mikrowelten zu sprechen. In der Physik gab es immer den Anspruch, diese Mikrowelten zu interpretieren und zu verstehen.

Wie kann nun die Interpretation von Mikrowelten funktionieren? Nicht indem man das Formalsystem, das formale Satzsystem, das eine Mikrowelt wie die klassische Mechanik beschreibt analysiert oder selbst deutet. Das wäre ein Verfahren anderer Art. Es wurde bereits erwähnt, daß Mikrowelten als technische Konstrukte zu verstehen sind. Sie sind ja auf die selbe Weise wie technische Konstrukten entstanden und funktionieren auch wie sie. Ihr Funktionieren hängt vor allem vom kompetenten Umgang mit ihnen ab. Kompetenter Umgang mit den Mikrowelten bedeutet nun, sie auf etwas Anderes, Relevantes zu beziehen. Und dies andere, das sich als Bezugssystem anbietet, ist die menschliche Lebenswelt, nicht die Wirklichkeit. Nicht diese bzw. die gegebene Welt ist die Bedingung für die Wahrheitsfähigkeit von Wissen-schaft. Die Wissenschaft ist ja, wie bereits hervorgehoben, willkürlich.

Ein Mensch ohne Lebenswelt könnte Wissenschaft gar nicht begreifen. Er würde ausschließlich technisch agieren, wahrscheinlich in einer Weise, die dem Agieren höherer Säugetieren sehr ähnlich ist. Er könnte zwar sehen, ob ihm etwas gelingt oder auch nicht, aber nicht sagen, welche Absichten er damit verfolgt, was er dabei erlebt, etc. Die Lebenswelt ist die soziale und kulturelle Konstruktion unserer Welt. Unsere jeweilige Lebenswelt hängt von der Kulturgeschichte sowie auch von sozialen Aspekten, unter denen wir stehen, ab. Die Lebenswelt eines Europäers ist dabei sicher völlig anders beschaffen als beispielsweise die eines Chinesen. Damit ergibt sich die Frage nach der Gültigkeit der Wissenschaft etwa auch in Peking und damit das Problem der Universalität der Wissenschaft.

Wenn man diese Mikrowelten dort aufbaut, stellt man fest, daß sie auch dann funktionieren, wenn man chinesisch spricht. Was funktioniert, sind aber technische Zusammenhänge. Die technischen Konstrukte, die man aufgebaut hat, funktionieren unter allen Weltgegebenheiten. Ganz anders würden die Interpretationen dieser Konstrukte aussehen, die eigentlich erst in den Erkenntnisanspruch der Wissenschaft führt. Und mit diesem liegt heute im Unterschied zu früheren Zeiten, als die

Physiker - die meisten zumindest - noch Philosophen waren, leider sehr vieles im Argen.

Darum wird in der Physik - so weit das beobachtet wurde, Ausnahmen bestätigen klarer Weise die Regel - beinahe nie das versucht, was als Interpretation eines Satzes bezeichnet wird. Für einen Studenten genügt es bereits, wenn er in die Lage kommt, ein solches Satzsystem zu entwickeln und abzuleiten. Dies stellt natürlich auch eine beachtliche intellektuelle Leistung dar. Interpretieren ist nach Meinung vieler Naturwissenschaftler als popularisierende Tätigkeit. In der Wissenschaft selbst benötigt man, wie viele, aber vielleicht nicht einmal mehr die Mehrheit der Naturwissenschaftler meinen, die Interpretation nicht,. Denn wenn man, wieder von der Physik als Beispiel ausgehend, fragt, was denn mit einem Satzsystem, zum Beispiel in der Elementarteilchenphysik, das nicht interpretiert ist, geschehe, kommt man zu dem Ergebnis, daß es von einem technischen Satzsystem, von einem Satzsystem also, das technische Tatbestände angibt, nicht unterscheidbar ist. Es ist wie ein technisches Satzsystem konstruiert, so daß es Anweisungen für das Handeln bietet und vorgibt, welche Schritte zu unternehmen sind, um zu bestimmten Wirkungen zu kommen. Und es verbindet mit diesen Schritten auch bestimmte Voraussagen und Konsequenzen.

Wer nun meint, man könne die Wissenschaft darauf reduzieren, gibt ihren Wahrheitsanspruch tatsächlich auf. Aber zusätzlich auch die Idee der wissenschaftlichen Gestaltung der Welt bzw. der Relevanz der Wissenschaft für die Gestaltung der Umwelt auf. Was fatale Konsequenzen hätte.

Verfremdung

Die für diese Auffassung von Wissenschaft und die Interpretation relevante Methode, hat ein besonderes Strukturmerkmal. Sie ist allgemein formuliert und besteht darin, daß ein Satzsystem - in dem Fall also das jeweilige wissenschaftliche Satzsystem - in einen anderen Kontext gestellt wird. Man betrachte beispielsweise ein Satzsystem in der Physik, das man aber auch in die Geschichte der Physik stellen kann. Das wäre ein anderer Kontext. Oder man kann das Satzsystem in die Biologie stellen. Wieder ein anderer Kontext. Oder man stellt es in die Soziologie.

Natürlich gibt es keine Regel dafür, in welchen Kontext das zu stellen ist. Die Methode ist eigentlich willkürlich. Läßt man aber sein Satzsystem im eigenen Kontext, ist man unfähig, es zu verstehen und muß sich auf Ableitung beschränken, was natürlich auch eine große Leistung ist, weil die Wissenschaft sehr viel abstraktes Denken verlangt. Bloße Ableitung ist aber vom Standpunkt des Wahrheitsanspruches der Wissenschaft aus unbefriedigend.

Das verfahren, man eine wissenschaftliche Theorie in einen neuen Kontext uz stellen, wir "Verfremdung" genannt. Ihre Aufgabe oder Leistung stellt man sich am besten lebensnah vor: Wenn der Vertreter einer Fachdisziplin "A" mit dem Vertreter einer Fachdisziplin "X" diskutiert, und die beiden sich von Haus aus nicht darauf beschränken, eine Sprache zu verwenden, die trivial alltäglich und darum ungefährlich ist, verläuft das Gespräch nach immer wieder bestätigter Beobachtung immer auf einer halbphilosophisch-trivialen Ebene. Dabei kann wenig passieren, da man sich einigermaßen auskennt, und auch die berechtigte Hoffnung hegt, vom jeweils anderen verstanden zu werden.

Wenn man jedoch einen neu zu dieser Gruppe gestoßenen Wissenschaftler animiert, von seiner Fachdisziplin zu sprechen, wird man bald sehen - oder vor allem wird er bald bemerken - daß seine Aussagen den anderen Verständnisschwierigkeiten bereiten. Und dies, obwohl die anderen untereinander nie ein Problem miteinander hatten. Sie, lernten ja, in einer bestimmten Weise miteinander zu sprechen, also bestimmte Regeln und bestimmte Begriffskonzepte implizite einzuhalten, die dann durchgehalten werden. Dies nennt man in der Philosophie implizite Voraussetzungen.

Die wissenschaftliche Sprechweise funktioniert nur dann, wenn man ihre spezifische implizite Voraussetzung akzeptiert. Deshalb besteht die wissenschaftliche Erziehung vor allem aus Spracherziehung. Wer also etwa bestimmte Voraussetzungen in einer Disziplin nicht akzeptiert, der kann dort nicht mitarbeiten und wird a la long ausgeschlossen. Das wird sich vielleicht als soziales Phänomen zeigen. Man wird ihn vermutlich als komisch oder dumm ansehen, obwohl er womöglich im Unterschied zu den anderen genial ist.

Um es kurz zu sagen: Verstehen eines formalen Systems bedeutet, seine impliziten Voraussetzungen zu kennen. Der Wahrheitsanspruch eines formalen Systems muß eingelöst werden, indem zunächst seine impliziten Voraussetzungen geklärt werden und sich dadurch seine Bedeutung im Hinblick auf die Lebenswelt erschließt. Dies gilt aber nicht im Hinblick auf die Wirklichkeit, also auf die gegebene Welt.

Wirklichkeit, Mikrowelt, Lebenswelt

In der Terminologie des Konstruktiven Realismus wird zwischen Wirklichkeit als gegebener Welt, von der wir keine Strukturen kennen, und der Lebenswelt unterschieden. Die Lebenswelt ist hingegen immer eine Welt, die schon strukturell konstituiert ist und bei der wir mehr oder weniger klare Vorstellungen darüber haben, wo Gegenstände und Relationen erwartet werden.

Nun fragt sich, welche Anwendungsmöglichkeiten sich daraus für die Ökologie ergeben. Mit diesem Sprachsystem werden auf jeden Fall das Umweltkonzept und die Umweltbegriffe differenzierbar. Wenn die gegebene, per definition strukturlose Welt gemeint ist, kann weiter über natürliche Umwelt gesprochen werden, also. über die gegebene, unmittelbar erlebbare Welt, die ohne ihre Strukturen,. in der Art, wie wir die Wirklichkeit in Augenblicken besonderen Lebens, oder besonderer Ekstase, oder besonderer Defizite unmittelbar wahrnehmen, erlebt wird.

Unter realer Welt versteht man dann das alltägliche Weltkonzept. Sie erlebt man im sogenannten normalen Leben. Die reale Welt ist die Vielfalt wissenschaftlicher Mikrowelten, die interpretiert sind. Über sie können wir im Leben überall verfügen. Wir erleben sie in der Küche, um ein Beispiel zu nennen. Die Mikrowelten sind interpretiert, wenn zum Teil auch falsch verstanden. Man kann sehen, daß es zumeist gar nicht so wichtig ist, die Strukturen der Mikrowelten im Detail und richtig nachvollziehen zu können, wenn man in der Lage ist, ihre Interpretationen, also das zu verwenden, was als ihre Interpretation, als Quasi-Objektwelt der Wissenschaft vorausgesetzt wird.

Insofern ist unsere Welt nun eine hoch wissenschaftliche Welt? Die reale Welt ist die Welt unseres Alltags, sofern wir irgendwie mit der Wissenschaft in Kontakt stehen; und dies ist ständig der Fall. Wir treffen ständig Annahmen über die verschiedensten Dinge.

Natürliche und künstliche Welten

Wenn man demgegenüber vergleicht, was eine künstliche Welt ist, so sei, damit auch der Fortschritt ersichtlich wird, daran erinnert daß eingangs „natürlich" und „künstlich" dadurch unterschieden wurden, daß „natürlich" als gegeben, „künstlich" als gemacht bezeichnet wurden. Für ökologische Zwecke ist diese Unterscheidung völlig unbrauchbar. Eine künstliche Welt ist eine nicht interpretierte Mikrowelt. Künstliche Welten sind wissenschaftliche Welten, die nicht interpretiert sind, wie beispielsweise die typischen technischen Welten, aber auch Welten anderer Art. So ist zum Beispiel heute die Welt der Elementarteilchenphysik auch für die Physiker selber eine künstliche Welt.

Wenn man nun der Vollständigkeit halber auch noch in Betracht zieht, was im Unterschied dazu eine fiktive Welt ist, kommt man zu dem Schluß, daß fiktive Welten durch Satzsysteme konstituiert werden, die keinen konstruktiven Anspruch haben, Satzsysteme also, die keine Mikrowelten leiten und keine Anweisungen zum Handhaben von Mikrowelten sind. Dies sind z. B. Satzsysteme aus der theoretischen Physik oder aus der Mathematik, die keinen Bezug zur Experimentalphysik, sozusagen zur wirklichen Physik haben, aber natürlich auch andere Satzsysteme. Eine fiktive Welt ist beispielsweise die Hohlwelt-Theorie von Lang.

Konsequenzen für die Ökologie

Wenn abschließend die Frage gestellt wird, welche Konsequenzen man aus den Begriffsdifferenzierungen und den Einsichten ziehen kann, die, wie zu hoffen ist, vermittelt werden konnten, ergibt sich folgender Schluß:

Es ist vollkommen irrational, die Diskussion in der Ökologie auf eine Gegenüberstellung von Bewahren und Verändern - mit dem Schwerpunkt auf Bewahren -

zu beschränken, wie dies heute normal ist. Denn die Auswahl dessen, was bewahrt wird, ist willkürlich. Sie kann beispielsweise ästhetisch begründet sein. Wenn man einen schönen Wald sieht, ist einsichtig, daß er bewahrt werden sollte. Eine solche nur an ästhetischen Motiven orientierte Auswahl greift aber viel zu kurz und kann uns auf den Kopf fallen. Ein Ausgangspunkt ohne Wissenschaft auf der Basis der unmittelbaren Weltbegegnung ist romantisch. Er ist sehr schön, aber völlig unsicher.

Auf der Basis der realen Welt stellt ja auch - dieses Mißverständnis soll jetzt gleich ausgeräumt werden - kann keine wirkliche Welt dargestellt werden. Sie liegt jenseits jeder Betrachtung. Der Ausgang von der realen Welt aus bietet jedoch eine besondere Möglichkeit, die es anderswo nicht gibt. Wenn wir die reale Welt der Verfremdungen verschieden interpretieren - und das ist eine Fertigkeit, die man erlernen müssen wird - kann abgeschätzt werden, wo die Grenzen der Mikroweltsysteme liegen.

Die Gefahren einer wissenschaftlichen Theorie - und Wissenschaft ist sehr gefährlich, weil sie ja die Welt ersetzen will - ergeben sich aus Einsichten der Interpretation in der realen Welt. Und damit sind eigentlich Rückbezüge zu Kultur, Lebenswelt und anderen Hintergrundsystemen nötig. Darum soll die Ökologie nicht nach der Globalisierung trachten, weil sie womöglich davon ausgeht, daß die Ansicht über das, was bewahrt werden sollte, für alle gleich sei.

Sie sollte vielmehr nach der Relativierung trachten und danach fragen, wie verschieden Mikrowelten interpretiert werden können. Aus der Verschiedenheit der Interpretation von Mikrowelten kann man zwar keine Rückschlüsse ziehen, wohl aber auf Hinweise stoßen, wie man sich ökologisch entscheiden soll. Nur auf dieser Basis ist es möglich, die ökologische Diskussion rational zu führen und die Chance zu wahren, in der Zukunft wirksam zu sein.

Bibliographie

PESCHL, M. F. (Ed.): Formen des Konstruktivismus in Diskussion. – Materialien zu den ‚Acht Vorlesungen über den Konstruktiven Realismus'. - Wiener Univ. Verl., 1991.

PIETSCHMANN, H. und WALLNER, F.: Gespräche über den Konstruktiven Realismus. - Wiener Univ. Verl., 1995.

WALLNER, F: Acht Vorlesungen über den Konstruktiven Realismus. - Wiener Univ. Verl., 1992a.

WALLNER, F: Konstruktion der Realität. Von Wittgenstein zum Konstruktiven Realismus. - Wiener Univ. Verl., 1992b.

WALLNER, F: How to Deal with Science If You Care for Other Cultures. - Braumül-ler, Wien, 1997.

DER BEGINN DER BIOLOGISCHEN SYSTEMTHEORIE IM KONTEXT DER WIENER MODERNE. DISKURSLINIEN UND WISSENSCHAFTSGEMEINSCHAFTEN ALS INTELLEKTUELLER HINTERGRUND FÜR LUDWIG VON BERTALANFFY

Veronika Hofer

Einleitung

Wenn von der Wiener Moderne die Rede ist, wird noch immer zuerst an jenen Aufbruch um die Jahrhundertwende in Kunst, Literatur, Musik, Architektur, Pressewesen (Die Fackel!) gedacht, neuerdings vermehrt auch an die kraftvollen Sozialreformen, an den Positivismus in Philosophie, Ökonomie und Rechtslehre. Außerdem wird der Beginn der Psychoanalyse in Wien schon lange als ein intellektuelles Nationalheiligtum dargestellt. Im Gegensatz dazu bleibt der Beitrag der Naturwissenschaften in den meisten kulturhistorischen Texten ausgespart. Die engen biographischen und inhaltlichen Bezüge zwischen neuen Ansätzen beispielsweise in Architektur, Sezessionskunst, Literatur des Jung Wien und auf der anderen Seite die grundlegenden Umorientierungen in Physik, Physiologie und Biologie, -um nur die bekanntesten zu nennen-, kommen darum selten bis nie in den Blick. Davon machen weder die große Monographie von W. JOHNSTON (1992), noch C. Schorskes Klassiker zur neueren Kulturgeschichte Wiens eine Ausnahme, obwohl wir eben diesen Studien eine gut fundierte methodische Sicht auf das Genuine und revolutionär Neue dieses Wiener Phänomens verdanken:„Wiens große geistige Neuerer- in der Musik und der Philosophie, in der Volkswirtschaft und der Architektur und natürlich in der Psychoanalyse - brachen alle mehr oder weniger entschieden ihre Bindung an die historische Anschauung ab, die wesentlich war für die liberale Kultur des 19.Jahrhunderts, in welcher sie erzogen wurden. Dies Buch erforscht die Anfänge jenes kulturellen Wandels in ihrem besonderen geschichtlichen Zusammenhang." (SCHORSKE 1994).

Um die Beschreibung eines solchen Bruchs und Neuanfanges, allerdings im Feld der Biologie, soll es in der vorliegenden Untersuchung gehen. Diese versteht sich methodisch jenem neueren wissenschaftshistorischen Verfahren verpflichtet, das den geistigen Habitus einer Gesellschaft auch in einem naturwissenschaftlichen Forschungsprogramm oder in einer typischen Methodenauswahl, in einem gemeinsamkeitsstiftenden Paradigma, oder in einer gängigen wissenschaftlichen Metapher ausgedrückt findet. Ich werde zeigen, daß es in der Biologie in Wien Entwicklungen gegeben hat, die für jenes in Rede stehende kulturhistorische Phänomen des Aufbruchs einen charakteristischen Beitrag geleistet haben und daß Bertalanffys Versuch der Formulierung der Theoretischen Biologie als Systemtheo-rie in Bezug zu dieser ihrer historischen Situation rekonstruiert werden muß.

Es soll im folgenden gezeigt werden, daß Bertalanffy durch seine wissenschaftlichen Kontakte, Freundschaften und Auseinandersetzungen mit den Biologen des Prater-Vivariums einerseits und einigen Persönlichkeiten aus dem Wiener Kreis andererseits, geprägt worden ist und daß es darüber hinaus angebracht ist, beide wissenschaftlichen und philosophischen Bewegungen als bestimmten Ausdruck der allgemeinen geistigen Neuerungen im Wiener *Fin de Siecle* zu werten. Darüber, daß mit dem Beginn der wissenschaftlichen Philosophie Ernst Machs und deren Wiederaufnahme im Wiener Kreis auch der Zusammenhang mit der Wiener Moderne gegeben ist, muß nicht erst der Beweis angetreten werden. Hier möchte ich mit Nachdruck auf die vielen Publikationen von Friedrich Stadler, Rudolf Haller, u.a. hinweisen (STADLER 1997; HALLER und STADLER 1988; HALLER 1993). Den genauen Nachweis, wie sehr die positivistische Philosophie die kulturelle Blüte Wiens mit auf den Weg bringen half, wird in detaillierter Weise neuerdings auch in der Reihe „Wissenschaftliche Weltauffassung und Kunst" erbracht (z. B. BLAUKOPF 1996).

Demgegenüber fehlt aber noch gänzlich die Bearbeitung des Aufbruchs in die „biologische Moderne", in deren Zeichen die Gründung des „experimentalzoologischen Forschungsinstitutes Prater-Vivarium" im Jahre 1903 gestanden hat. Diesem Aspekt soll hier Raum geboten werden, damit der Rahmen mitgedacht werden kann, in welchem tatsächlich die Erarbeitung der Systemtheorie in Wien ermöglicht worden ist.

1. Vorgeschichte

1.1. Zum Methodenstreit in der Biologie

In der 2. Hälfte des 19. Jahrhunderts hatte sich ein heftiger und polemisch geführter Kampf um die richtige Methode in der Biologie entsponnen. Dabei ging es in erster Linie darum, ob die Beobachtung oder das Experiment zu Erklärungen in der Morphologie führen. In der Mitte des 19.Jahrhunderts hatte sich die französische Gründerfigur der modernen experimentellen Physiologie, Claude Bernard (1813-1878), im Kampf zwischen der „natürlichen Wahrnehmung" kontra „künstliche Beobachtung" in beinahe rabiater Weise für letztere, d.h. für die experimentelle Methode ausgesprochen: "*Die experimentelle Methode ist die Methode der Wissenschaft; sie verkündet die Freiheit des Geistes und des Gedankens. Sie wirft nicht nur das Joch der Philosophie und der Theologie ab, sie duldet auch nicht die persönliche Autorität in der Wissenschaft. Das ist nicht Stolz und Hochmut; im Gegenteil, der Experimentator erweist sich als demütig, wenn er die Autorität der Person ablehnt, denn er zweifelt auch an seinen eigenen Erkenntnissen und stellt die Autorität der Menschen weniger hoch als die der Erfahrung und der Naturgesetze.*" (BERNARD 1865, zit. n. QUERNER 1998, S. 426). Für Bernard wie für die deutschen Heroen der Physiologie Carl Ludwig, Emil Du Bois-Reymond, Hermann von Helmholtz und den später in Wien wirkenden Ernst

Brücke folgte die organische genauso wie die unorganische Natur deterministischen Gesetzen, und Bernard formuliert somit stellvertretend für diese Schule: *"In den biologischen Wissenschaften ist der Determinismus ebenso wie in den physikalisch-chemischen möglich, denn in den lebenden Körpern wie in den unbelebten kann die Materie keinerlei Spontaneität haben."* (BERNARD 1865, zit. n. QUERNER 1998, S. 427) Dieses mit dem philosophischen Materialismus verknüpfte Postulat heißt bei Bernard noch deutlicher: *„Der Grundsatz des experimentellen Determinismus läßt keine Widersprüche zu."* (BERNARD 1865, zit. n. QUERNER 1998, S. 427)

In den 80iger Jahren des 19.Jahrhunderts hat in Deutschland und Österreich Wilhelm Roux (1850-1924), einer der abtrünnigen Schüler Ernst Haeckels – jener großen Autorität in der Morphologie - zwar nicht so entschieden dem Mechanismus in der Biologie das Wort geredet, doch immerhin wollte er naturwissenschaftliches Denken und Methodik nachhaltig in die Disziplin einführen. So hat er das Verhältnis zwischen Morphologie und Physiologie denn auch umgekehrt wie Haeckel gesehen und offen behauptet, daß die Anatomie für sich allein unfruchtbar sei und nur insofern Existenzberechtigung besitze, als sie sich für Physiologie und Pathologie nützlich erweise. Roux (u.a. von 1889 bis 1895 Professor der Anatomie in Innsbruck und der wesentliche Impulsgeber für Hans Przibram, ein eigenes Institut zu gründen) hat seinen Ansatz vor allem als experimentelle Embryologie verstanden, wobei es ihm auf die mechanisch-kausale Erklärung der Entwicklung des einzelnen Organismus angekommen ist. Diese Kampfansage an die Morphologie war selbstverständlich gegen Haeckel gerichtet, der wie O.Hertwig es für die Biologie nicht nötig findet, wie in der anorganischen Natur einen spröden Stoff gewaltsam zu Veränderungen zu bringen, damit man sich seinen Gesetzlichkeiten nähern könne, denn im Organischen finde der Forscher von selbst eine ungeheure Fülle von Veränderungen vor. Speziell das Studium des Entwicklungsprozesses vom Ei zum Organismus sei ein Beispiel dafür, daß auf der Suche nach kausal ablaufenden Gestaltverwandlungen allein das Vermögen, klare Schlüsse aus dem methodisch gut durchdachten Erkenntnisprozeß zu ziehen, vonnöten ist. Für Haeckel hatte also die neue Wissenschaft der Entwicklungsmechanik keinerlei Sinn.

Roux hingegen setzte theoretisch und eben auch experimentell anderswo an. Er war den mechanisch bedingten Wachstumsprozessen auf der Spur. Darum experimentierte er mit einem völlig anderen apparativen Aufwand und war bemüht, aus diesem Ansatz heraus Form-und Wachstumsgesetze zu formulieren, weil ihm die phylogenetische Arbeitsweise unzureichend und für sein Bedürfnis nach Kausalerklärung suspekt geworden war. Wissenschaftshistorische Studien haben klar ergeben, daß Roux selbst, auf der Suche nach konkret wirkenden Kräften, mit seiner Verwendung des Begriffs Ursache ausschließlich Kraft gemeint hat und daß er somit mit einem zur Metaphysik sehr offenen Begriff operiert hat. Mit dem Postulat, daß nur der von ihm vorgeschlagene methodische Zugang zur Biologie den Anspruch auf Wissenschaftlichkeit erheben könne, erreichte er wohl die gewünchte deutliche Distanz zur traditionell beobachtenden Morphologie. Doch konnte er damit dennoch nicht einer alten Schwierigkeit entrinnen; in seinem theoretischen Ansatz fungierte der Mechanismus als metaphysische Grundlage.

Hans Driesch, ein anderer für unsere Darstellung wichtiger, auch abtrünniger Schüler Haeckels, hat sich sehr bald von der neuen experimentellen Methode für seine morphologische Fragestellung überzeugen lassen. Die Schlüsse aber, die Driesch aus seinen entwicklungsmechanischen Experimenten an Seeigeleiern gezogen hat, markieren den Beginn des Neovitalismus, mit dem aristotelischen Begriff der Entelechie als theoretischem Zentrum. Driesch verarbeitete die wissenschaftsphilosophischen Schwierigkeiten, die sich aus dem von Roux eröffneten mechanistischen Zugang zur Morphologie ergeben haben, durch ein auf neuer Basis gebautes Bekenntnis zur Metaphysik. Dieser Schritt markiert auch den Anfang der modernen Theoretischen Biologie. Man muß hier anmerken, daß Driesch es war, der den Begriff des Systems in die moderne Definition des Organismus eingebracht hat, ein Begriff, der aus dem Sprachschatz der Biologie seitdem nicht mehr wegzudenken ist (MOCEK 1974) .

Einen anderen frühen „Entwicklungsmechaniker", der ebenso in neuem Selbstbewusstsein bekennender Metaphysiker war, Jakob von Uexküll, hatten seine Versuche zur Definition des „Bauplans" inspiriert. Auch diesem verdanken wir einen bis heute folgenreichen Ansatz in der Ethologie, der Untersuchung über das Zusammenspiel zwischen Organismus und Umwelt und hier insbesondere den Begriff des „Kumpans".

Roux selbst hat übrigens seine experimentelle Embryologie weit stärker propagiert als selbst schon betrieben. Die Gefühle des Schauderns, die er öffentlich einbekannt hat, als er zum ersten Mal eine der beiden Zellen eines sich entwickelnden Froscheies abtötete, spiegelt das intensive Bewußtsein des Berührens einer Tabuzone wider: "*Zu diesem Zweck versenkte ich (....) eine spitze Nadel in das Froschei, nicht ohne ein geheimes Grauen darüber zu empfinden, daß ich es wagte, in solcher Weise in den geheimnisvollen Komplex aller Bildungsvorgänge eines Lebewesens einzugreifen....Ich war mir der Rohheit dieses Eingriffes in die geheimnisvolle Werkstätte aller Kräfte des Lebens wohl bewußt, und ich verglich ihn selber mit dem Einwurfe einer Bombe in eine neu gegründete Fabrik, welcher in der Absicht vorgenommen sei, um an der Änderung der Produktion und an dem Verlaufe der weiteren Entwicklung der Fabrik nach der angerichteten Zerstörung einen Rückschluß auf die innere Organisation zu machen.*" (ROUX 1905, zit. aus MOCEK , 1974, S. 428, 429).

Eine jüngere Generation von Forschern, zu der auch Hans Przibram, der Gründer des Prater-Vivariums gehört hat, hat sich - mit weniger Skrupel - mit Bravour dieses neuen Forschungszweiges der Biologie angenommen. Endgültig gelangte die weltweite Etablierung der Entwicklungsphysiologie durch die Verleihung des Nobelpreises für Medizin an Hans Spemann 1935 zum Höhepunkt an wissenschaftlicher Anerkennung.

2. *Die Gründung des Vivariums. Ein Projekt im Sinne der „biologischen Moderne" im Wien der Jahrhundertwende*

2.1. Der Vergleichsrahmen:

Es muß vorausgeschickt werden, daß hier nur ein erster, grober Abriß der Gründungsgeschichte gegeben werden kann.

Abb. 1. Meeresbiologische Station Neapel.

Seit der zweiten Hälfte des vorigen Jahrhunderts ist aus historischer Perspektive ein deutlicher Trend festzustellen, der die Experimentalsysteme insgesamt veränderte. Die notwendige, vermehrte Gründung von außeruniversitären Forschungseinrichtungen betraf dann auch die Biologie, insofern die Forschungsmethoden immer platz- und geldintensiver geworden waren. Die meeresbiologische Station in Neapel war die wichtigste Antwort auf die veränderten Erfordernisse.

Diese Einrichtung sollte in weiterer Folge eine prominente Bedeutung für die Entstehung und Förderung der experimentellen Entwicklungsbiologie haben, insofern beinahe alle wichtigen Forscherpersönlichkeiten, die dieses Forschungsprogramm vorwärts gebracht haben, für kürzere oder längere Zeit dort geforscht haben. (Angefangen von Driesch und Uexküll bis zu Hans Przibram und Paul Weiss) Diese Station in Neapel wurde 1874 vom Deutschen Anton Dohrn mit seinem ererbten Privatvermögen gegründet.

Hans Przibram kannte dieses Institut persönlich durch Forschungsaufenthalte, und ebenso die zoologischen Stationen in Triest und Roscoff (Bretagne). Das hauptsächlich unter zwei ökonomischen Grundsätzen geführte Institut in Neapel

(Vermietung von Institutsarbeitsplätzen, Museumsbetrieb für die Schauaquarien) wurde dann auch beispielgebend für die wirtschaftliche Konstruktion des Wiener Vivariums.

Abb. 2. Ansicht des Hauptgebäudes der Versuchsanstalt Prater-Vivarium

Zwei Grundsätze finden ihre Parallele besonders in der organisatorischen Situation im Wiener Vivarium:

1. Die Vermietung von Arbeitsplätzen an Regierungen und wissenschaftlichen Gesellschaften (je zwei staatliche Arbeitsplätze in der zoologischen und botanischen Abteilung des Vivariums durch einen Vertrag mit dem k. k. Unterrichtsministerium)
2. Die dem Publikum öffentlich zugänglichen Schauräume im Gebäude des Forschungsinstitutes. Das Vivarium hat im Jahre 1932 ein „Entwicklungsmechanisches Museum" eröffnet, welches Sonntagsbesuchern und Schulklassen zugänglich war. Die Besonderheit dieses Museums bestand zum einen in seinem Beitrag zur Bildungsreformbewegung des liberalen Wien, zum anderen in seiner Verbindung zum Moskauer Darwin-Museum, was davon herrührt, daß Paul Kammerer, der dieses Museum im Vivarium konzipiert hat, sehr gute Kontakte zu Moskau hatte. Das entwicklungsmechanische Museum im

Vestibül des Gebäudes war eine Sammlung von natürlichen und künstlichen Mißbildungen, die von Kammerer, Przibram und seinen Kollegen jahrelang zusammengetragen worden waren.

2.1. Zum Gründer Hans Przibram (1874-1944)

Przibram wurde bei einem Vortrag von Wilhelm Roux in Innsbruck so von dessen Forderung der verstärkten Integration naturwissenschaftlicher Methoden in die Biologie der Entwicklungsphänomene begeistert, daß er sich schon während seines Studiums der Zoologie in Wien (1894-1899) entschlossen hatte, seine eigene biologische Arbeit fortan unter die Prämisse der experimentellen Zoologie zu stellen. In der Folge verbrachte er mehrere Semester in Leipzig, um bei Rudolf Leuckart, Professor der vergleichenden Anatomie und Physiologie, zu studieren. Denn Leuckart selbst gehörte zu den Gründerfiguren der Entwicklungsphysiologie im internationalen Rahmen. Leuckart hatte beispielsweise E.B.Wilson unterrichtet, der am Marine Biological Laboratory in Woodshole der amerikanischen entwicklungsmechanischen Richtung maßgebene Impulse geben konnte. Woodshole als das amerikanische Zentrum der Entwicklungsbiologie ist dann auch durch Th.H.Morgan bekannt geworden, der mit Hans Driesch gleichzeitig in Neapel gearbeitet hat, wo er 1895 gemeinsam mit ihm publiziert hat.

Seit Anfang des Jahrhunderts stieg auch das Ansehen des Entwicklungsphysiologen Hans Spemann[1], der die prominenteste Schule der Entwicklungsmechanik in Deutschland begründen konnte.

In dieser Situation, in der man auch die Chemie immer mehr in die Untersuchungen zur Induktionsfähigkeit der verschiedenen „Organisationszentren“[2] des ontogenetischen Entwicklungsverlaufs miteinbeziehen wollte, hat Przibram rasch reagiert. Denn Przibram hat nach seiner Promotion im Jahre 1899 in Wien noch 2 Jahre in Straßburg bei P. Hofmeister Biochemie studiert, um auch diesen Aspekt in seine experimentalzoologischen Untersuchungen einzubinden.[3]

Straßburg hatte sich schon in den letzten Jahren des 19.Jahrhunderts als Zentrum der physiologischen Chemie auszeichnen können und in Straßburg arbeitete Przibram z.B auch mit Otto Fürth zusammen, dem späteren Wiener Professor für medizinische Chemie, mit dem er persönlich befreundet blieb.

Dieser Ausbildungsweg Przibrams gehört insofern zu einem die „biologische Moderne“ definierenden Schritt, als sich erst um die Jahrhundertwende die physiologische Chemie als eigene Fachrichtung etablieren konnte. In den dreißiger

---

[1] (1908-1914 in Rostock, 1914-1918 KWI-Dir. für Biologie in Berlin-Dahlem, ab 1919 als Lehrstuhlinhaber in Freiburg i. Breisgau).

[2] diesen Terminus prägte H. Spemann 1919

[3] dazu hat J. H. Needham, einer der Mitglieder des Theoretical Club in Cambridge, wichtige Beiträge geliefert

Jahren, als Przibram im Vivarium mit dem Wiener Kolloidchemiker W. Pauli sen. gearbeitet hat, wurde sie dann allgemein unter der Bezeichnung Biochemie geführt, erst in der zweiten Hälfte des 20.Jahrhunderts ist die Biochemie schließlich mit der Molekularbiologie verschmolzen.

Hans Przibram (1874-1944) habilitierte sich 1904 an der Wiener philosophischen Fakultät am II. Zologischen Institut bei dessen Ordinarius Prof. Bertold Hatschek (einem Haeckel- und Leuckart-Schüler, mit dem Przibram sein Leben lang befreudnet geblieben ist) als Privatdozent für „Zoologie mit besonderer Berücksichtigung der experimentellen Morphologie".

2.3. Der Plan und die Durchführung

Als sich die Gelegenheit bot, das Vivarium im Prater von der bankrotten Tiergartengesellschaft zu erwerben, schlossen sich die befreundeten wohlhabenden Privatgelehrten Leopold von Portheim, der Botaniker Wilhelm Figdor und Hans Przibram zusammengetan, um das Neo-Renaissance-Gebäude am Anfang der Prater-Hauptallee zu kaufen und 1903 als „Biologische Versuchsanstalt" zu eröffnen. (PRZIBRAM 1959).

Die Gründer hatten neben der zoologischen, botanischen und pflanzenphysiologischen Abteilung zeitweise hat auch eine physikalisch-chemische eingerichtet, die Wolfgang Pauli sen. betreiben hat, und eine aufsehenerregende physiologische, die der Begründer der modernen medizinischen Sexiologie, Eugen Steinach führte. Als der prosperierende Betrieb bald zu aufwendig wurde, übergaben die Gründer am 1. Jänner 1914 die Anstalt mitsamt einem ansehnlichen Betriebskapital der kaiserlichen Akademie der Wissenschaften. Die Gründer wurden als unentgeltliche Leiter der drei Abteilungen installiert. Die Verbindung mit der Akademie hielt ein von der Akademie eingesetztes Kuratorium, dessen erster Vorsitzender der Botaniker Richard von Wettstein war. Paul Kammerer, der zunächst nur als Spezialist der Terrarien und Aquarien ans Vivarium gekommen war, wurde Privatassistent Hans Przibrams.

Unter dem Aspekt des Bauplans stellen die automatisch regulierten Heiz- und Kühlanlagen und die zentrale Regulierung der Feuchtigkeit, die man beim Umbau des Vivariums mitkonzipierte, eine der bemerkenswerten technischen Innovationen dar, als Klimaanlagen noch alles andere als gebräuchlich war.

Hans Przibram beschreibt Ziel und Arbeitsweise dieses neuen Typs einer biologischen Forschungsstätte in einem 1910 publizierten Tätigkeitsbericht, nachdem interessierte Anfragen aus Cambridge (Engl.), Monaco, Moskau, München, Paris, Philadelphia, Rom etc. an ihn gerichtet wurden, folgendermaßen:

„Ihre Tätigkeit (der Forschungsanstalt Vivarium, V.H.) soll sich auch nicht auf bestimmte Probleme beschränken, sondern alle großen Fragen der Biologie in ihren Bereich ziehen. Keine Spezialisierung, eine Verallgemeinerung gewonnener Erfahrungen ist unser Ziel: allein die Bevorzugung einer gewissen Methodik und

Technik unterscheidet unsere Anstalt von den früheren biologischen Arbeitsstätten. Stand an diesen die Beschreibung und anatomische Vergleichung im Vordergrunde, so daß höchstens vereinzelte Forscher sich gelegentlich auch der Versuche bedienten, so trat in der Versuchsanstalt das biologische Experiment in den Vordergrund. Diese der Physik, Chemie und Physiologie entnommene Methode konnte aber nur dann von Erfolg sein, wenn eine entsprechende Technik zur Anwendung gelangte. Nicht in der Ersinnung komplizierter Apparate, sondern in der Ausbildung der zu längerer Haltung erforderlichen Pflege liegt die Grundbedingung für das Gelingen biologischer Versuche. Während es dem Physiologen genügen mag, seine Versuchsobjekte so lange am Leben zu erhalten, als er eine bestimmte Funktion verfolgen will, und dann zu weiterer Beobachtung frische Exemplare zu nehmen, kommt es dem Biologen meist auf Durchverfolgung der Formänderungen während einer längeren Versuchszeit an.“ (PRZIBRAM 1910).

Das folgende Zitat gibt noch deutlicher das angestrebte Profil dieser Institution wieder, insofern die Gründer weder ein weiteres physiologisches Institut im Sinn hatten, noch eines, das sich ausschließlich mit Vererbungsforschung beschäftigt.

„Denn immer mehr bricht sich die Erkenntnis Bahn, daß biologische Versuchsanstalten ein dringendes Bedürfnis der modernen Biologie geworden sind. Bereits 1902 hatte Ewart auf der Versammlung der britischen, Davenport auf der Versammlung der amerikanischen Naturforscher darauf hingewiesen....In Deutschland ....ist in neuester Zeit von Robert Müller (Umschau XI, 1907) und Ludwig Plate (Über Vererbung usw. Archiv f. Rassen- u. Gesellschafsbiologie, III. 1906) die Gründung einer Versuchsanstalt für Vererbungs- und Züchtungskunde warm befürwortet worden.

Freilich haben alle diese Forscher vorwiegend das Problem der Vererbung und Artbildung im Auge. Die biologische Versuchsanstalt in Wien befaßt sich hingegen, wie gesagt, mit allen biologischen Problemen, auf die sie die experimentellen Methoden der Entwicklungsphysiologie anzuwenden bestrebt ist.“ (PRZIBRAM 1910).

Man wollte in Wien darüber hinaus einen Volksaufklärungsauftrag erfüllen. 1932 wurden die alten Schauaquarien, die noch aus dem alten Aquariumsgebäude stammten, wieder in Betrieb genommen, wobei Przibram jeden einzelnen Behälter nach ökologischen Gesichtspunkten eingerichtet hat, um faunistisch wie floristisch stimmige Lebensräume auszustellen. Auch diese Ausstellung wurde Schulen und sonntags einem zahlenden Publikum zur Verfügung gestellt.

3. Biologen, Thesen, Praxis. Die Entwicklungstheoretiker Paul Kammerer und Paul Weiß als konkrete Brücke Bertalanffys

Im folgenden sollen im wesentlichen jene zwei Mitarbeiter des Vivariums in der hier gebotenen Kürze beschrieben werden, die mit Bertalanffy und der Formulierung seiner Systemtheorie in engerem Zusammenhang stehen.

Es ist wichtig, Kammerer hier als Mitarbeiter des Vivariums ins Bewußtsein zu bringen, im Gegensatz zur gängigen Auffassung von Kammerer als dem wissenschaftlichen Solisten und Publizisten.

Im Zusammenhang mit der gesamten Arbeitsrichtung des Vivariums ist herauszustreichen, daß Kammerer in Anlehnung an die Regenerationsexperimente von Przibram und anderen Forschern in diesem Institut versucht hat, der damals prominenten Weismannschen neodarwinistischen Hypothese entgegenzutreten. August Weismann sah die Fähigkeit zur Regeneration eines Organs allein von seiner Wichtigkeit oder Gefahr des Verlustes abhängig und hat so damit einem Regenerat ausschließlich einen auszeichnenden evolutiven Selektionswert zugesprochen. Diese Einstellung, die den direkt beobachtbaren Bildungsprozeß des Regenerates ausschließlich als ein Produkt des Überlebenskampfes bearbeitet und bewertet haben wollte, hat natürlich dem ganzen gedanklichen Ansatz der experimentellen Embryologie, wie sie auch von den Vivariumsbiologen betrieben worden ist, widersprochen. Paul Kammerer, Hans Przibram, der Physiologe Eugen Steinach und später auch v.a. Paul Weiß waren zutiefst davon überzeugt, daß man am Regenerat nicht nur ein Evolutionsprodukt vor sich hat, sondern daß man daran zudem in exemplarischer Weise die Wirkung der epigenetischen Entwicklungsprozesse studieren kann. So haben sich die Vivariumsbiologen auf den verschiedensten Ebenen mit der Faktorenanalyse dieser Prozesse auseinandergesetzt, ihre gesamte Denkweise, ihr forschungsleitendes Paradigma ist als Bruch mit präformistischen und als Neuansatz in epigenetischen Gestaltbildnungsforschungen zu verstehen.

Die Vivariumsbiologen teilten mit Kammerer die starke Kritik am Selektionsprinzip als dem entscheidenden Motor für die Evolution. Das war nun durchaus keine singuläre Position, da die starke Selektionsthese des Darwinismus um die Jahrhundertwende auf derart breite Ablehnung gestoßen war, daß allgemein vom ‚Sterbelager des Darwinismus' die Rede war. Die Situation war geprägt von der Verhärtung der exemplarischen Frontpositionen zwischen dem Neo-Darwinianer Weismann auf der einen Seite und dem einflußreichen englischen Antiselektionisten Herbert Spencer auf der anderen Seite. Ersterer hat z.B. in einem recht grausamen Experiment einer Generationenfolge von Mäusen die Schwänze abgeschnitten, um zu untersuchen, ob irgendwann Mäuse mit Stummelschwänzen geboren würden. Die Situation war derart polarisiert, daß sich manche gedrängt sahen, die Suche nach einem eindeutigen experimentellen Beweis für oder gegen die Vererbung erworbener Eigenschaften zu forcieren.

Die breit angelegten Transplantationsexperimente im Vivarium dagegen (auch in anderen Forschungslaboratorien) haben dagegen erwiesen, daß die allgemeine Regenerationsfähigkeit weit mehr vom Entwicklungsstadium und vom Alter des Organismus abhängt, als von der evolutionär determinierten Wichtigkeit eines

Organs, so wie das die Theorie Weismanns unterstellte. Es ist hier angebracht zu unterstreichen daß Kammerer sehr viel mehr unter der Signatur des Vivariums in diesem angedeuteten Sinne publiziert hat, als üblicher-weise bewußt ist. Der Aufsatz „Über die Abhängigkeit des Regenerationsvermögens der Amphibienlarven von Alter, Entwicklungsstadium und spezifischer Größe“ aus dem Jahr 1904 ist nur einer unter vielen.

Es entspricht einer groben Verzerrung der Darstellung der Forscherpersönlichkeit Kammerers, wenn man seine Zusammenarbeit mit den Viviariumsbiologen außer acht läßt, deren wissenschaftliches Hauptanliegen in der experimentellen (physiologischen, chemischen) Untermauerung der epigenetischen Formbildungsprozesse gelegen hat und daß erst in diesem Rahmen seine Versuche über die experimentelle Abänderung des Fortpflanzungsinstinktes der Geburtshelferkröte zu beurteilen sind.

In der Interpretation empirischer Resultate gingen die Ansichten Przibrams und Kammerers wohl immer wieder auseinander, das entspricht allerdings lediglich dem nicht-autoritären Führungsstil Przibrams, so wie er von seinen Schülern auch des öfteren beschrieben wird. Przibram urteilte gerne vorsichtiger, z.B. ein abgeändertes Merkmal als Merkmalsverstärkung unter fortgesetzt veränderten Umweltbedingungen. Wie allgemein bekannt, war Kammerer auf der Basis seiner gesamten Weltanschauung davon überzeugt, daß die Erklärung dieses Phänomens in der direkten Vererbung erworbener Eigenschaften zu suchen ist.

Doch insgesamt hatte die Untersuchungsreihe an *Alytes* immer die volle Unterstützung Hans Przibrams, ging es doch in erster Linie um die experimentelle Untersuchung von unter kontrollierten Laborbedingungen induzierten Gestaltbildungsprozessen.

Gemeinsamkeitsstiftend für die Vivariumsbiologen ist auch das deutliche Bekenntnis zum Bild des Organismus als eine vom organischen System her aktive System-Umwelt-Beziehung, eine Annahme, die mit dem Weissmann'schen präformistischen Neodarwinismus nicht vereinbar war.

Zwar ist die Betrachtungsweise des Organismus als relativ autonome, strukturfunktionelle Einheit, der einen großen Spielraum an Möglichkeiten hat, auf Veränderungen der Umwelt zu reagieren, während er als relativ stabile Einheit als Material der äußeren neutralen Selektion antwortet, in dieser deutlichen Formulierung erst Ergebnis der zweiten Hälfte des 20. Jahrhunderts, z. B. aus der Arbeit mit der Hypothese der Binnendifferenzierung im Rahmen des Selbstorganisationsparadigmas. Aber die Auffassung vom Organismus als hochgradig komplexes Gefüge, das aktiv aufgrund seiner inneren Struktur- und Funktionsfähigkeit auf Veränderungen der Umwelt antworten kann, sind den Spezialuntersuchungen, die im Vivarium angestellt worden sind, im Ansatz unterlegt, bzw. gehören zum wesentlichsten Arbeitsansatz dieses ungewöhnlichen Forschungslabors.

Auch in Bertalanffys frühen Arbeiten, z. B. in seiner Dissertation (1926) finden wir die gleiche Position. Das Unbehagen am Darwinismus wird hier an jenem Argument festgemacht, welches für die Erklärung der Zunahme an Komplexität in einem Selektionsmechanismus keinen ausgezeichneten Kandidaten zu sehen vermag. Diesen systematischen Einwand unterstützten gegen Ende des 19.Jahrhunderts alle kritischen Stimmen, die sich gegen ein Naturbild wehrten, in welchem ausschließlich ein eliminativer Mechanismus in der Geltung eines naturwissenschaftlichen Prinzips stand. Die Konzentration auf regellosem Zufall und dem Mechanismus der Selektion irritierte auf einer emotionalen Ebene, zunehmend aber auch auf der intellektuell-wissenschaftlichen. Dieser Natur wollte man überhaupt keinen progredienten Entwicklungsprozeß zubilligen, oder zumindest nicht in dieser damals angenommenen erdgeschichtlichen Zeit.

3.2. Paul Weiß, erster systemtheoretischer Empiriker im Vivairum

Paul Weiß hat in besonderer Weise mitgeholfen, die Aufklärung über Gestaltbildungsprozesse voranzutreiben, sowohl experimentell, als auch theoretisch. Ihm hat zunächst das Vivarium, weiters aber konkret auch Bertalanffy zu verdanken, daß er praktische wie theoretische Befunde über Funktion und Struktur, sowie deren Zusammenspiel hinsichtlich der Wachstumsprozesse des Nervensystems, schon in den frühen 20iger Jahren zu einem konsistenten theoretischen Modell gemacht hat. Weiß stößt dabei zu einer allerersten Formulierung der biologischen Systemtheorie vor. Welche Umstände diese doch sehr bedeutende Invention begünstigt haben mögen, soll im folgenden angedeutet werden.

Paul Weiß hat im Vivarium die besonderen Gesetzmäßigkeiten der Formgestaltung an der Entstehung von transplantiertem Nervengewebe studiert. Seine Experimente waren v.a. der Aufklärung von strukturgenerierenden Prozessen gewidmet. Seine wissenschaftlichen Arbeiten tragen Titel wie: „Abhängigkeit der Regeneration entwickelter Amphibienextremitäten vom Nervensystem", „Nervenvorgang der Transplantate", „Kompensatorische Reflexe", „Selbstdifferenzierung nach Versetzung des Unterarms an Stelle des Oberarms" u. a. m.

Die theoretischen Leitvorstellungen für diese Untersuchungen wurden von Weiß ausführlich diskutiert. Seinen spezifischen, erkenntnisleitenden Modellen unterlegte er die Wissenschaftsphilosophie Ernst Machs und hat auch fruchtbare Anleihen aus anderen, eher zeit-parallelen Wissenschaftsprogrammen gemacht. Gute Kandidaten dafür waren natürlich die in den zwanziger Jahren breiter diskutierte psychologische Gestalttheorie, die Theorie der Wirkungsfelder und die Gradiententheorie A.Gurwitchs. *„Von Gurwitsch habe ich den Begriff des Feldes unter starker Abwandlung übernommen.....Ich bin empirisch noch nicht auf die Notwendigkeit gestoßen, das ‚Feld' anders denn als wirksamen Organisations-zustand' eines in bestimmter Größenordnung organisierten materiellen Systems aufzufassen. In diesem Punkt berührt sich, freilich nur ganz im prinzipiellen, die ‚Feldkonzeption' der Entwicklung, welche übrigens in der Form, wie ich sie bringe, eher eine Beschreibungsart als eine Theorie genannt werden kann, mit der Gedanken-*

richtung von Przibram bei seinen Kristallanalogien zur Morphogenese." (WEISS 1930).

Paul Weiß war als Student der Technischen Universität nicht nur sehr gut in die Probleme von Regelkreistechniken eingeführt, sondern hatte auch parallel zu seinem Technikstudium mit dem Vivarium gute Kontakte aufgebaut. Es ist ihm gelungen, bereits 1920 einen der begehrten permanenten Arbeitsplätze am Vivarium zu erlangen. Hier hat er gelernt, seine Probleme biologisch zu formulieren und experimentell zu präzisieren.

Mit seiner Dissertation von 1922 hat er dann schon die Wirkung äußerer Faktoren wie Lichtreize auf das Nervensystem von Schmetterlingen als Systemreaktionen zu beschreiben versucht, womit er bereits ein systemisches, auf einem Konzept von Regelkreisen aufbauendes Modell dem rein reflexologischen entgegengesetzt hat. Sein theoretisches Konzept, das die Funktionsweise der Reizleitung und Reizverarbeitung nicht direkt schon auf die chemische Änderung der Kolloidzustände zurückführen wollte - wie z.B.Jacques Loeb -, sondern die Dynamik der Reizleitungen unter der Vorstellung eines dynamischen Gestaltprozesses gefaßt hat, hat er auch in seinem Buch von 1926 „Morphodynamik. Ein Einblick in die Gesetze der organischen Gestaltung an Hand von experimentellen Ergebnissen" vorgelegt. Bereits 6 Jahre vor Bertalanffys Theoretischer Biologie hat Paul Weiss also schon das Problem der Form als *„die typische Lokalisation, d.i. Anordnung und Verteilung differenter Teilprozesse innerhalb des betreffenden materiellen Systemes*" definiert. Und er fährt fort: *„daß an dieser Stelle des Systems diese und gerade diese, an jener Stelle jene und nur jene Prozesse eingeleitet werden, ist uns ;Form'; nicht erst, daß diese differenten Prozesse eine bestimmte Raumgestalt schaffen.*" (WEISS 1926).

3.2.1. Paul Weiß und die Gestalttheorie Wolfgang Köhlers

Interesse verdient hier noch die systematische wie personelle Verbindung zwischen der Weiß'schen Systemtheorie und der psychologischen Gestalttheorie, so wie sie von W. Köhler, K. Koffka und K. Lewin in Berlin formuliert worden ist. Paul Weiß hat 1926 in seiner „Morphodynamik" die Parallele selbst herausgestrichen: „In gleicher Weise unmöglich wie der Teil-für-Teil-Abbau der Systembedingungen, unter denen das ‚organisierte' Materialganze existiert, ist es auch ihre Synthese Bindung für Bindung ohne Hilfe eines bereits mit den gleichen Bindungen analog konstruierten Gerüstgefüges als Hintergrund und Träger. Nur mit einem Male, als ganze kann die Gesamtheit an inneren Bindungen gesetzt werden. Wir münden hier in die gleichen Gedankengänge, bei denen die Psychologie in der Lehre von der Gestalt angelangt ist, und weisen vorläufig auf den strikten Parallelismus hin." (WEISS, 1926, s. 23)

Paul Weiß hat mit Köhler in den 20iger Jahren wegen ihres gemeinsamen Interesses an Feldphänomenen korrespondiert und Köhler wie auch er selbst sind auf die Feldphänomene von der Physik her gestoßen, u. zw. unabhängig voneinander. Getrennte Wege sind die beiden in der Haltung hinsichtlich der möglichen Übertragbarkeit von der physikalischen Ebene auf die biologische Ebene gegangen. Während Köhler v.a. die Analogisierung mit physikalischen Systemen versuchte, hat Weiss mehr und mehr in biologischen Begriffen gedacht. So fordert er die biologische im Gegensatz zur physikalischen Anschauungsweise als einen auch ideengeschichtlich nicht mehr aufzuhaltenden Schritt. *"Heute ist die ängstliche Bedachtnahme auf eine nur ja recht ,anorganische' Beschreibung nicht mehr von Bedeutung. Worauf es einmal angekommen war, nämlich die Menschen an den Gedanken der Möglichkeit einer Rückführbarkeit von Lebensvorgängen auf physikalische und chemische zu gewöhnen, das ist gegenwärtig nicht mehr so wesentlich. Der Gedanke hat Fuß gefaßt,.....Eine Rückkehr zu mehr ,biologischen' Anschauungs- und Ausdrucksweisen darf nicht als Rückschritt der Wissenschaft angesehen werden; sie wirkt im Gegenteil befreiend wie die Aufhebung eines Standrechtes, sie ermöglicht wieder, aus der einen Richtung, in die man sich bisher leicht gedrängt sah und bei deren Verfolgung man die Schätze neuer Erkenntnis zu erreichen mehr erhoffte, als zu erwarten berechtigt war, auszuspringen, neue Stollen zu treiben und so wieder in breiter Front vorzuarbeiten."* (WEISS 1925, S. 169, 170)

In seinem Artikel „Tierisches Verhalten als ,Systemreaktion'. Die Orientierung der Ruhestellungen von Schmetterlingen (*Vanessa*) gegen Licht und Schwerkraft" aus dem Jahr 1924, die eigentlich seine Dissertation in Aufsatzform darstellt (obwohl er sie bereits 1922 fertiggestellt hatte), hat er sich theoretisch positioniert, u.zw. gegen Jaques.Loebs Tropismenlehre, dem er im wesentlichen vorwirft, *„die gewaltsame Zurückführuung auf einen gemeinsamen Mechanismus"* zu betreiben, indem er die Wirkung äußerer Faktoren unter der Annahme untersucht, „daß gleichen Erscheinungsformen gleicher Mechanismus zugrunde liegen muß und hierin finden wir den verhängnisvollen Irrtum der Theorie." (WEISS 1925, S. 171)

3.2.2. Paul Weiß und die Wissenschaftsphilosophie Ernst Machs

Dagegen schließt er sich der Gestalttheorie Wolfgang Köhlers an, die behauptet, daß ein äußerer Faktor die Reaktion eines ganzen Systems erzwingt, sodaß erst die Gesamtreaktion des Sytems die Teilreaktion bestimmt. Somit könne nicht naiv auf eine unmittelbar mechanisch-kausale Wirkung eines Faktors geschlossen werden, wie das die Loeb' sche Tropismenlehre nahelege, die noch fest auf der Basis der alten mechanischen Philosophie ruhe. Dagegen folgert Paul Weiss hier ganz im Sinne von MACHS (1991, S. 74) empiristischer Redefinition von Kausalität: *„Das uns tatsächlich Gegebene ist nur der eindeutige Zusammenhang zwischen Faktor F und Reaktion R des Systems."* (MACH 1991, S. 179). Er beschreibt in diesem Zusammenhang die aus den Köhler' schen Ausführungen (KÖHLER 1920). an dessen berühmtem Beispiel über die Verteilung der elektrischen Ladung in einem geschlossenen System, um zu zeigen, daß auch die Physik nicht mehr daran glaubt, ohne weiteres mit letzten, eindeutig bestimmten Elementen im Sinne von real existierenden Entitäten rechnen zu können. *"Der Gedanke ist bei Köhler so klar durchgeführt, daß ich am besten auf sein Buch verweise. Hier wollte ich nur, um das intellektuelle Mißbehagen zu schwächen, das manchen Biologen befällt, wenn er sich Gesetzmäßigkeiten gegenübergestellt sieht, welche nicht an den letzten ihm bekannten ,Elementen' angreifen, kurz darauf hinweisen, daß auch dem Physiker dergleichen nicht fremd ist."* (KÖHLER 1920, S. 180).

Auch in dieser folgenden Textstelle ist die Philosophie Machs geradezu mit Händen zu greifen:

„Um noch kurz die Gründe zu berühren, die Loeb zu seiner schematisierenden Anschauungsweise geführt haben mögen: Er steht im Banne jener materialistischen Richtung der biologischen Forschung, die ihre wesentliche Aufgabe nicht darin sieht, die Erscheinungen ihres Gebietes darzustellen, insbesondere also möglichst umfassende Gesetze für die Beziehungen der einzelnen Erscheinungen ihres Gebiets untereinander aufzustellen, sondern darin, alle Erscheinungen des Gebiets der Biologie einzeln auf Physik und Chemie aufzuteilen. Über Möglichkeit oder Unmöglichkeit solcher Unternehmen zu diskutieren, wäre ein Unding, die Entscheidung liegt bei der Zukunft."

Weiß zitiert hier fast wortwörtlich Mach und in seinem Versuch, diese neue Wissenschaftsphilosophie in die Biologie zu übertragen, verfolgt er damit das Mach'sche anti-reduktionistische Programm. Denn wenn Wissenschaft letztlich als ökonomisch-systematische Darstellung der Tatsachen begriffen wird, dann impliziert eben die einheitliche wissenschaftliche Weltanschauung keinen Reduktionismus (MACH 1982).

Mach hat auch immer unterstrichen, daß die weitreichenden Analogien zwischen Optik und Akustik keineswegs bedingen, daß die Optik und mithin der Elektromagnetismus auf die Mechanik zu reduzieren seien. Außerdem sind Mach zufolge wissenschaftliche Erkenntnisse nie endgültig.

„Der biologische Tatsachenkomplex ist nun so zusammengesetzt, daß die unmittelbaren Zusammenhänge nicht übersehen werden. Deshalb begnügen wir uns, auffallende, nicht unmittelbar zusammenhängende Teile des Tatsahenkomplexes als zusammenhängend hervorzuheben. Der an dem einfacheren Kausalverhältnis geschulte Intellekt findet nun in dem Fehlen der Zwischenglieder Schwierigkeiten, die er entweder nach Möglichkeit durch Aufsuchen dieser Zwischenglieder zu beheben sucht, oder er verfällt auf die Hypothese einer ganz neuen Art von Zusammenhängen. Letzteres ist unnötig, wenn wir unsere Kenntnisse als unvollständig und provisorisch ansehen und bedenken, daß im physikalischen Gebiet ganz analoge Fälle vorkommen". (Mach 1992, S. 72*)*

Es bleibt einer weiteren Untersuchung vorbehalten zu klären, wieweit die Tatsache, daß in der Mach' schen Wissenschaftsphilosophie von Paul Weiß dessen epistemo-logischer Hintergrund zu finden ist, mit dafür verantwortlich ist, daß Bertalanffy später für mehrere Jahre etliche Berührungspunkte, v. a. zu Carnap und

Reichen-bach fand. Bertalanfys Dissertation über Gustav Theodor Fechner war erst Vorarbeit.[4]

3.3. Paul Weiss und Ludwig von Bertalanffy

Es gilt nun, die persönlichen Bezüge zwischen Bertalanffy und Paul Weiß herzustellen. Soviel läßt sich sagen, Bertalanffys wichtiges Erstlingswerk „Kritische Theorie der Formbildung", welches 1928 erschienen ist, war ganz auf der Linie der Weiß'schen Morphodynamik aufgebaut. Auffallend ist, daß Bertalanffy das nicht einmal erwähnt hat. Sein Buch hat soviel Interesse erweckt, daß J. H. Woodger es ins Englische übersetzt hat. Die Person des rennomierten englischen Biologen und Biotheoretikers ist sowohl in Zusammenhang mit dem Vivarium, als auch mit der Philosophie des Wiener Kreises wichtig. Woodger war nämlich Teilnehmer des später legendär gewordenen „Theoretical Biology Club" in Cambridge, ebenso wie u.a. das Ehepaar Needham und auch C. H. Waddington. Der gedankliche Austausch zwischen Cambridge und Wien ist durch Woodger insofern intensiviert worden, als er sich 1926 in Wien aufgehalten hat, um für ein Forschungssemester im Vivarium an Regenerationsuntersuchungen zu arbeiten. Wie wir wissen, ist aus diesen Versuchen zwar nichts geworden, aber Woodger ging als Reaktion auf seinen - wie er sagt ungemein anregenden Aufenthalt bei den wissenschaftlichen und philosophischen Diskussionen im Vivarium daran, sich intensiv mit Mathematik und Logik zu beschäftigen, in deren Folge er eine „Axiomatic Method in Biology" erarbeitet hat, die ihn wiederum in nähere Beziehung zu Persönlichkeiten des Wiener Kreises gebracht hat. In der Folge war Woodger nicht nur Übersetzter von A. Tarski, Ph. Frank, R. Carnap, K .Menger , sondern auch - wie gesagt- von Bertalanffys „Kritische Theorie der Formbildung."

Obwohl die inhaltlichen Parallelen überdeutlich sind, hat Bertalanffy jedoch später auffallend wenig über seine Anknüpfung an Weiß' Biotheorie gesprochen. Tatsächlich kann man vermuten, daß beider Verhältnis zueinander erheblich gestört war, wenn Weiß reklamiert, daß Bertalanffy ihm diesen organismischen Ansatz im Sinne der Systemtheorie schuldet, da sie einander in Wien 1922 oft getroffen und über den Begriff des Systems und seiner Anwendungen auf biologische Probleme gesprochen hätten.

Über die spezifische Betrachtungsmöglichkeit der organischen Entwicklung und des Verhaltens unter der Perspektive des Systems habe Weiß mit Bertalanffy auch intensiven Austausch gepflegt, als er an seinem Buch „Morphodynamik" arbeitete. Warum Bertalanffy diese eigentlich selbstverständliche Geste nie gesetzt hat, bleibt undeutlich.

[4] dazu habe ich in meiner Dissertation ausführlich Stellung bezogen (HOFER 1996)

4. Ludwig von Bertalanffy

4.1.Herkunft und intellektuelles Training

Bertalanffy wurde 1901 in Atzgersdorf bei Wien in ein Milieu hineingeboren, in welchem der freundschaftliche Umgang mit Wissenschaftlern und Künstlern selbstverständlich war. Zusammen mit dem Umstand, daß Paul Kammerer sein unmittelbarer Hausnachbar war, mit dem er laut eigenen Angaben schon als Bub biologische Probleme erörtert hat, ergibt das für seine spätere Entwicklung bereits eine bestimmte Ausrichtung. Dieses frühe Geschultsein in entwicklungstheoretischen Fragen, das sicherlich durch die entschiedene Haltung Kammerers noch verstärkt worden ist, sehe ich für den jungen Bertalanffy als die wichtigste gedankliche und persönliche Brücke zum Biologenkreis des experimentalzoologischen Forschungslabors Vivarium.

Bertalanffys Wege führten ihn für kurze Zeit von Wien weg, als er wegen des Verlustes des familiären Vermögens Ende des 1. Weltkrieges mit seiner Familie nach Zell am See hat übersiedeln müssen. Er hatte in Innsbruck von 1920 bis 1924 zunächst wenig mit Biologie zu tun, denn er hat fast alle Vorlesungen und Übungen in Kunstgeschichte, Archäologie und Philosophie belegt. Er hatte 1924 seinen Wohnsitz wieder nach Wien verlegt und lebte hier bis zu seiner erfolgten endgültigen Ausreise aus Österreich im Jahre 1948, zu der er sich wegen eines für ihn ungünstig verlaufenden Entnazifizierungsverfahrens veranlaßt gesehen hat. In Wien nun hat sich sein Karriereplan markant geändert, denn hier hat er dann sein Philosophiestudium intensiviert, wobei er sich besonders mit Wissenschaftsphilosophie der Biologie im Rahmen einer von Carnap geleiteten Studiengruppe auseinandergesetzt hat. Mit seiner Dissertation über das Thema „Fechner und das Problem der Integrationen höherer Ordnung. Ein Versuch zur induktiven Metaphysik“ bei Reininger und Schlick hat er 1926 sein Studium beendet.

Diese Arbeit markiert den Beginn seiner Karriere als Philosoph der Biologie, mit der er v.a. auf theoretischer Basis einem „organismischen“ Ansatz zum Durchbruch verhelfen wollte. Obwohl hier bereits Thema und Ansatz deutlich war, ermangelt der Dissertation noch die methodische und logische Klarheit, sodaß sich Schlick nicht mehr als zu einem ‚genügend‘ durchringen konnte. Dennoch hat sich Bertalanffy im folgenden besonders – und dann auch bald mit deutlichem Erfolg – bemüht, die methodisch-systematischen und logischen Unklarheiten im neuen Feld der Biophilosophie auszuräumen, wofür er sich in mehrfacher Hinsicht das Interesse von Carnap, Schlick, Reichenbach, Frank und besonders von J.H.Woodger sichern konnte. Für den raschen Anstieg seines Bekanntheitsgrades im deutschsprachigen Raum bedeutete die Publikation seines Buches „Kritische Theorie der Formbildung“ im Jahre 1928 einen wichtigen Markstein. Es wurde von J.H.Woodger übersetzt und war somit ab 1932 auch dem englischsprachigen Leserkreis zugänglich. Dieses Buch hat ihn besonders bei der Berliner Gesellschaft für wissenschaftliche Philosophie, einem Pendant zum Wiener Kreis, bekannt gemacht. Insbesondere hat sich Hans Reichenbach für Bertalanffys Arbeit interessiert und durch diese Gruppe eröffnete sich auch der Kontakt zu Kurt Lewin, welcher ein ganzes Seminar über Bertalanffys Buch abgehalten hatte, wie auch zu Wolfgang Köhler, bei dem er sich habilitieren wollte, wie auch zu den Psychiatern Kurt Goldstern und Alexander Herzberg. Mit diesem Buch hat er also jene Linien fortgesponnen, die er durch den Kontakt mit Paul Kammer und Paul Weiss aus dem Vivarium aufgenommen hatte.

4.2. Bertalanffys Arbeit an der Systemtheorie

Oben angeführte Kontakte sollten ihm nicht zum Schaden gereichen, denn bis heute gilt er in der öffentlichen Meinung als der eigentliche Begründer der Systemtheorie. Es ist ihm schließlich sogar gelungen, von Morton Beckner in das englischsprachige philosophische Standardlexikon „The Encyclopedia of Philosophy" als *„one of the chief exponents of the „organismic"* standpoint in theoretical biology" (EDWARDS 1967, S. 306, 307) eingetragen zu werden.

Die wichtigsten Merkmale des organismischen Standpunktes Bertalanffys werden in diesem Lexikoneintrag eben auch zuerst als Brüche mit der Tradition markiert: Als Bruch mit dem Vitalismus, der von Bertalanffy intellektuell als unfruchtbar betrachtet wird, und als Bruch mit der traditionellen mechanistischen Konzeption, dies in drei Punkten: *„the ‚analytical and summative' conception, according to which the goal of biological inquiry is the analysis of organisms into fundamental units and the explaining of organic properties by a simple adding up of these units; (2) the ‚maschine-theoretical' conception, which regards the basis of vital order as a set of pre-established structures or ‚mechanisms' of a physicochemical kind; and (3) the ‚reaction-theoretical' conception, according to which organisms are automata, reacting only when subjected to stimulation and otherwise quiescent."* (EDWARDS 1967, S.307).

Statt dessen baut das organismische Konzept auf einer solchen Betrachtungsweise auf, die den Organismus als Ganzes oder System versteht, mit eigenen Systemeigenschaften, die irreduzible Systemgesetze aufweisen. Organische Strukturen werden als Produkt steter Prozeßfluten verstanden, die durch ihre vielschichtigen Verbindungen Muster von unendlicher Kompliziertheit schaffen. Organische Systeme sind demnach Zentren von Aktivität, ausgestattet mit einem hohen Grad an Autonomie. Der besondere Organisationsgrad der Organismen wird durch Schichten beschreibbar, der sich vom einfachsten organischen Molekül über das vielzellige Individuum bis zu überindividuellen Aggregaten aufbaut. *„The whole of nature is ‚a tremendous architecture in which subordinate systems are united at successive levels into ever higher and larger systems."* (EDWARDS 1967, S.307).

Bertalanffy hat für den Begriff „offenes Fließgleichgewicht" oder „steady state" weltweite Bekanntheit erlangt, in welcher er versucht, das charakterisierende Prinzip des Organischen nicht auf die Basis des Besitzes von genetischem Code zu stellen , sondern im spezifisch organischen Vermögen, sich mithilfe eines geregelten Austausches mit der Umgebung in einer bestimmten Gestalt in relativer Unabhängigkeit davon zu erhalten. Das offene System befindet sich sonach in einem dynamischen Gleichgewicht, das unter ständiger Ein- und Ausfuhr den ständigen Auf-und Abbau im Inneren leisten kann. Mit den Begriffen ‚offenes System' und ‚Fließgleichgewicht' hat. Von Bertalanffy ein allgemeines Denkmodell angeboten, das die charakteristischen organischen Verhaltensmerkmale wie ‚Äquifinalität' (Unabhängigkeit von Ausgangsbedingungen, um den angestrebten Endzustand der reproduktionsfähigen Endgestalt erreichen zu können) in eine Funktionsbeziehung zur Erhaltung und Erhöhung der Stabilität bringt.

In diesem Versuch Bertalanffys, sich des Formproblems mit seiner teleologischen Grundproblematik anzunehmen, die von jeher als das unumgängliche methodische Rüstzeug der Biologie galt, besonders für eine Biologie, die sich nicht gänzlich der mechanistischen Betrachtungsweise überantworten wollte, verbinden sich die gedanklichen Linien der Gestaltphilosophie/Gestaltpsychologie mit Ansätzen, das neue Denken der Physik mit den damals noch heiß diskutierten naturphilosophischen Fragen bezüglich eines grundlegenden oder fallweisen Indeterminismus auf dem Feld der Biologie zu bearbeiten.

Auch Bertalanffy hat sich aus der Gestalttheorie W. Köhlers nicht nur den Begriff des offenen Systems zur Charakterisierung des Organismus geholt, sondern eben auch den spezifischen Ansatz, die progressive Differenzierung des Gestaltbildungsprozesses als hierarchische Geordnetheit zu sehen, die definiert ist als Verhältnis zwischen dem Ganzen und seinen Teilen oder als Verhältnis von Funktion und Struktur. *„On the European continent, this (the organismic conception in biology, V.H.) was developed by the present author (1928a) in the 1920's , with parallel developments in the Anglo-Saxon countries (Whitehead, Woodger, Coghill and others) and in psychological gestalt theory (W. Köhler).*" (BERTALANFFY 1968, S. 208)

Bertalanffy hat in seinen frühen Essays auch zeitweise den Weg verfolgt, mit Analogieschlüssen aus der Unbestimmtheits-/Indeterminismusdebatte in der Physik Beweise für die grundsätzliche Unangemessenheit der Methoden der mechanischen Physik für biologische Probleme herauszuarbeiten. (Darin hatte er immerhin den Nobelpreisträger Pacqual Jordan als gedanklichen Wegbegleiter.)

In den 30iger Jahren hat Bertalanffy die Irreversibilität in der Prozeßrichtung der organischen Abläufe unter Betonung ihrer strengen Geordnetheit in interessante Verbindungen mit Thermodynamik gebracht, späterhin auch mit Informationstheorie. Er wünschte sich schließlich eine derartige mathematische Formulierung, um Information auf den Organisationsgrad eines Systems beziehen zu können, sodaß Information als Maß der Organisation definiert werden könnte. Dieses fordert er als eine Anwendung der General System Theory: *"Information theory, introducing the concept of information as a quantity measurable by an expression isomorphic to negative entropy in physics, and developing the principles of its transmission."* (BERTALANFFY 1968, S. 90)

5. Resümee

Mit diesem Aufsatz sollte eine wichtige und längst fällige Korrektur vorgenommen werden, die sich aus der wissenschaftshistorischen Untersuchung ergeben hat

Bertalanffy hat die gedankliche Anregung für seine systemische Biotheorie dem Wiener biologischen Forschungslabor Vivarium und speziell dem ausgezeichneten Empiriker und Entwicklunstheoretiker Paul Weiß zu verdanken. Die Möglichkeit aber, die Ansätze der Weiß'schen Morphodynamik in Richtung philosophischer Wissenschaftstheorie weiterzuführen, verdankte er der Denkschule des Wiener Kreises. Damit soll hier nicht behauptet sein, daß sich Bertalanffy inhaltlich voll mit dem Logischen Empirismus oder dem Wiener Kreis identifiziert hätte, wohl aber, daß seine Biophilosophie „more sophisticated" ist und er sich damit methodisch von ähnlichen holistischen Philosophemen durch wissenschaftstheoretische Problemeinsicht unterscheidet und diese Charakteristik auf die Möglichkeit seines Studiums und der philosophischen Auseinandersetzung mit dem Wiener Kreis zurückzuführen ist. Seine philosophische Ausbildung bei Schlick, den er sehr verehrt haben soll, hat er selbst betont. *„In philosophy, the writer's education was in the tradition of neopositivism of the group of Moritz Schlick which later became known as the Vienna Circle. Obviously, however, his interest in german mysticism, the historical relativism of Spengler and the history of art, and similar unorthodox attitudes precluded his becoming a good positivist."* (BERTALANFFY 1968, S. 12).

Im Zentrum meiner Argumentation stand der Befund, daß bestimmte Prämissen, die das oft charakterisierte Repertoire der Systemtheorie- oder Systemlehre ausmachen, bereits die Grundauffassungen und Basishypothesen der Vivariumsbiologie waren, mit denen man dort experimentell gearbeitet hat. Die hier teils implizierte, teils dargelegte These, daß die Biologie im Vivarium in besonders ausgeprägter Weise thoriegeleitet war, verdient noch in einer eigenen Arbeit untersucht zu werden. Dort wird dann genauer analysiert werden, ob und auf welche Weise der semantische Gehalt in den theoretischen Schlüssen mitgedacht worden ist. Doch muß im Rahmen einer ausführlicheren Arbeit dem ganzen Themenkreis des Experimentalsystems *Vivarium* (Personen, Apparate, Publikationen, Überprüfbarkeit, etc.) gründlicher nachgegangen werden.

Obwohl hier gezeigt worden ist, welche philosophische und biotheoretische Vorläufer die Vivariumsbiologie hatte, sollte damit aber nicht gesagt werden, daß deren gesamter methodologischer Apparat schon so ausgearbeitet gewesen sei, daß Bertalanffy nichts als Übersetzung in eine philosophische Sprache zu leisten gehabt hätte. Behauptet wird allerdings, daß die Vivariumsbiologie bereits mit denselben Grundkategorien gearbeitet hat, die Bertalanffy schon als sehr junger Philosoph in seiner Biotheorie mit viel Überzeugung vertreten hat, obwohl er selbst kaum als

Biologe im Labor gearbeitet hat und auf die empirische Überprüfung seiner biologischen Hypothesen verzichtet hat. Ich bin der Überzeugung, daß Bertalanffys früh gefundene Sicherheit seinem Vertrauen in die Arbeitshypothesen und -ergebnisse der Forschungen des Vivariums entspringt und daß er in gewisser Weise in einem arbeitsteiligen Verfahren diesem Forschungsprogramm eine solide wissenschaftstheoretische Basis erarbeiten hat wollen.

LIteratur

BERNARD, C.1865, zit. nach QUERNER, Hans, Die Methodenfragen in der Biologie des 19.Jahrhunderts: Beobachtung oder Experiment? - In: JAHN. I. (Hrg.): Geschichte der Biologie, 3., neubearbeitete Auflage, Jena, Stuttgart, Lübeck, Ulm, 1998.

BERTALANFFY., L.v., General System Theory. Foundations, Development, Applications. - New York, 1968.

BLAUKOPF, K. (Hrg.): Philosophie, Literatur und Musik im Orchester der Wissenschaften. - Wien, 1996.

HALLER, R.: Neopositivismus. Eine historische Einführung in die Philosophie des Wiener Kreises. - Darmstadt, 1993.

HALLER, R. und F. STADLER: Ernst Mach. Werk und Wirkung. - Wien, 1988.

JOHNSTON, W. M.: Österreichische Kultur- und Geistesgeschichte. Gesellschaft und Ideen im Donauraum 1849 bis 1938. - Wien, 1992.

KÖHLER, W.: Die physischen Gestalten in Ruhe und im stationären Zustand. - Braunschweig, 1920.

MACH, E.: Die Mechanik in ihrer Entwicklung. Historisch-kritisch dargestellt. - Nachdruck Frankfurt/M., 1982.

MACH, E.: Die Analyse der Empfindungen, Nachdr. der 9.Aufl. - Damstadt, 1991.

MOCEK, R.: Wilhelm Roux, Hans Driesch: Zur Geschichte der Entwicklunsphysiologie der Tiere („Entwicklungsmechanik“). - Jena, 1974 .

PRZIBRAM, H.: Die biolgische Versuchsanstalt in Wien. - In: Gildemeister, M. (Hrg):, Zeitschrift für biologische Technik und Methodik. - Straßburg, 1910.

ROUX, W.: 1905, zit aus Mocek (1974), 428, 429.

SCHORSKE, C. E.: Wien. Geist und Gesellschaft im Fin de Siecle. - Piper München, 1994..

STADLER, F.: Studien zum Wiener Kreis. Ursprung, Entwicklung und Wirkung des Logischen Empirismus im Kontext. - Frankfurt, 1997.

WEISS, Paul, Tierisches Verhalten als Sytemreaktion. Die Orientierung der Ruhestellungen von Schmetterlingen WEISS, P.: Morphodynamik,. - In: SCHAXEL, J. (Hrg): Abhandlungen zur theoretischen Biologie, Berlin, 1926.

WEISS, P.: Tierisches Verhalten als "Systemreaktion". Die Orientierung der Ruhestellung von Schmetterlingen (*Vanessa*) gegen Licht und Schwerkraft. - Biologia Generalis, Vol I, Wien, 1925, S 169, 170.

WEISS, Paul, Entwicklungsphysiologie der Tiere. - Dresden und Leipzig, 1930, S 132.

PAUL WEISS: DER BEGINN SEINER SYSTEMTHEORIE DES ORGANISMUS IN DEN 20ER JAHREN

Stefan Khittel

Einleitung

Der Begriff des 'Systems' hat eine lange Geschichte in der Wissenschaft, die nachher erst zur Biologie werden sollte. Es sei nur daran erinnert, daß Carl von Linné sein epochemachendes Werk '*Systema naturae*' genannt hat. Dieser Systembegriff war klarerweise ein auf die göttliche Ordnung hin gerichteter und das System, das hier gemeint war, ist das der Ordnung Gottes, die es aufzudecken galt. Am Ende des zwanzigsten Jahrhunderts hat sich der Begriff System radikal gewandelt und das Bedeutungsspektrum ist ein sehr weites geworden. In den biologischen Wissenschaften haben sich Schlagwörter wie 'Ökosystem' in einer weiteren Öffentlichkeit ausgebreitet, die über die 'scientific community' hinausgeht. Auch der Boom von Büchern über Systemtheorie, Chaostheorie, dissipativen Systemen, usw. hat vor allem ab Ende der siebziger Jahre zu einer Durchdringung der Naturwissenschaften mit 'Systemen' geführt. Die Frage, die sich hier nun stellt, ist einerseits eine historische, die aufklären soll, woher die Begriffe stammen, und andererseits eine wissenschaftstheoretische, die sich mit der Einordnung und der Erarbeitung der Begriffsbedeutung beschäftigt.

Paul A. Weiss ist ein Autor, der in den letzten Jahren zunehmend in Vergessenheit geraten ist. Vielleicht rollt die 'Geschichte' der biologischen Theorien zu schnell über manche ihrer Geburtshelfer hinweg. Ein Grund mag auch dahingehend zu suchen sein, daß Paul Weiss, der seine wissenschaftliche Karriere in Wien unter Professor Pribram begonnen hatte, seine Tätigkeit Ende der zwanziger Jahre zunächst in Berlin fortsetzte und schon bald Anfang der dreißiger Jahre ein Angebot wahrnahm nach New York zu gehen, was naturgemäß auch politische Gründe hatte, neben dem wissenschaftlichen Offert. Ich werde mich in dieser Arbeit allerdings vornehmlich auf die Arbeit Weiss' der ersten Wiener Zeit konzentrieren und nur einen kurzen Blick auf sein Alterswerk werfen. Die Arbeit von Weiss hatte in jener Zeit drei Schwerpunkte: Tierisches Verhalten, Nervenphysiologie und Entwicklungsbiologie. Zu allen diesen drei Überbereichen steuerte er originelle Arbeiten bei ,die ich im folgenden kurz skizzieren werde.

Das Experiment als Basis der biologischen Wissenschaft

Die Artikel von Paul Weiss zeichnen sich durch eine akribische Beschreibung der Experimente aus, wo auch in all ihre 'Nebenbedingungen' genau bezeichnet werden. Auch bedient sich der Forscher neuster Techniken, um Fortschritte in der

Wissenschaft zu erzielen. Ein technischer Aspekt, der sich durch viele seiner frühen Forschungen zieht, ist die Filmaufnahme, die in den zwanziger Jahren technisch noch nicht so weit entwickelt war. Weiss verwendet sie vor allem um langsame Prozesse in ihrer Dynamik sichtbar zu machen und diese Bilder, die sich ihm erschließen üben auch einen nachhaltigen Einfluß auf ihn aus (siehe unten). Egal ob es um Färbetechniken von Nervenzellen geht, um filmische Aufnahmen mit speziellen Kameras oder Mikroskopie, immer geht Weiss ans Limit des technisch machbaren, was in der damaligen, 'experimentierfreudigen' Atmosphäre des Pratervivariums teils auch so zu erklären ist. Es ist interessant anzumerken, daß die Genauigkeit der Beschreibung eines Experiments sich meist auf physikalischen und chemischen Bedingungen, beziehungsweise auf die physiologische Beschreibung beschränkt und die Tiere oft nicht so genau bestimmt werden, meist bis auf das Familienniveau oder auch auf das der Gattung, das der Art wird bei der Beschreibung schon oft weggelassen oder kann nicht mehr eindeutig zugeordnet werden. Dazu kommen noch die taxonomischen Neubenennungen, so daß aus einem Artikel über die die Gattung *Vanessa* heute ein Artikel über die Gattungen *Inachis* und *Aglais* würde. Diese Art der Genauigkeit der Bestimmung der Taxa scheint für Weiss aber doch eher nur eine Pflichtübung gewesen zu sein, die er nie bis zur Perfektion getrieben hat, was bei seinen weit über alle Ordnungen (im taxonomischen Sinn) gestreuten Versuchen auch kaum möglich gewesen wäre.

Der wissenschaftstheoretische Hintergrund des Forschers war ein recht simpler. Das was er mit den Experimenten erreichen wollte, waren 'Antworten' auf seine 'Fragen' an die Natur. Die Natur als solche war für ihn der oberste Richtherr über wahr und falsch in der Wissenschaft. Die klarste Ausprägung erfährt diese Sichtweise in der etwas polemisch geratenen Verteidigung seiner 1924 veröffentlichten Resonanztheorie der Nerventätigkeit. Hierin beginnt er auf Seite 607 einen Absatz: *'Man sieht: Schon an den nackten Tatsachen scheitert der Einwand Versluys und kommt an die Theorie überhaupt gar nicht heran.'* Und etwas weiter unten auf der selben Seite streut er in einem Nebensatz ein *'...,will man den beobachteten Tatsachen gerecht werden,...'* (WEISS 1928), ein. Er selbst sieht sich also als der richtig Beobachtende (der 'man'?), der die experimentellen Ergebnisse in Übereinstimmung mit der Theorie bringen kann oder sie verwerfen muß. Diese Sicht der Wissenschaft behält er im weiteren Verlauf seiner Karriere bei, auch wenn er später weniger polemisch sich auszudrücken weiß.

Die hauptsächlichen Erfolge, die der junge Wissenschaftler erzielt, sind die Transplantationsversuche, die er an Urodelen (Schwanzlurchen) unternimmt. Herzen, Beine, Arme, Haut und andere Körperteile amputiert er und versucht auch sie anderswo einzusetzen. Die Vorgangsweise bei diesen Versuchen ist streng geplant und die Ergebnisse werden immer gleich in die nächste Versuchsplanung einbezogen. Für Weiss geht es nie nur um neue einzelne Großtaten auf einem rein technischen Gebiet zu erringen, sondern er verbindet Theorie und Experiment immer zu einer unteilbaren Einheit, wobei der Sinn immer von der Theorie gestiftet wird. So widmet er allein mehr als vierzig Seiten im Artikel über das tierische

Verhalten als 'Systemreaktion' der Theorie. Er versucht allerdings nie die Grundlage für seine Aussagen in der Theorie zu suchen, sondern immer die Empirie in einer Weise einzubeziehen, die ihm ein unumstößliches Fundament liefert. In seinem Buch 'Aus den Werkstätten der Lebensforschung', das heute als populärwissenschaftliches bezeichnet werden könnte, stellt er seine Haltung dem Experiment gegenüber deutlich dar. Dieses Buch ist im Gegensatz zu sehen zu vielen anderen, die versuchen Theorien unter das 'Volk' zu bringen.[1]

Er war nicht nur ein hervorragender Experimentator, sondern auch ein ebensolcher Theoretiker (siehe unten) und wenn etwas an seinen Arbeiten zu bemängeln gibt, ist es der Mangel an einer Metatheorie, die die Verbindung zwischen Theorie und Experiment in einer weniger simplizistischen Weise auflösen könnte, als dies bei ihm der Fall war.

Vom System der Organismen zum Organismus als System

Wie oben schon angedeutet ist der Begriff System kein neuer für die Biologie, im Gegenteil, er war gewissermaßen die Basis für sie. Von den prädarwinistischen Vorstellungen der Systeme des Lebendigen als Ordnung machte Ernst Haeckel den Sprung die Ordnung der Lebewesen selbst als etwas Organisches darzustellen und den Baum als Sinnbild für die Evolution zu verwenden. So wurde zunehmend das organismische System als etwas organisches begriffen. Gleichzeitig kam es in der zweiten Hälfte des neunzehnten Jahrhunderts zu einer vermehrten Verwendung des Systembegriffs vor allem in der Physik und auch in der Chemie. In der letzteren wurden Gleichgewichtszustände beschrieben, die auch bald in der Physiologie angewandt wurden. Ab dem frühen zwanzigsten Jahrhundert gab es schon Bemühungen gewisse Phänomene der Ökologie[2] als systemische Zustände zu beschreiben, wobei diese offenbar als Analoga zu chemischen Prozessen gesehen wurden. Nun war Paul Weiss zunächst ein sehr guter Physiologe und es wäre zu erwarten gewesen, daß er den Systembegriff in der Physiologie einführen würde. Tatsächlich beginnt die Geschichte des Systems bei Weiss in seiner Arbeit über das Verhalten von Schmetterlingen der damals als *Vanessa bezeichneten V. io* und *V. urticae* (heute *Inachis io*, bzw. *Aglais urticae* der Familie der Nymphalidae) (WEISS 1925). Dies ist insofern erstaunlich, als er zu jener Zeit sonst wenig mit Schmetterlingen arbeitete und dies auch für lange Zeit seine einzige Arbeit zur Verhaltensforschung geblieben ist (von den Vorabveröffentlichungen zu diesem Artikel abgesehen). Der Artikel wurde 1925 in der ersten Nummer der *Biologia*

[1] Ohne daß ich hier den Nachweis bringen könnte ist das Erscheinungsdatum 1931 sicherlich interessant, noch dazu wenn klar ist, daß Weiss vorher auch länger in Deutschland war. Inwieweit dies als antiideologisches Manifest intendiert war, ist nicht nachzuprüfen, aber es ist klar, daß es als solches gesehen werden konnte. WEISS, S.: 1931, In den Werkstätten der Lebensforschung, Berlin, Springer.

[2] Dieser Begriff wurde ebenfalls von Haeckel eingeführt, und zwar 1867.

Generalis veröffentlicht, aber schon am 15. Februar des Vorjahres fertiggestellt und am 20. Februar 1924 langte der Artikel bei der Redaktion der Zeitschrift ein. Auf Seite 248 schreibt Weiss zur Entstehung des Artikels:

„Manches widrige Geschick hatte es mit sich gebracht, daß die vorliegende Arbeit, ehe sie dieser Zeitschrift zum Druck übergeben wurde, obwohl bereits 1922 fertiggestellt (Versuche aus dem Sommer 1921), in der Publikation bis jetzt aufgehalten war. In der Zwischenzeit sind von anderen Autoren einige Arbeiten veröffentlicht worden, welche Gedankengänge enthalten, die sich mit den im Vorigen vorgebrachten stellenweise berühren. Obwohl es natürlich einem Gedanken beträchtliche Stütze verleiht, wenn er von mehreren unabhängig gedacht wird, muß ich mir doch ein genaueres Eingehen auf die Ansichten anderer versagen und die vorliegenden Ausführungen einstweilen diese Stütze entbehren lassen, wenn anders ich nicht vom Hundertsten ins Tausendste gelangen wollte."

Dieser Abschnitt ist interessant deshalb, weil er das Bemühen des Autors zeigt, sich das Recht des originellen Gedankengangs zu sichern, was bei einer Publikationszeit von mindestens einem Jahr zwischen Annahme des Artikels und dessen Publikation verständlich ist, aber angesichts der nicht gegebenen Hinweise, welche Autoren und Arbeiten denn er nun meinte, ist es schwer nachzuvollziehen, welche Gedankengänge er denn meint. Natürlich ist sehr wohl nachvollziehbar, daß er im Sommer 1921 die Experimente durchführte und daß er im Akademischen Anzeiger des Jahres 1922 einen kurzen Artikel (WEISS 1922) geschrieben hat, der die Schmetterlinge zum Thema hatte, nur ist im Rückblick schwierig zu sehen, was genau zwischen 1922 und 1924 passierte oder ob irgend etwas mit dem Artikel passierte. Allerdings scheint es für den von Weiss verwendeten Begriff des Systems nicht besonders wichtig. Das wirklich Neue ist die Beschreibung des Organismus als System, die sich mit strikter Konsequenz durch die Arbeit zieht.

Die Systemtheorie im Vanessa-Artikel

Der Artikel richtet sich gegen die damals gerade aktuellen Vorstellungen der Tropismentheorie wie sie von Loeb vorgestellt worden war. Die Tropismentheorie lag auf der reduktionistischen Linie der Biologie im späten neunzehnten und frühen zwanzigsten Jahrhunderts. Im Prinzip versuchte sie alles auf dieselben chemischen und physikalischen Grundsätze zurückzuführen, die für Tiere ebenso zu gelten hatten wie für Pflanzen. Während sich der Begriff der Tropismen bis heute in der Pflanzenphysiologie erhalten, so ist er vollkommen verschwunden von der Tierphysiologie (oder heute würden wir eher Ethologie sagen, auch das Resultat eines Paradigmenwechsels). Nun ist Weiss kein Vitalist[3], aber er verwehrt sich

---

[3] 8 Deutlich zu sehen auch bei Anmerkung 1 auf Seite 185 des *Vanessa* Artikels, wo er über die eindeutige Bestimmheit der Naturvorgänge schreibt: Aller Naturvorgänge; sie ist nicht das Privilegium einer organischen oder anorganischen Hälfte.

strikt gegen eine Theorie, die alles auf die 'untersten Größenordnungen' reduziert.
'Loeb ... greift in seinem oben erörterten Streben nach der untersten, d. i. nach der Größenordnung der chemischen Vorgänge. Begründung gibt er keine, für ihn ist der Weg von vornherein selbstverständlich, denn er glaubt dadurch die Forschungsweise des Physikers auf die Biologie übertragen zu haben. Er erwägt nicht weiter, ob nicht bestimmte Gesetze innerhalb bestimmter Größenordnungen gelten, sonder ist der Ansicht, daß jeweils die niedrigste Größenordnung, die in der Erscheinung gefunden werden kann, als einzige zur Erklärung geeignete herangezogen werden muß.' (WEISS 1925, 173 Hervorhebung im Original)

Es ist also nicht ein physikalischer Ansatz den er verdammt, es ist die 'schlechte' Anwendung eines solchen. Weiss selbst führt den Begriff unvermittelt in die Arbeit ein und so, als ob es sich nicht um eine biologische Arbeit handeln wurde (siehe unten).
'Es wirke ein einheitlich reaktionsfähiges System ein außerhalb gelegener Faktor F ein und wir stellen an dem System eine Reaktion R fest. Die Gesamtreaktion gestehe aus den Teilreaktionen a, b, c, d, deren man bei vollkommen freier Reaktionsfähigkeit des Systems eine unendliche Anzahl denken kann, eine theoretische Mannigfaltigkeit aber, die durch die Konstitution des Systems selbst erheblich eingeschränkt ist; es seien etwa a', b', c', d' oder a'', b'', c'', d'' oder a''', b''', c''', d''' möglich' (WEISS 1925, 175, Hervorhebung im Original)

Weiss setzt einerseits eine gewisse Vertrautheit des Begriffes voraus, das heißt er rechnet damit, daß seine Leser eine gewisse Vorstellung haben von dem, was 'System' in der Physik oder Chemie bedeutet, daß er gar nicht im vorhinein definiert, was dieser Begriff genau meint. Andererseits geht aus dieser Einführung des Begriffes 'System klar hervor, daß sich der Autor nicht auf die Lebensvorgänge oder auf tierisches Verhalten beschränken will. Im Ansatz ist seine Theorie durchaus ebenso universalistisch, wie die von Loeb, wahrscheinlich sogar noch universalistischer. Erst später gibt er eine Definition von System.

Bei dieser Definition leitet er auch den Systembegriff her und begründet ihn, und zwar intuitiv, was als gewisser Widerspruch in sich selbst betrachtet werden könnte. Er beruft sich auch auf seine Vorstellungsgabe, um einen Determinismus festzuhalten, der universal ist:
'Denke ich mir in irgendeinem Augenblick durch den stetig-zeitlichen Ablauf des Naturgeschehens einen Querschnitt gelegt, so habe ich in diesem Augenblick das Weltbild in Ruhe vor mir. Die Gesamtheit der Erscheinungen in diesem Querschnitt bezeichne ich etwa mit Qn. Lege ich nun nach unendlich kleinen Zeiträumen weitere Querschnitte Qn+1, Qn+2, so ist es das überragendste Naturgesetz, welches übermächtig sich uns "in Fleisch und Blut" gedrängt hat, welches nicht erst der Naturwissenschaft, sondern überhaupt dem Denken und Handeln schon des naiven Menschen Berechtigung und Sinn gibt: daß jeder Querschnitt Qn+1 durch den vorhergehenden Qn eindeutig bestimmt ist und selbst wieder den nächstfolgenden Qn+2 eindeutig bestimmt' (WEISS 1925, 181-82, Hervorhebungen im Original) und in der Anmerkung auf Seite 182:

,*So übermächtig, daß der Naive jede vermeintliche Abweichung von diesem "der Natur von ihrem Schöpfer vorgeschriebenen" Gesetz als Durchbrechung desselben durch den Schöpfer selbst, als Wunder wertet.*' (WEISS 1925, Hervorhebung im Original)

Das, was hier behauptet wird ist nicht weniger, als der durchgängige Determinismus jeglicher Naturerscheinung und die vollkommene Determiniertheit der Welt, der man nur noch die 'Naturgesetze' entreißen müßte, um sie vollkommen zu verstehen. Ein 'System' ist nun ein Teil des gesamten Querschnittes, der relativ konstant bleibt und der in sich relativ geschlossen ist. Er erkennt auch schon die, später Hierarchien genannten, Größenordnungen der Systeme und Teilsysteme, die er aufwärts und abwärts steigen läßt '*bis zum obersten System Q, dem einheitlichen Weltganzen*' (WEISS, 1925, 185) oder in die 'niedersten uns zugänglichen Größenordnungen' (WEISS 1925, 185).

Nun gibt er fünf Punkte an, die er für seine Betrachtungen benötigt, die aber noch nicht auf die *Vanessa*-Gattungen zugeschnitten sind, sondern im Gegenteil, eine allgemeine Systemtheorie begründen:

1. Als System wollen wir mithin jeden Komplex definieren, welcher das Bestreben zeigt, bei Änderungen an seinen Teilen als Ganzes nach außen hin konstant zu bleiben.
2. In jenem Bestreben der Konstanthaltung spricht sich aus, daß der Systemzustand den stabilen, d. h. eindeutigen Zustand des Komplexes unter der Gesamtheit der Außenbedingungen darstellt.
3. Die Konstanterhaltung des Ganzen bei Änderung von Teilen kann nur durch gegensinnige Änderung der übrigen Teile bewirkt werden, welche letztere Änderung also das System aus sich heraus leistet (Systemreaktion). Jede Störung des stabilen Zustandes, jede Entfernung vom Punkte der eindeutigen Bestimmung ist von Änderungen gefolgt, die solange währen, bis ein neuer Zustand eindeutiger Bestimmtheit erreicht ist, d. h. ein Zustand, aus dem heraus "nichts geschieht, weil nichts geschehen kann", aus dem heraus sich keine Änderung finden ließe, die vor irgendeiner anderen etwas voraus hätte und wo folglich auch keine eintritt
4. Der Systemzustand muß als ausgezeichneter (eindeutiger) Zustand durch eine Extrembedingung (Maximum - oder Minimumbedingung) des Wirkens der beteiligten Faktoren charakterisiert sein.
5. Ebensolche Bedingungen werden die Systemreaktion, die unter allen möglichen tatsächlich ausgeführt wird, kennzeichnen' (WEISS 1925, 183-84, Hervorhebungen im Original)

So ist es keineswegs verwunderlich, wenn er als erstes einfaches Beispiel eines Systems den physischen Körper anführt der Druck mit Gegendruck beantwortet, das heißt *actio par est reactio* und das ist für ihn die gesuchte gegensinnige Reaktion. Ein weiteres Beispiel aus der Chemie ist ein Gemisch von NO_2 und N_2O_4, das komprimiert wird und wo sich das eine Molekül in das andere

umwandelt unter Druckbedingungen. Er geht auch auf die Systemreaktionen des Organismus ein:
'Die Erscheinungen der Regulation und Adaptation sind typische Systemreaktionen des Organismus. Sie sind so verbreitet, daß ihr Vorhandensein allein genügt, den Organismus als System erkennen zu lassen' (WEISS 1925, 185, Hervorhebungen im Original).

Das Problem, das sich ihm natürlich an diesem Ort stellt, ist, daß er erkannt hat, daß die Reaktion eines Organismus wesentlich komplexer verlaufen, als die einfacher Systeme. Er beschreibt dies auch als die Plastizität des tierischen Verhaltens, was für ihn aber nie die Determiniertheit prinzipiell in Frage stellt. Konkret bedeutet das, daß ein und dasselbe Resultat sich immer wieder einstellt, egal wie der genaue Ablauf war, um dorthin zu gelangen. Als Beispiel nimmt er den Räuber, der eine Beute fangt, um sie zu fressen, auch wenn die Beute nicht immer genau gleich groß ist oder nicht genau gleich weit weg ist. Das Resultat ist immer das Fressen der Beute (Jagderfolg vorausgesetzt).

Er kennt aber auch die starren Reaktionen, die Instinkte, die einmal ausgelöst werden und immer gleich ablaufen. Bei solchen Reaktionen gliedert er sie in Teilreaktionen und sieht sie als Ketten von plastischen Reaktionen (WEISS 1925, 188). Von der Gestalttheorie[4] herkommend will er den Sinn im Ganzen zu sehen, wenn die Teilreaktionen zusammengenommen etwas Sinnhaftes ergeben. Er vergleicht diesen aufbauenden Vorgang mit einem Gewölbe, das sich selbst trägt, aber erst nachdem der letzte Schlußstein gesetzt worden ist. Die Schlußfolgerung, die er daraus zieht, ist, daß das Gewölbe (als Metapher) schon da sein mußte und erst dann das Gerüst dazu kam und dann die neuen Gewölbe aufgebaut werden.
„Dieses Problem löst sich, wenn wir annehmen, daß wir es nicht mit einem ursprünglichen Zustand dabei zu tun haben, sondern mit einer sekundär in allen Teilen fixierten, ursprünglich aber einheitlichen Systemreaktionsart: einheitlich, d. h. als geschlossenes Ganzes, also auch die Teile in Unterordnung unter das Ganze!" (WEISS 1925, 191, Hervorhebungen im Original).

Dieser Punkt ist die Crux der Systemtheorie Weiss', der sie benutzt, um die Determiniertheit der Welt zu zeigen, etwas, was später sein Werk nachhaltig prägen sollte, wie beispielsweise in seinem im Symposionsband zu Alpbach erschienen 'Das lebende System: Ein Beispiel für den Schichtendeterminismus'. Aber nicht nur für sein Werk ist diese hier gelegte Grundlage bedeutend, sondern auch für die Werke Ludwig von Bertallanffys[5] und nicht zuletzt von Rupert Riedl.

---

[4] Der Hinweis ist unter anderem in ibid. auf Seite 182 zu finden und auch in WEISS1926, s. 23. Es ist interessant zu wissen, daß auch Tansley, der 1935 den Begriff 'ecosystem' prägte im Jahre 1923 ein Jahr in Wien verbrachte, um bei Freud Psychologie zu hören.

[5] Es ist klar, daß L. v. Bertallanffy die Werke von Weiss kannte, nicht nur weil sie beide in den gleichen Zeitschriften publiziertzen und in Wien als Biologen arbeiteten, zugleich geht auch Bertallanffy selbst darauf ein in der Diskussion in Alpbach, wo er den versammelten Zuhörern sagt, daß Weiss schon 1924 die Systemtheorie entworfen hätte. Gleichzeitig ist interessant, daß Weiss selbst diesen Primat eigentlich nie in dieser Form erhoben hat (im

Kurz möchte ich auf die Fortsetzung des Vanessa Artikels eingehen, die ein Jahr später (1926) in der Reihe Abhandlungen zur theoretischen Biologie als deren Heft 23 herausgekommen ist. In diesem Artikel gibt es insofern eine Weiterbildung des Systembegriffes, als er ihn verwendet für die Betrachtung von Teilen eines Organismus und organische Materialteile als Subsysteme ansieht. Er wendet sich erneut gegen Vorstellung wie derjenigen des Organismus als Zellhaufen oder beliebige Ansammlung von Einzelteilen:

'In gleicher Weise unmöglich [ist] der Teil-für-Teil-Abbau der Systembedingungen, unter denen das "organisiert" Materialganze existiert, ist es auch für ihre Synthese Bindung für Bindung ohne Hilfe eines bereits mit den gleichen Bindungen analog konstruierten Gerüstgefüges als Hintergrund und Träger. Nur mit einem Male, als ganze kann die Gesamtheit an inneren Bindungen gesetzt werden. Wir münden hier in die gleichen Gedankengänge, bei denen die Psychologie in der Lehre von der Gestalt angelangt ist, und weisen vorläufig auf den strikten Parallelismus hin.' (WEISS, 1926, s. 23, Hervorhebungen im Original).

Es ist klar zu sehen, daß eine Kontinuität gegeben ist, aber die Metapher des Gerüstes ist schon nicht mehr separat als Veranschaulichung angebracht, sondern wird explikativ in den Satz hinein genommen als Teil der Theorie.

Ein interessanter Teil ist die Feldtheorie Paul Weiss', die er in diesem Artikel auch vorstellt, worin er ebenfalls Vektoren ein Feld beschreiben läßt (in Analogie zur Physik), die das Ganze, das heißt den sich entwickelnden Organismus determinieren. In einem Nebensatz verweist er auf diesen Zusammenhang:

'Wie oben, ohne weitere Vertiefung, sei hier wieder darauf verwiesen, daß die als Repräsentanten des Wirkungsfeldes erhaltenen typisch konturierten Flächenausschnitte echte "Gestalten" in psychologischem Sinne vorstellen Für uns ist die Kurve Symbol eines bestimmten morphogenetischen Organisationsfeldes in seinem stabilen (stationären) Zustand.' Der dann weitergeführt wird:

'Dieser Zustand nun ist erfahrungsgemäß - und eben dies hat ja zur Aufstellung des Feldbegriffes geführt - als innerhalb eines Systems nicht durch absolute Gegebenheiten an den Komponenten, sondern durch ihre relative Verteilung charakterisiert.' Und schließlich kulminiert er in der Aussage:

'Alle Feldgesetze lassen sich nun als Spezialfall allgemeiner Systemgesetze auffassen; lautet es bei den letzteren: Jede Änderung des Eindeutigen (stabilen) Systemzustandes von außen her ist von inneren Änderungen und Verschiebungen

---

Gegensatz zu dem für den Begriff "Molekularbiologie", der nicht von ihm stammt) und andererseits, daß Bertallanffy bis Ende der vierziger Jahre kaum etwas von Weiss zitiert und dann auch nur "unwichtige" Artikel, die mit dem Kern der Systemtheorie nichts zu tun haben.

der Teile im System gefolgt, im Verlauf und vermöge welcher das System aus eigenem der Wiederherstellung neuen eindeutigen (stabilen) Zustands zustrebt; so gilt für das Feld als speziellen Systemzustand, solange seine Dynamik noch nicht in bestimmte beschränkte Bahnen gezwungen ist, die analoge Formulierung: Auf jede Störung des stationären Feldzustandes folgen aus eigenem im Innern Reaktionen, Verschiebungen derart, daß unter den geänderten Verhältnissen wieder die ursprüngliche stationäre Feldstruktur hergestellt wird bzw. Erhalten bleibt: die relative Verteilung der Feldkomponenten erhält sich selbst.' (WEISS 1926, s.26-27, Hervorhebungen im Original)

Was hier passiert ist, daß Paul Weiss sein im *Vanessa*-Artikel sich selbst vorgegebenes Programm erfüllt und die Systemtheorie auch auf andere 'Felder' oder Bereiche überträgt, was erst der Anfang ist (retrospektiv eher: war). Es geht ihm allgemeine Systemgesetzlichkeiten, die unumstößlich sind und die es zu erkennen gilt.

Die empirische Forschung zum Systembegriff

Paul Weiss wäre wohl nicht er selbst gewesen, wenn er nicht die Theorie überprüft hätte an empirischem Material. Er hat diese Theorie zuerst einmal am Studienojekt der Nymphaliiden ausprobiert. Im *Vanessa*-Artikel macht er noch zusätzliche Aussagen für Systemreaktionen des Organismus, wobei er vor allem auf das Stoffwechselschema von Hering bezug nimmt. Alles sind Abbau- und Aufbauprozesse, die im Organismus stattfinden und ein Stoffwechselgleichgewicht einnehmen, wenn die Geschwindigkeit der beiden Prozesse gleich ist. Dies wird als Mittelwertigkeit bezeichnet. Wenn der Stoffwechselabbauprozeß schneller ist als der Aufbauprozeß, dann wird der Zustand unterwertig. Weiss nimmt sich eine gewisse Freiheit bei der Anwendung dieses Begriffes, indem er als unterwertig alle Zustände eines Systems begreift, die vom Normalzustand abweichen.

Die Versuchsprotokolle lesen sich etwas weitschweifig, im typischen Stil von Weiss. Die Ergebnisse sind die Einteilung der Einnahme der Schlafstellung der beiden Schmetterlingsarten in drei aneinandergekettete Phasen, die jeweils in sich plastisch sind und den äußeren Umständen entsprechend angepaßt verlaufen: Die erste Phase ist eine Aufwärtsbewegung, die zweite eine Ausrichtung der Stellung nach der Schwerkraft und die dritte eine Ausrichtung der Stellung nach der Licht quelle (respektive den Lichtquellen, wenn zwei vorhanden sind). Die Versuche sind nicht ganz so unproblematisch, wie sie uns Weiss glauben machen will ,denn die Plastizität wird gar arg strapaziert und er wertet seine Ergebnisse nicht statistisch aus. Ein weiteres Problem sind die Ergebnisse der Zusammensetzung der Komponenten der Lichtquelle und der Schwerkraft, wo er Vektorenparallelogramme verwendet, um die Zusammensetzung der Einrichtung der Tiere zu erklären. Das Problem, das er damit relativ elegant übergeht, ist die Art der Vektoren, die für die Konstruktion der Parallelogramme verwendet, da es wohl, wie er selbst zugibt, keine Kräfte sind und so die Beschaffenheit der Parallelogramme und ihre Zusammensetzbarkeit nicht geklärt wird. Wenn man sie so zusammensetzt, wie dies Paul Weiss tut, erhält man den Nachweis der Plastizität der einzelnen Abläufe der Reaktionen.

Ein weiteres Ergebnis ist, daß die Schmetterlinge die Stellung einnehmen, die am wenigsten Energie verbraucht, wenn sie müde 11[6] sind. Er berechnet den möglichen Energieverbrauch in den verschiedenen Stellungen und sieht, daß die Stellung mit dem Kopf nach unten, wobei das mittlere Beinpaar in eine Rille am Thorax einrastet, die energetisch günstigste ist, auf das sich das unterwertige System einstellt. Die Begründung, warum sich die Schmetterlinge beispielsweise sich nicht an zwei Beinpaaren nach oben hin aufhängen, gibt er damit an, daß das System diese Stellung nicht kenne. Wie oben schon gezeigt ist nun der Vergleich mit der Bewegung zur Lichtquelle um so fraglicher geworden, als es wohl schwierig zu zeigen sein dürfte, daß die Stellung zur Lichtquelle ähnliche energetische Folgen hat, aber Weiss rechnet das eher schlicht zur Plastizität.

Zusammenfassung und Ausblick

Es ist erstaunlich wie viel von diesem frühen Werke Paul Weiss in sein späteres Leben mitgenommen hat. Beim Alpbach Symposion Ende der sechziger Jahre, gab er nochmals eine Zusammenschau aller bis dorthin von ihm gemachten Beiträge zur Systemtheorie. Das erstaunliche daran ist, daß so gut wie alle Elemente der dort vorgetragenen schon in den frühen zwanziger Jahren festgestanden sind. Es waren zwar gewisse Elemente hinzugekommen, aber die zentralen Punkte waren gleich geblieben.

Die Gestalt, der Maler der zurücktritt, um das Bildnis besser zu 'erkennen', bleibt eines der Bilder, die einen Anstoß geben für das erkennen eines Ganzen. Genauso ist die 'naive' Naturbetrachtung, jetzt als eben solche benannt, dient dem Erkennen der Zusammenhänge und der Determiniertheit allen Weltgeschehen - die Quantentheorie, die in der Zwischenzeit einen Siegeszug gefeiert hat, scheint nur marginal eine Rolle zu spielen. Der Organismus ist als System zu betrachten und es gibt eine klare Hierarchie von Ganzen und Teilen. Die Hierarchie wird als biologische Notwendigkeit gesehen. Der Reduktionismus wird noch immer verdammt.

Eine interessante Neuerung ist im empirisch, statistischen Nachweisverfahren zu sehen, wo jetzt doch die Statistik eingeführt wird und zwar als Summe der Teilvarianzen der Teile, die deutlich kleiner sein muß als die Varianz des Gesamtsystems:

$$Vs \ll ((va + vb + vc + \ldots + vn)12$$ (WEISS 1970).

6 Weiss verwendet gerne "Anthropomorphismen", wenn sie ihm geeignet scheinen. Er weiß aber, daß nicht jeder Anthropomorphismus sinnvoll ist.

Diese Formel wurde von Weiss 1963 das erste Mal verwendet im Zusammenhang mit der Darstellung der Zelle als System. Diese mathematische Darstellung ändert jedoch nichts an den Grundfesten der 1924 aufgestellten Theorie, sondern begründet sie nur stärker. Der Rest des Vortrags ist die Universalisierung der Systemtheorie in alle Bereiche des Organischen, wie Organelle, Zelle, Gehirn, etc.

Es ist nun nicht so, daß Paul Weiss ein Wissenschaftler gewesen wäre, der keine Folgewirkungen gehabt hätte. Einerseits hat er durch den Kontakt mit Ludwig von Bertalanffy sicher dessen Systemtheorie mit beeinflußt, wie auch ein Strukturvergleich mit Teilen der Theorien zeigt 13[7]. Andererseits ist Weiss durch die Emigration nach Amerika in eine wissenschaftliche Gemeinschaft gekommen, die verschiedenen Neuerungen sehr aufgeschlossen war. So zeigt Frank B. GOLLEY (1993), daß die Ökosystemtheorie auch in Amerika auf besonders fruchtbaren Boden fiel. Eine interessante Frage an dieser Stelle wäre natürlich, ob Paul Weiss einen nachhaltigen Einfluß auch auf die Ökosystemwissenschaftler in den USA gehabt hat. Zweifelsohne ist Paul Weiss ein bedeutender, wenn auch zu wenig erinnerter, biologischer Wissenschaftler, der seine Karriere in Wien begonnen hatte und dessen Theorien 75 Jahre nach seiner Entstehung noch immer die Wissenschaft beschäftigen

Literatur

BERTALANFFY, L. v.: General System Theory: Foundations, Development, Applications. - Braziller, New York, 1968.

GOLLEY, F. B.: A History of the Ecosystem Concept in Ecology. More than the sum of the parts. - Yale University Press, New Haven-NewYork, 1993..

WEISS, P.: Richtungsbestimmende Einflüsse äußerer Faktoren: Die Ruhestellung der Vanessiden. - Anz. Akad. Wiss., 59, 1922, s. 19-22.

WEISS, P.: Die Funktion transplanierter Amphibienextremitäten. Aufstellung einer Resonanztheorie der motorischen Nerventätigkeit auf Grund abgestimmter Endorgane. - Roux' Arch., 102, 1924, s. 635-72.

WEISS, P.: Tierisches Verhalten als "Systemreaktion". Die Orientierung der Ruhestellung von Schmetterlingen (Vanessa) gegen Licht und Schwerkraft. - Biologia Generalis I, 1925, 167-248.

WEISS, P.: Morphodynamik - Ein Einblick in die Gesetze der organischen Gestaltung an Hand von experimentellen Ergebnissen. - Abhandlungen zur theoretischen Biologie, Heft 23. Gebrüder Borntraeger, Berlin. 1926,

WEISS, P.: Erwiderung auf Versluys' kritische Bemerkungen zu meiner Resonanztheorie der Nerventätigkeit. - Biologia Generalis IV, 1928, s. 605-616.

WEISS, P.: In den Werkstätten der Lebensforschung. - Springer, Berlin, 1931.

[7] Gut zu sehen beispielsweise in BERTALANFFY 1970.

WEISS, P.: The Cell as a Unit. - J. Theoret. Biol., Vol. 5, 1963.
WEISS, P.: Das lebende System: Ein Beispiel für den Schichten-Determinismus. - In: Arthur Koestler und J. R. Smythies, 1970, Das neue Menschenbild. Die Revolutionierung der Wissenschaft vom Leben. Ein Symposion. - Molden, Wien-München-Zürich, 1970.

Organismus und System
Schriftenreihe des Wiener Arbeitskreises für Systemische Theorie des Organismus

Herausgegeben von Karl Edlinger, Walter Feigl und Günther Fleck

Band 1 Karl Edlinger / Walter Feigl / Günther Fleck: Systemtheoretische Perspektiven. Der Organismus als Ganzheit in der Sicht von Biologie, Medizin und Psychologie. 2000.

MIX
Papier | Fördert gute Waldnutzung
FSC® C083411

Kolibri 360 GmbH
Ferdinand-Jühlke-Straße 7
99095 Erfurt, Deutschland
produktsicherheit@kolibri360.de

Druck:
CPI Druckdienstleistungen GmbH
im Auftrag der
Kolibri 360 GmbH
Ferdinand-Jühlke-Str. 7
99095 Erfurt